名校名师精品系列教材

JSP Development
Tutorial

JSP
开发案例教程
微课版

秦高德 孙志伟 陈会 ◉ 主编

人民邮电出版社
北京

图书在版编目（CIP）数据

JSP开发案例教程：微课版 / 秦高德，孙志伟，陈会主编. — 北京：人民邮电出版社，2024.8
名校名师精品系列教材
ISBN 978-7-115-61275-5

Ⅰ．①J… Ⅱ．①秦… ②孙… ③陈… Ⅲ．①JAVA语言—网页制作工具—教材 Ⅳ．①TP312.8②TP393.092

中国国家版本馆CIP数据核字(2023)第078445号

内 容 提 要

本书系统、全面地介绍有关 JSP 网站开发的知识、技能及实用案例，采用的开发环境是 Eclipse+Tomcat+MySQL。

本书共 8 章，主要内容包括 JSP 开发概述、JSP 语法基础、JSP 内置对象、JSP 文件对象、JavaBean 应用、Servlet 应用、JSP 数据库编程、JSP MVC 编程，还介绍文件上传、EL 表达式和 JSTL 标准标签库等常用技术，以及 AJAX 异步刷新、图片验证码、富文本编辑器 UEditor 等实用技术。

本书可作为职业院校及普通本科计算机专业 JSP 的课程教材，也可作为 JSP 开发的培训资料或开发人员的自学参考书，也适合有一定 JSP 编程基础的 JSP 爱好者、JSP 应用开发人员参考使用，尤其适合具有 Java 编程基础的 JSP 初学者使用。

◆ 主　　编　秦高德　孙志伟　陈　会
　　责任编辑　初美呈
　　责任印制　王　郁　焦志炜

◆ 人民邮电出版社出版发行　北京市丰台区成寿寺路 11 号
邮编　100164　　电子邮件　315@ptpress.com.cn
网址　https://www.ptpress.com.cn
山东华立印务有限公司印刷

◆ 开本：787×1092　1/16
印张：17.75　　　　　　　2024 年 8 月第 1 版
字数：466 千字　　　　　2024 年 8 月山东第 1 次印刷

定价：69.80 元

读者服务热线：(010)81055256　印装质量热线：(010)81055316
反盗版热线：(010)81055315
广告经营许可证：京东市监广登字 20170147 号

前　言

　　Java是商用动态网站开发企业在开发企业级Web应用时采用的主流技术之一，而JSP技术是基于Java的企业级Web应用开发（如采用Spring系列框架构建网站）的重要基础。JSP建立在Java的基础上，具有开源、跨平台、扩展性好、功能强大和运行效率高等优点。所以，对于基于Java的Web应用开发人员来说，JSP技术是首先要掌握的技术之一。

　　本书采用的开发平台是Eclipse 2021-06版本，Web服务器是Tomcat 9.0版本，数据库服务器是MySQL Community Server 8.0.26版本，数据库客户端是MySQL Workbench 8.0.26 CE版本。这些开发工具都是开源、免费的，容易安装，功能强大，插件丰富，是众多基于Java的Web应用的开发人员使用的开发工具组合。当然，用以上开发工具的其他版本，或者用IntelliJ IDEA替代Eclipse，用其他数据库系统替代MySQL，也能实现本书全部案例的类似效果。

　　编者总结二十多年项目开发、教学实践经验，以及学生在学习JSP时遇到的概念、操作、应用等问题及解决方案，依照读者的认知特性和学习规律，精心编排本书。每章首先介绍该章的重要知识点，然后引入教学案例及其详细的操作步骤和源代码，还有与该章知识点和编程技能相关的练习案例供读者及时巩固和练习，章末有涵盖了该章主要知识点的小结与练习。

　　书中的案例是编者精心挑选的，可操作性和实用性非常强；其操作过程，都按操作步骤，以体验式的向导方式给出。这两点是本书的两大特色。本书在出版之前，其原型讲义已经在我校（深圳职业技术大学）使用了6轮。根据老师和学生的反馈，编者对本书的内容和案例做了多次优化改进。

　　本书的配套资源包括本书教学案例的源代码、练习案例的源代码、章末填空题的参考答案、教学大纲、教学进度表、电子课件PPT、电子教案、课程设计（答辩）要求、各章知识点讲解和案例操作过程的微课视频等，除微课视频外，其他资源可通过人邮教育社区（www.ryjiaoyu.com）下载。

本书由秦高德统稿，第1~3章由孙志伟编写，第4、5章由陈会编写，第6~8章由秦高德编写。本书是在不断学习、积累工作经验的基础上编写完成的，由于编者能力有限，书中难免存在不足之处，恳请广大读者批评指正。

编　者

2024年6月

目 录

第1章 JSP 开发概述 1
1.1 动态网页技术 1
1.1.1 静态网页与动态网页 1
1.1.2 常见的动态网页技术 2
1.1.3 常用的 Web 服务器 3
1.2 JSP 网页的运行原理 4
1.3 JSP 开发环境的安装与配置 6
1.3.1 Eclipse 的安装 6
1.3.2 Tomcat 的安装 8
1.3.3 Eclipse 的配置 10
1.3.4 MySQL 的安装与配置 18
1.3.5 MySQL Workbench 的配置 21
1.4 案例 ch1.4_sum（实现一个简单的 JSP 网页）............ 23
1.4.1 新建动态 Web 项目 ch1.4_sum 23
1.4.2 测试网页 index.jsp 24
1.4.3 修改网页 index.jsp 24
1.4.4 项目的删除、导入和导出 25
1.4.5 练习案例 ch1.4ex_triangle（打印三角形）............ 29
1.5 小结与练习 30

第2章 JSP 语法基础 31
2.1 JSP 脚本元素 31
2.2 案例 ch2.2_datetime（时间格式化）............ 32
2.3 JSP 指令元素 35
2.4 JSP 动作元素 37
2.5 案例 ch2.5_include（框架类型网页）............ 37
2.5.1 页头文件 header1.jsp 和页脚文件 footer1.jsp 38
2.5.2 样式文件 css.css 39
2.5.3 应用 include 指令 40
2.5.4 页头文件 header2.jsp 和页脚文件 footer2.jsp 40
2.5.5 创建 iframe 内联框架网页 41
2.5.6 练习案例 ch2.5ex_includeLeft（含左侧导航栏）............ 43
2.6 小结与练习 44

第3章 JSP 内置对象 45
3.1 JSP 内置对象概述 45
3.2 request 对象 46
3.3 response 对象 47
3.3.1 response 对象概述 47
3.3.2 重定向（redirect）与转发（forward）的比较 48
3.4 out 对象 48
3.4.1 out 对象概述 48
3.4.2 out.print()与 out.println()的比较 49
3.5 案例 ch3.5_login（用户登录）............ 49

3.5.1　用户登录页 index.jsp ·················· 50
　　3.5.2　登录验证页 loginCheck.jsp ········ 51
　　3.5.3　用户功能页 main.jsp ················· 52
　　3.5.4　练习案例 ch3.5ex_scoreInput
　　　　　（成绩录入）··························· 54
3.6　session 对象和 Cookie 对象 ············ 54
　　3.6.1　session 对象 ······························ 55
　　3.6.2　Cookie 对象 ······························ 56
　　3.6.3　session 对象与 Cookie 对象的
　　　　　比较 ······································· 56
3.7　案例 ch3.7_survey（问卷调查）···· 57
　　3.7.1　输入个人信息页 index.jsp ·········· 58
　　3.7.2　选择科学家页 select.jsp ············· 59
　　3.7.3　注销登录页 logout.jsp ················ 61
　　3.7.4　制作复选框列表 ·························· 61
　　3.7.5　调查结果页 result.jsp ·················· 62
　　3.7.6　写入 Cookie ································ 64
　　3.7.7　读取和显示 Cookie ····················· 65
　　3.7.8　练习案例 ch3.7ex_shopping
　　　　　（购物车结算）······················· 66
3.8　小结与练习 ·· 67

第 4 章　JSP 文件对象 ····························· 69

4.1　File 对象概述 ···································· 69
4.2　File 对象的创建 ······························· 69
4.3　File 对象常用的方法 ······················· 70
4.4　案例 ch4.4_fileManage
　　（文件管理）···································· 71
　　4.4.1　操作选择页 index.jsp ··················· 71
　　4.4.2　操作结果页 manage.jsp ················ 73
4.5　案例 ch4.5_fileUpload
　　（文件上传）···································· 79
　　4.5.1　文件上传组件 Commons
　　　　　FileUpload 简介 ······················ 80

　　4.5.2　创建 Web 项目
　　　　　ch4.5_fileUpload ······················· 81
　　4.5.3　文件上传结果页
　　　　　fileUpload.jsp ···························· 82
　　4.5.4　练习案例 ch4.5ex_uploadLimited
　　　　　（有限制的上传）··················· 85
4.6　小结与练习 ·· 86

第 5 章　JavaBean 应用······························ 87

5.1　JavaBean 概述 ··································· 87
5.2　JavaBean 类的构成 ··························· 88
5.3　JavaBean 在 JSP 中的应用 ··············· 89
　　5.3.1　引用或创建 JavaBean ···················· 89
　　5.3.2　设置 JavaBean 的属性值 ··············· 89
　　5.3.3　读取 JavaBean 的属性值 ··············· 90
5.4　案例 ch5.4_guessNumber（猜数
　　游戏）·· 90
　　5.4.1　JavaBean 类 GuessNumber ············ 91
　　5.4.2　猜数页 index.jsp ····························· 93
　　5.4.3　结论页 guess.jsp ···························· 94
　　5.4.4　在 Java 代码片段中实现属性的
　　　　　赋值和属性值的获取················ 95
　　5.4.5　在 Java 代码片段中实现
　　　　　JavaBean 对象的引用或创建···· 97
　　5.4.6　练习案例 ch5.4ex_score
　　　　　（成绩分析）··························· 98
5.5　小结与练习 ·· 99

第 6 章　Servlet 应用································· 100

6.1　Servlet 简介 ····································· 100
6.2　Servlet 的基本结构 ························· 101
　　6.2.1　Servlet 接口 ·································· 102
　　6.2.2　HttpServlet 类 ······························· 102
　　6.2.3　HttpServletRequest 接口 ··············· 102
　　6.2.4　HttpServletResponse 接口 ············ 102

6.3 HttpServlet 对象的响应流程和代码编写 ··················· 103
 6.3.1 HttpServlet 对象的响应流程 ··· 103
 6.3.2 HttpServlet 应用代码的编写步骤 ························· 103
6.4 案例 ch6.4_loginByServlet（用户登录） ······················ 103
 6.4.1 链接列表页 index.jsp ············ 104
 6.4.2 登录页 indexPost.jsp ············ 105
 6.4.3 用户功能页 main.jsp ············ 105
 6.4.4 登录验证 Servlet 类 LoginDoPost ························· 106
 6.4.5 登录验证 Servlet 类 LoginDoGet ························· 110
 6.4.6 EL 表达式简介 ····················· 110
 6.4.7 以 MVC 编程模式实现登录验证 ································· 111
 6.4.8 注销登录 Servlet 类 Logout···· 114
 6.4.9 练习案例 ch6.4ex_calculate（加法口算）——应用 Servlet ··· 115
6.5 案例 ch6.5_verifyCode（验证码图片） ························· 116
 6.5.1 生成数字验证码图片的类 VerifyCode ······················· 117
 6.5.2 登录页 indexEL.jsp ··············· 119
 6.5.3 登录验证 JavaBean 类 Check ··· 120
 6.5.4 在登录页 indexEL.jsp 中实现验证码刷新功能 ················ 121
 6.5.5 生成数字和字母验证码的类 VerifyCodeNumChar ············· 122
 6.5.6 登录页 indexNumChar.jsp ··· 122
 6.5.7 练习案例 ch6.4ex_calculate（加法口算）——应用数字图片 ································· 123

6.6 案例 ch6.6_Ajax（AJAX 技术的应用） ······························ 124
 6.6.1 AJAX 简介 ·························· 124
 6.6.2 应用 AJAX 技术实现用户登录 ································· 125
 6.6.3 应用 jQuery 组件中的 AJAX 技术实现用户登录 ········· 128
 6.6.4 练习案例 ch6.4ex_calculate（加法口算）——应用 AJAX···· 130
6.7 小结与练习 ······························ 131

第 7 章 JSP 数据库编程 ······················ 133
7.1 JDBC 简介 ······························ 133
7.2 案例 ch7.2_student（学生管理系统） ······························ 134
 7.2.1 工作流程图 ························ 134
 7.2.2 创建数据库 db_student ········ 135
 7.2.3 外部样式文件 css.css ·········· 138
 7.2.4 数据库操作类 Db ················ 140
 7.2.5 用户登录页 index.jsp ·········· 143
 7.2.6 用户登录验证页 loginCheck.jsp ························ 145
 7.2.7 用户功能页 main.jsp ·········· 147
 7.2.8 注销登录页 logout.jsp ········ 150
 7.2.9 在类 Db 中应用预编译的 SQL 执行接口 PreparedStatement ···· 150
 7.2.10 学生列表页 studentList.jsp ··· 152
 7.2.11 学生分页页面 studentPage.jsp ······················ 157
 7.2.12 学生管理页 studentAdmin.jsp ················· 161
 7.2.13 学生详情页 studentShow.jsp ··················· 165
 7.2.14 在类 Db 中增加插入、修改、删除数据的方法 ················ 169

7.2.15 删除学生页 studentDeleteDo.jsp……172
7.2.16 批量删除学生功能的实现……174
7.2.17 修改学生的输入页 studentEdit.jsp……176
7.2.18 修改学生的执行页 studentEditDo.jsp……180
7.2.19 新添学生的输入页 studentAdd.jsp……183
7.2.20 新添学生的执行页 studentAddDo.jsp……184

7.3 小结与练习……187

第 8 章 JSP MVC 编程……188

8.1 MVC 编程模式简介……188
 8.1.1 MVC 编程模式概述……188
 8.1.2 MVC 编程模式的优点……189
 8.1.3 MVC 编程模式在 JSP 中的体现……189
8.2 案例 ch8.2_goods（商品管理系统）……190
 8.2.1 工作流程图……190
 8.2.2 创建数据库 db_goods……192
 8.2.3 包和文件夹的功能说明……193
 8.2.4 外部样式文件 css.css……195
 8.2.5 JSP 标准标签库 JSTL 简介……195
 8.2.6 页头文件 header.jsp 和页脚文件 footer.jsp……195
 8.2.7 用户登录……197
 8.2.8 商品平铺式列表页……213
 8.2.9 商品列表页……229
 8.2.10 商品图片管理页……237
 8.2.11 商品详情页……238
 8.2.12 商品详情–商品图片管理页……245
 8.2.13 新添商品的输入页……247
 8.2.14 新添商品的执行功能……253
 8.2.15 修改商品的输入页……261
 8.2.16 修改商品的执行功能……266
 8.2.17 删除商品……271
8.3 练习案例 商品分类管理、用户管理……275
8.4 小结与练习……276

第 1 章 JSP 开发概述

【学习要点】

（1）常见的动态网页技术：CGI、ASP、ASP.NET、JSP、PHP。
（2）JSP 网页的运行原理。
（3）JSP 开发环境的搭建：Eclipse 2021-06、Tomcat 9.0、MySQL Community Server 8.0.26、MySQL Workbench 8.0.26 CE。
（4）制作一个简单的 JSP 网页。

我们日常接触到的网站通常都使用了动态网页技术，以使页面内容能根据用户的需求或网站管理员的设置实现动态更新。作为动态网页制作的初学者，掌握开发 JSP 动态网页的基本技能，既有助于了解和探究接触到的网站，又有助于从事网站开发类工作，更能为今后学习和运用更高级的网站开发技术打下坚实的基础。

本章先介绍常见的动态网页技术和 JSP 网页的运行原理，然后讲解 JSP 开发环境的搭建，最后制作一个简单的 JSP 网页。

1.1 动态网页技术

不同的网站可能采用不同的脚本语言、不同的前端架构和服务器端架构，有些网页还应用了多种网页组件。大型的网站因为需要对数据进行增、删、改、查操作，所以一般都采用动态网页技术，其中有许多网站采用 JSP 动态网页技术。

1.1 动态网页技术

1.1.1 静态网页与动态网页

在网站设计中，由 HTML 标签和基本 JavaScript 脚本构成的网页通常被称为静态网页。静态网页文件的扩展名是 htm 或 html，它可以包含文本、图像、声音、Flash 动画、JavaScript 脚本、ActiveX 控件和 Java 小程序等。静态网页是建设网站的基础，早期的网站一般是由静态网页构成的。

静态网页相对于动态网页而言，通常指没有后台数据库、不含程序和不可交互的网页。更新静态网页内容相对麻烦。静态网页适用于更新较少的展示型网站。常见的误解是静态网页都是只有文字和图片的"死板"页面，实际上它可以展示多种动态效果，如 GIF、滚动字幕或图片、CSS 动态效果、JavaScript 动态效果等。

动态网页通常是指与静态网页相对的一种网页编程技术，通常以 asp、aspx、jsp 或 php

为网页文件的扩展名。在HTML代码生成之后，静态网页页面的内容和显示效果就基本不会发生变化，除非修改页面代码或内容。而动态网页则不然，页面代码虽然没有变，但由于后台会对数据库记录进行增、删、改、查操作，因此网页显示的内容可以随着时间、参数或者数据库操作的结果而发生改变。例如搜索引擎、新闻网站和在线购物网站等。

动态网页的主要特点如下。

（1）交互性，即网页会根据用户的要求和选择，动态地做出不同响应并改变页面内容。

（2）自动更新，即无须手动更新页面代码，网页会自动生成新的页面。

（3）因时因人而变，即在不同的时间或不同的人访问同一网址时也许会看到不同的页面内容。

不过，有的网页的内容能够动态更新，而网页文件的扩展名却是html。那是因为这些网站使用了一些特别的网页技术（如iframe、AJAX等），或者使用了URL重写技术、服务器端的组件技术，从而使前台的静态网页调用网站后台生成的动态内容。另外，有的动态网页文件没有扩展名，那是因为这些动态网页是由网站的后台程序生成内容，再推送给浏览器进行显示的。

1.1.2 常见的动态网页技术

常见的动态网页技术有CGI、ASP、ASP.NET、JSP、PHP、Python和Node.js等，目前应用JSP、ASP.NET和PHP技术开发的网站较多。

HTML是网页开发的基本语言，由服务器语言制作的网页都需要它的支持。同样，CSS和JavaScript在大多数网页中都有应用。

1. CGI

CGI就是Common Gateway Interface（公共网关接口）的缩写。它是最早用来开发动态网页的后台技术。这种技术允许使用多种语言来编写后台程序，如C、C++、Java、Pascal等，目前在CGI中使用最为广泛的是Perl。所以，狭义的CGI程序一般指Perl程序，CGI程序的扩展名一般是pl或者cgi。

在CGI程序运行的时候，首先用户向服务器上的CGI程序发送一个请求，服务器接收到用户的请求后，就会打开一个新的进程（Process）来执行CGI程序，以处理用户的请求，最后将执行的结果（HTML页面代码）传给用户。

因为CGI程序每响应一个用户请求就会打开一个新的进程，所以，当需要同时响应多个用户请求时，服务器打开的多个进程会加重服务器的负担，使服务器的执行效率变低。这也是近年来各种新的后台技术不断诞生和CGI应用在Internet上越来越少的原因。由此可知，CGI程序不太适合并发访问量大的应用。

2. ASP和ASP.NET

ASP网页文件以asp为扩展名，ASP通常用VB Script作为脚本语言；而ASP.NET网页文件通常以aspx为扩展名，通常用C#作为脚本语言。

ASP（Active Server Pages，活动服务器页面）是微软在其动态网页技术方面的早期技术。ASP采用3层计算结构，即Web服务器（逻辑层）、客户端浏览器（表示层）及数据库服务器（数据层），具有良好的扩充性。

在 ASP 运行的时候，由 IIS（Internet Information Services，互联网信息服务）调用程序引擎，解释并执行嵌在 HTML 中的 ASP 代码，最终将 ASP 代码运行的结果和原来的 HTML 一同发送给浏览器。相较于其他几种语言，ASP 网页的运行效率不高。

ASP 是和平台相关的，只能运行在 Windows 平台上。而 UNIX 的健壮性和 Linux 的源代码开放性，使许多网站服务器架设在这两个平台之上。相比之下，ASP 的平台相关性大大制约了它的广泛应用。

ASP.NET 是 Microsoft .NET 平台的一部分。作为战略产品，ASP.NET 不仅是 ASP 的下一个版本，它还提供了一个统一的 Web 开发模型，其中包括开发人员开发企业级 Web 应用程序所需的各种服务。ASP.NET 的语法在很大程度上与 ASP 兼容，同时它还提供一种新的编程模型和结构，可用于开发伸缩性和稳定性更好的应用程序，并提供更好的安全保护。可以在现有的 ASP 应用程序中逐渐添加 ASP.NET 功能，增强 ASP 应用程序的功能。ASP.NET 是一个已编译的、基于.NET 的环境，可以用与.NET 兼容的语言（包括 Visual Basic.NET、C#和 JScript.NET）开发应用程序。另外，任何 ASP.NET 应用程序都可以使用整个.NET Framework。这些技术的优点便于开发人员运用，其中包括托管的公共语言运行库环境、类型安全、继承等。ASP.NET 可以与 WYSIWYG HTML 编辑器或其他编程工具（如 Microsoft Visual Studio）一起使用，这使得 Web 开发、调试更加方便。微软为 ASP.NET 设计了一些策略：易于写出结构清晰的代码、代码易于重用和共享、可用编译类语言编写，等等。其目的是让程序员更容易开发出 Web 应用，满足计算向 Web 转移的战略需要。

3．JSP

JSP 是 Java Server Pages（Java 服务器端页面）的缩写，最初是 Sun 公司推出的一种动态网页技术标准。在传统静态网页的 HTML 标签中加入 Java 程序片段和 JSP 标记，就构成了 JSP 网页。

绝大部分平台都支持 JSP，包括现在非常流行的 Linux 系统、应用非常广泛的 Apache 服务器。这使组件的开发和使用很方便。Java 的跨平台性也使得 JavaBean 的可移植性和可重用性非常强。

4．PHP

PHP 初始是 Personal Home Page（个人家庭页面）工具的缩写，现已更名为"PHP：Hypertext Preprocessor"（PHP：超文本预处理器）是一种服务器端的嵌入 HTML 的脚本语言，可以运行于多种平台。它借鉴了 C、Java 和 Perl 的语法，同时也具有自己独特的语法。

由于 PHP 采用开源方式，它的源代码完全公开，广大程序员可以不断完善和充实它，形成庞大的函数库，以实现更多的功能。PHP 在支持数据库方面做得非常好，几乎支持现在所有的数据库。

PHP 的缺点就是对组件的支持没有 JSP 和 ASP.NET 好，扩展性较差。PHP 适用于中小流量的网站。

1.1.3 常用的 Web 服务器

Web 服务器又称 WWW（World Wide Web，万维网）服务器、HTTP 服务器，其主要功能是提供网上信息浏览服务。在 UNIX 和 Linux 平台上，常用的 Web 服务器有 Apache、Tomcat、

Nginx、Lighttpd、IBM WebSphere等，其中应用最广泛的是Apache。而在Windows平台上最常用的Web服务器是微软公司的IIS（Internet Information Services，互联网信息服务）服务器。各Web服务器的主要功能大致相同，但各有特色，可以根据需求选择合适的Web服务器。

Apache是世界上应用最多的Web服务器，其优势主要在于源代码开放、有一支开放的开发队伍、支持跨平台应用及良好的可移植性等。Apache几乎可以运行在所有的平台上，如UNIX、Linux、Windows等，尤其对Linux系统的支持相当完美。Apache简单、速度快、性能稳定、安全性高，并可作为代理服务器来使用。

Tomcat是Apache软件基金会（Apache Software Foundation）Jakarta项目中的一个核心项目。准确地说，它是一个基于Java、运行Servlet和JSP Web应用软件的应用软件容器。Tomcat是开源的，可以免费使用。它在运行时占用的系统资源少、扩展性好。但是，Tomcat处理静态文件和高并发的能力较弱。

Nginx是一款高性能的HTTP和反向代理服务器，能够将高效的epoll、kqueue、Eventport作为网络I/O模型。在高连接并发的情况下，Nginx能够支持高达5万个并发连接数的响应，而内存、CPU等系统资源的消耗非常低，运行非常稳定。

Lighttpd专门针对高性能网站，提供安全、快速、兼容性好并且灵活的Web Server环境。它具有内存开销低、CPU占用率低、效能高，以及模块丰富等特点。它支持FastCGI、CGI、Auth、输出压缩、URL重写及Alias，属于轻量级Web服务器。

IBM WebSphere是一种功能完善、开放的Web应用程序服务器。它基于Java的应用环境，建立、部署、管理Internet和Intranet Web应用程序。相较于其他流行的Web服务器而言，使用它的企业比较少。

IIS是微软公司主推的一种Web服务器，它可以在Internet上发布信息，而且它还提供了一个图形化界面以便开发人员部署、管理和维护。IIS包括Web服务器、FTP服务器、NNTP服务器和SMTP服务器，分别用于网页浏览、文件传输、新闻服务和邮件发送等。它使得在网络上发布信息成为一件很容易的事情。IIS只能在Windows系统上运行。

1.2 JSP网页的运行原理

1.2 JSP网页的运行原理

简单的JSP网页是由HTML标签和嵌套在其中的Java代码组成的普通文本文件，JSP页面文件的扩展名为jsp。

以下所示的代码是案例"制作一个简单的JSP网页"中网页index.jsp的代码，是一个简单的JSP页面代码。代码可实现计算1+2+……+99+100的值并将结果输出，网页的测试结果如图1-1所示。此网页的创建及测试将在本章的1.4节实现，JSP页面的构成元素及JSP语法将在第2章讲解。

```
1   <%@ page language="java" import="java.util.*" pageEncoding="UTF-8"%>
2
3   <!DOCTYPE html>
4   <html lang="zh">
5     <head>
6       <title>求和</title>
7     </head>
8
```

```
9      <body>
10       <div style="width:600px; margin:20px auto; line-height:40px;">
11         <h3>求和</h3>
12         <%
13           int sum = 0;
14
15           for (int i = 1; i <= 100; i++) {
16             sum += i;
17           }
18
19           out.println("输出到页面: " + sum);
20           System.out.println("输出到控制台: " + sum);
21         %>
22         <br>
23         1 + 2 +……+ 99 + 100 + <% out.println(sum); %>
24         <br>
25         1 + 2 +……+ 99 + 100 = <%= sum %>
26       </div>
27     </body>
28   </html>
```

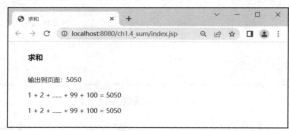

图 1-1　页面的测试结果

　　JSP 文件就像普通的 HTML 文件一样，可以放置在 Web 应用程序根目录（或称为"根文件夹"，如"webapp"）或其子目录（或称为"子文件夹"）（除 WEB-INF、META-INF 及二者子目录）中，JSP 网页的访问路径与普通 HTML 网页的访问路径的形式完全一样。

　　当客户端（通常为浏览器）向 Web 服务器（如 Tomcat）发送访问 JSP 网页的请求时，服务器根据该请求加载相应的 JSP 文件，先将源代码（*.jsp 文件）转化为 Servlet 代码（*.java 文件），然后编译（只编译一次）得到字节码（*.class 文件），再执行*.class 文件并输出页面代码给浏览器，浏览器解析页面代码并显示页面效果。JSP 网页的运行过程如图 1-2 所示。

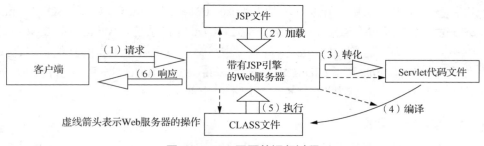

图 1-2　JSP 网页的运行过程

JSP 网页的运行过程如下。

（1）浏览器等客户端向 Web 服务器发送请求，请求中包含请求资源的具体路径。
（2）Web 服务器根据接收到的浏览器的请求来加载相应的 JSP 文件。
（3）Web 服务器中的 JSP 引擎将加载的 JSP 文件转化为 Servlet 代码文件。
（4）JSP 引擎将生成的 Servlet 代码文件编译成 CLASS 文件。
（5）Web 服务器（虚拟机）执行 CLASS 文件。
（6）Web 服务器将运行结果发送给浏览器，浏览器将内容显示在页面中。

从上述过程中可以看到，JSP 文件被 JSP 引擎转化成 Servlet 类的 JAVA 文件后，被编译成 CLASS 文件，最终由 Web 服务器通过执行这个 CLASS 文件来对浏览器的请求进行响应。其中第（3）步和第（4）步为 JSP 处理过程中的"翻译"阶段，而第（5）步则为请求处理阶段。

生成的 JAVA 文件和 CLASS 文件存放在 Tomcat 运行目录中，通常存放在 D:\JSP\.metadata\.plugins\org.eclipse.wst.server.core\tmp0\work\Catalina\localhost\ch1.4_sum\org\apache\jsp 文件夹中（路径中的 tmp0 也可能是 tmp1 或 tmp2 等），如图 1-3 所示。

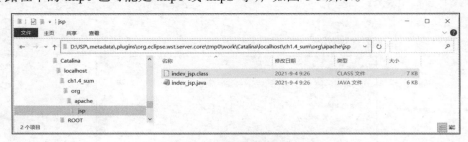

图 1-3 转化和编译后的文件

但并不是每次请求都需要进行这样的处理。Web 服务器第一次接收到对某个网页的请求后，JSP 引擎就按照上述的处理过程将请求的 JSP 文件编译成 CLASS 文件，然后运行相应的页面。Web 服务器再次接收到对该页面的请求后，如果该页面没有任何改动，Web 服务器就会直接调用对应的 CLASS 文件来运行该页面。因此当第一次请求某个 JSP 网页时，会有少许延迟，而再次访问相同的页面时速度会快很多。如果被请求的页面经过了修改，那么 Web 服务器会重新编译这个文件，然后再执行。

1.3 JSP 开发环境的安装与配置

1.3　JSP 开发环境的安装与配置

开发 JSP 页面的常用工具有 Eclipse、MyEclipse 和 IntelliJ IDEA 等。本书中采用的开发环境是 Eclipse 2021-06、Tomcat 9.0、MySQL Community 8.0.26、MySQL Workbench 8.0.26 CE，操作系统是 Windows 10 64 位版，网页浏览器是 Chrome 浏览器。当然，用以上开发工具的其他版本，或者用 MyEclipse、IntelliJ IDEA 替代 Eclipse，用其他数据库系统替代 MySQL，用其他浏览器替代 Chrome 浏览器，也能实现本书全部案例。

1.3.1　Eclipse 的安装

Eclipse 是一款软件开发工具，是主流的开源 Java 集成开发环境（Integrated Development

Environment,IDE),具有轻巧、速度快、插件丰富、功能强大、应用广泛、参考资料丰富等优点。本书采用的 Eclipse 版本是 Eclipse IDE for Enterprise Java and Web Developers,该版本在 Eclipse 核心版的基础上集成了一些 Web 开发所需的类库和工具,可在 Eclipse 官方网站下载。本书采用的 Eclipse 的版本号是 2021-06,下载的压缩包是 eclipse-jee-2021-06-R-win32-x86_64.zip,文件大小约为 516MB。

可将压缩包解压到 C 盘根目录或其他文件夹,建议将压缩包复制到 C 盘根目录,然后在压缩包上单击鼠标右键,在快捷菜单中选择"解压到当前文件夹"命令,进行解压,得到文件名含 Eclipse 版本号的文件夹。定位到目录 C:\eclipse-jee-2021-06-R-win32-x86_64\eclipse\plugins\org.eclipse.justj.openjdk.hotspot.jre.full.win32.x86_64_16.0.1.v20210528-1205\jre,如图 1-4 所示,可知此 Eclipse 中内置了 JRE,版本号为 16.0.1。因为 Java 运行环境(Java Runtime Enviroment,JRE)是 Java 开发工具包(Java Development Kit,JDK)的主要组成部分,所以运行此版本的 Eclipse 不需要单独安装 JDK,也不需要配置操作系统的环境变量,这样可令初学者轻松上手。

图 1-4 JRE 所在的目录

在 Eclipse 的安装文件夹(C:\eclipse-jee-2021-06-R-win32-x86_64\eclipse)中,双击 eclipse.exe 文件就可以运行 Eclipse。在 eclipse.exe 上单击鼠标右键,在快捷菜单中选择"发送到"→"桌面快捷方式"命令,为其创建快捷方式,这样在桌面双击该快捷图标就可运行 Eclipse。

在运行 Eclipse 时,如果弹出"Eclipse IDE Launcher"对话框,在其中可以根据需要更改工作文件夹,如 D:\JSP。还可勾选"Use this as the default and do not ask again"复选框,如图 1-5 所示,将 D:\JSP 作为默认工作文件夹且以后不再弹出此对话框。单击"Launch"按钮,打开 Eclipse 初始界面,如图 1-6 所示。关闭初始界面中的 Welcome 页,就可以看到 Eclipse 的工作界面。

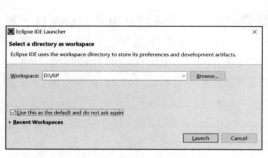

图 1-5 "Eclipse IDE Launcher"对话框

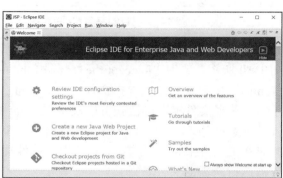

图 1-6 Eclipse 初始界面

1.3.2　Tomcat 的安装

在使用 Eclipse 等开发工具创建 JSP 动态网页后，对其进行测试时，需要使用 Web 服务器。Tomcat 就是一个主流的开源 Web 服务器。

Tomcat 是 Apache 软件基金会 Jakarta 项目中的一个核心项目，由 Apache、Sun 和一些其他公司及个人共同开发而成。Tomcat 服务器是一个开源 Web 应用服务器，属于轻量级应用服务器，在中小型系统中和并发访问不是很多的场景下普遍使用，是目前比较流行的 Web 应用服务器，更是开发和调试 JSP 程序的重要工具。用户可以在 Tomcat 官方网站下载解压版（免安装版）或安装版的 Tomcat 并安装，在 Eclipse 中也可以下载并安装 Tomcat。出于对兼容性和与 Eclipse 协同工作等的考虑，建议安装 Tomcat 9.0。

在 Eclipse 菜单栏中选择"Window"→"Preferences"命令，打开"Preferences"窗口，在窗口的左边栏中选择"Server"→"Runtime Environments"选项，如图 1-7 所示。在窗口右边单击"Add"按钮，打开"New Server Runtime Environment"向导窗口，在服务器列表中选择"Apache Tomcat v9.0"选项，如图 1-8 所示，然后单击"Next"按钮。在下一步的向导窗口中，单击"Download and Install"按钮，如图 1-9 所示，Eclipse 将在后台下载 Tomcat 9.0 的安装文件，安装文件的大小约为 12MB，下载过程可能需要几十秒或几分钟。此时请关注 Eclipse 状态栏中显示的下载和安装进度情况，也许 Eclipse 会暂时停止响应，请耐心等待。

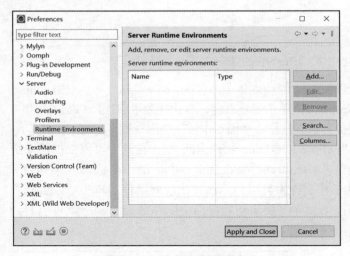
图 1-7　已有的服务器列表

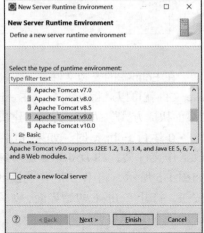
图 1-8　选择服务器

当 Tomcat 的安装文件下载完毕后，会弹出询问是否接受安装许可条款的窗口，如图 1-10 所示。选中"I accept the terms of the license agreement"单选按钮接受许可，单击"Finish"按钮，打开"选择文件夹"对话框，在其中选择 C 盘根目录或其他位置，然后单击"选择文件夹"按钮就可以确定 Tomcat 的安装位置。回到图 1-9 所示的窗口，单击"Finish"按钮。回到"Preferences"窗口，单击"Apply and Close"按钮，关闭该窗口。此时在 C 盘根目录下有 Tomcat 的安装文件夹 apache-tomcat-9.0.46，其中包含 Tomcat 服务器运行所需的文件。

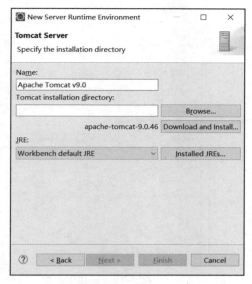 

图 1-9　安装 Tomcat　　　　　图 1-10　是否接受安装许可条款

　　如果在 Tomcat 官方网站下载免安装版或安装版 Tomcat 文件并成功安装，可在图 1-8 所示的窗口中选择已安装的版本，并在图 1-9 所示的窗口中单击"Browse"按钮，定位到 Tomcat 的安装目录，单击"Finish"按钮，以在 Eclipse 中关联该 Tomcat 服务器。

　　在 Eclipse 中初次安装 Tomcat 时，自动生成的 Tomcat 服务器名称一般是"apache-tomcat-9.0.46"，可在"Preferences"窗口中的服务器列表中查看。如果在服务器列表中删除了该 Tomcat 服务器，当再次添加（关联）该 Tomcat 服务器时，Tomcat 服务器的名称可能会不同，第一次安装时的名称可能是"apache-tomcat-9.0.46"，而再次添加时的名称可能是"Tomcat v9.0"或"Apache Tomcat v9.0"，本书采用的是第二次添加 Tomcat 服务器时自动生成的名称"Apache Tomcat v9.0"。可以在"Preferences"窗口中的服务器列表中选择刚刚安装的"apache-tomcat-9.0.46"，单击窗口右边的"Remove"按钮将其删除（请勿删除 C:\apache-tomcat-9.0.46 文件夹）。然后单击"Add"按钮，打开图 1-8 所示的服务器选择窗口，在列表中选择"Apache Tomcat v9.0"选项。接着单击"Next"按钮，在图 1-9 所示的窗口的"Name"文本框中能看到自动填写的 Tomcat 名称"Apache Tomcat v9.0"（也可以在"Name"文本框中直接修改 Tomcat 的名称），单击"Browse"按钮，定位到 Tomcat 的安装路径 C:\apache-tomcat-9.0.46。最后单击"Finish"按钮完成 Tomcat 的二次添加。

　　注意，Tomcat 名称不一致，或者 Tomcat 版本不一致，将导致在 Eclipse 中引入项目时可能出现报错信息，这时除了尝试重新安装或再次添加 Tomcat，可将 Eclipse 关联的 Tomcat 的类库引入项目，请参考本章 1.4.5 小节中"操作 2：导入项目"中的相关内容。

　　Tomcat 安装完成后，在 Eclipse 控制面板的"Servers"选项卡中，单击"No servers are available. Click this link to create a new server…"链接，如图 1-11 所示，打开"New Server"窗口，在窗口的服务器列表中选择"Tomcat v9.0 Server"，并在"Servers runtime environment"下拉列表中选择相应的 Tomcat 服务器，如图 1-12 所示。单击"Finish"按钮关闭该窗口，可以看到"Tomcat v9.0 Server at localhost"服务器出现在 Eclipse 控制面板的"Servers"选项卡中。在测试网页时，可选择该 Tomcat 服务器作为 Web 服务器。

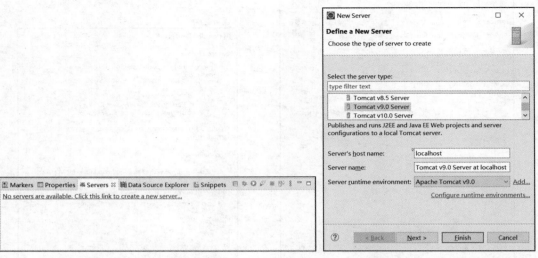

图 1-11 "Servers"选项卡　　　　图 1-12 选择服务器

1.3.3 Eclipse 的配置

为了方便今后开发 JSP 页面，在 Eclipse 安装完成后，可以安装一些工具和插件，并对 Eclipse 进行相关设置。以下的设置中除了"设置 1：设置字符编码为 UTF-8"与"设置 2：更改默认的测试浏览器为 Chrome"建议在第一时间完成，其他设置可以在今后有需要时完成。

特别要说明的是，Eclipse 的配置文件保存在工作文件夹的.metadata 文件夹中，如果在启动 Eclipse 的过程中，在图 1-5 所示的对话框中，将"Workspace"文本框中的路径改成了从未用过的文件夹，则 Eclipse 设置过的一些配置将失效（已安装的工具和插件仍有效），并还原成默认状态。用户如有需要，可再次进行配置。如果选择的工作文件夹中有 Eclipse 的配置文件，则 Eclipse 的配置仍会生效。这有利于针对不同的用户或不同的开发工作应用不同的配置，方便使用，提高工作效率。

设置 1：设置字符编码为 UTF-8

在 Eclipse 中创建文件时，所创建文件的默认字符编码有些不是 UTF-8，这容易导致网页源代码出现中文乱码，影响代码编辑、交流共享和网页预览，强烈建议将字符编码都设置成 UTF-8。

在 Eclipse 菜单栏中选择"Window"→"Preferences"命令，打开"Preferences"窗口，在其左上角的搜索框中输入"encoding"的前 3 个字母"enc"，然后在其左边栏中选择"General"→"Workspace"选项。在窗口右边的底部选中"Other"单选按钮，然后在"Other"下拉列表中选择"UTF-8"选项，单击"Apply"按钮应用所选选项，如图 1-13 所示。

同理，在搜索结果列表中选择"Web"→"JSP Files"选项，在窗口右边的"Encoding"下拉列表中选择"ISO 10646/Unicode(UTF-8)"选项，如图 1-14 所示。单击"Apply and Close"按钮，完成字符编码的设置。默认情况下，CSS、HTML、JavaScript 等文件的字符编码已经是 UTF-8，无须设置。

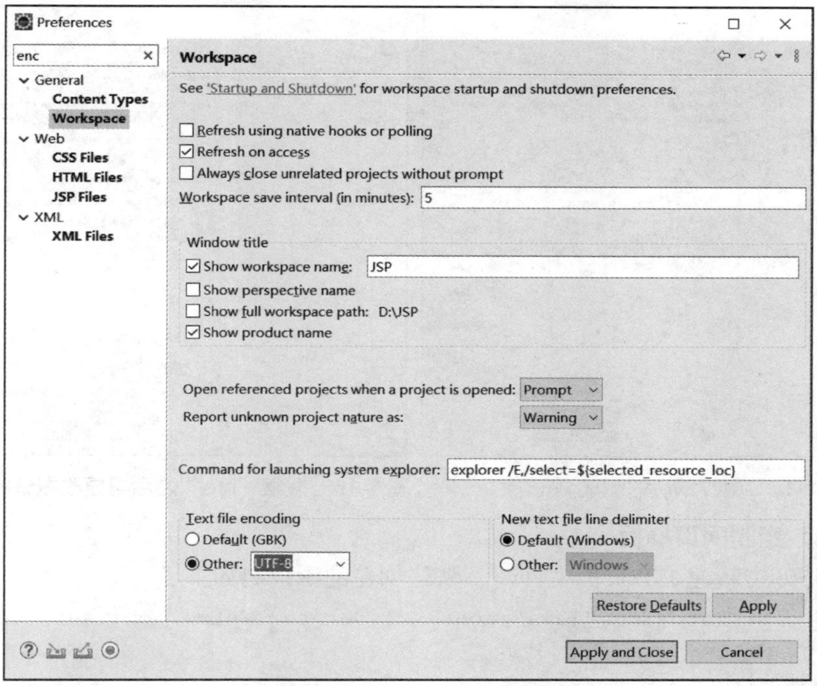

第 1 章　JSP 开发概述

图 1-13　设置文本文件的字符编码

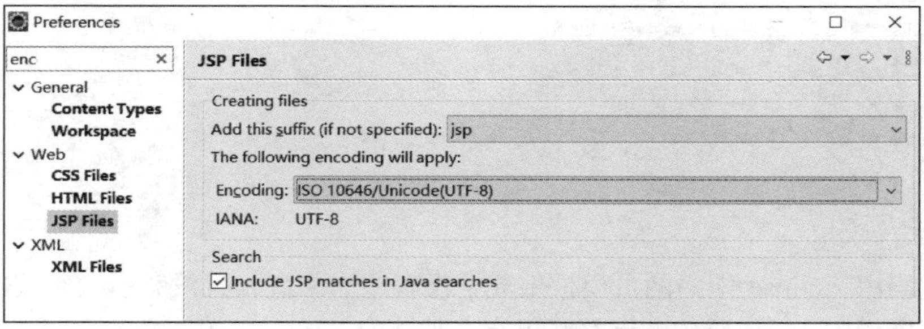

图 1-14　设置 JSP 文件的字符编码

设置 2：更改默认的测试浏览器为 Chrome

测试网页时，Eclipse 默认使用其内部集成的浏览器打开网页。在有些情况下，集成的浏览器的兼容性不够好，其网页显示效果与普通浏览器的显示效果可能有少许差异，或存在其他问题。因此，强烈建议将 Eclipse 默认的测试浏览器设置为 Chrome 浏览器或其他浏览器。

在 Eclipse 菜单栏中选择"Window"→"Preferences"命令，打开"Preferences"窗口，在窗口的左边栏中选择"General"→"Web Browser"选项，或在窗口左上角的搜索框中输入"Browser"的前 3 个字母"bro"之后再选择"Web Browser"选项。然后在窗口右边栏中选中"Use external web browser"单选按钮，在下方的浏览器列表中勾选"Chrome"复选框，如图 1-15 和图 1-16 所示，单击"Apply and Close"按钮完成设置。如此设置之后，如果计算机中已经安装了 Chrome 浏览器，测试网页时，Eclipse 将自动在 Chrome 浏览器中打开所测试的页面。

11

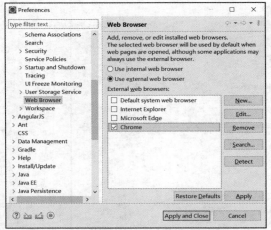
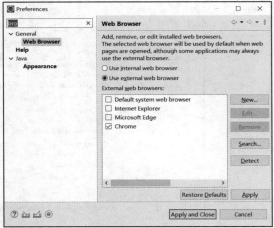

图 1-15　更改默认的测试浏览器　　　　图 1-16　搜索"bro"之后再更改默认的测试浏览器

设置 3：定制网页模板

在 Eclipse 中新建 JSP 页面文件时，默认创建的源代码如下。

```
1   <%@ page language="java" contentType="text/html; charset=UTF-8"
2       pageEncoding="UTF-8"%>
3   <!DOCTYPE html>
4   <html>
5   <head>
6   <meta charset="UTF-8">
7   <title>Insert title here</title>
8   </head>
9   <body>
10  
11  </body>
12  </html>
```

以上代码由 Eclipse 中的网页模板生成，没有适当缩进，且没有引入常用的 Java 类，如果没有配置设置 1，代码中的字符编码会为默认的"ISO-8859-1"。为了提高 JSP 页面代码的编写效率，下面将介绍如何在 Eclipse 中定制网页模板。

在 Eclipse 菜单栏中选择"Window"→"Preferences"命令，打开"Preferences"窗口，在其左上角的搜索栏中输入"Templates"的前 3 个字母"tem"之后或直接在其左边栏中选择"Web"→"JSP Files"→"Editor"→"Templates"选项。然后在右边栏的模板列表中，将第一列"Name"列的宽度适当增加一点，如图 1-17 所示。在模板列表中勾选"New JSP File (html 5)"复选框（这是在使用 Tomcat 9 作为测试环境的情况下，Eclipse 新建 JSP 页面时默认使用的网页模板），单击"Edit"按钮打开模板编辑窗口。

在模板编辑窗口中按如下代码修改模板代码，模板编辑窗口如图 1-18 所示。注意，标签<head>和<body>的左边有两个空格，而在标签<div>和</div>的左边输入的是一个 Tab 制表符（按键盘的"Tab"制表符键即可输入），在标签<h3>的左边输入的是两个 Tab 制表符，在标签</html>之后有一个空行。模板代码编辑完毕，单击"OK"按钮，完成模板的修改并返回"Preferences"窗口，然后单击"Apply and Close"按钮，完成模板的定制。模板定制完成后，新建 JSP 页面时，页面的初始源代码将是自定义模板的源代码。

第 1 章 JSP 开发概述

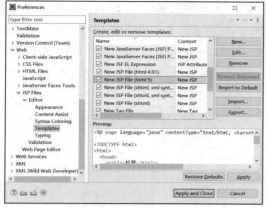

图 1-17 模板列表

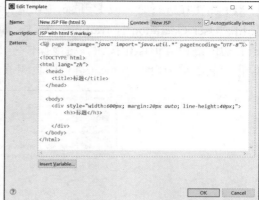

图 1-18 模板编辑窗口

```
1   <%@ page language="java" import="java.util.*" pageEncoding="UTF-8"%>
2
3   <!DOCTYPE html>
4   <html lang="zh">
5     <head>
6       <title>标题</title>
7     </head>
8
9     <body>
10      <div style="width:600px; margin:20px auto; line-height:40px;">
11        <h3>标题</h3>
12
13      </div>
14    </body>
15  </html>
```

设置 4：停止自动更新组件

Eclipse 有时会自动下载更新一些组件，而由于连接下载服务器的时间过长或无法连接等问题，在窗口右下角的状态栏中一直显示正在更新组件，如图 1-19 所示。双击状态栏（即双击图 1-19 所示的窗口右下角的 "Refreshing server adap…list:(4%)" 区域），会在控制台打开 "Progress" 选项卡，其中会显示目前正在进行更新的列表。

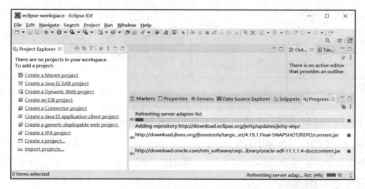

图 1-19 组件更新进度条

13

当更新正在进行时，或 Eclipse 正在进行其他操作时，如果启动 Tomcat 来测试网页，会弹出"User Operation is Waiting"窗口，如图 1-20 所示。如果想中断操作，可以单击进度条右边的红色方形停止按钮，将该操作停止，也可以单击其他的停止按钮将所有的操作都停止，然后重新启动 Tomcat 进行网页测试，启动可能会变得顺利。

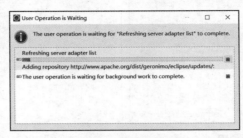

图 1-20 "User Operation is Waiting"窗口

如果经常遇到自动更新组件的情况，会严重影响开发工作。按如下操作进行设置，可以让自动更新少出现或不出现。

在 Eclipse 菜单栏中选择"Window"→"Preferences"命令，打开"Preferences"窗口，在左边栏选择"Install/Update"→"Available Software Sites"选项，如图 1-21 所示，在右边栏的列表中将所有的复选框都取消勾选。单击"Apply and Close"按钮关闭窗口，完成设置。

应注意的是，在取消复选框的勾选后，在安装工具窗口的"Work with"下拉列表中将无选项可选，如图 1-22 所示。所以，如果要安装工具，可在图 1-22 所示的窗口中单击右边的"Manage"按钮，打开图 1-21 所示的窗口，勾选相应的复选框（如勾选"2021-06"复选框）。工具安装完成后再将该复选框取消勾选，这在以下的"设置 5：安装工具和插件"操作过程中需要留意。

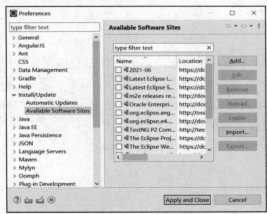

图 1-21 可用的软件下载地址　　　　图 1-22 无选项可选

让 Eclipse 不进行自动更新的另一种方法是在 Eclipse 菜单栏中选择"Help"→"Install New Software"命令，打开"Install"向导窗口，将其中的"Contact all update sites during install to find required software"复选框取消勾选，单击"Apply and Close"按钮完成设置。

设置 5：安装工具和插件

这里的工具特指 Eclipse 官方提供或认证的组件，而插件特指第三方提供的未经 Eclipse

官方认证的组件，两者都可以称为插件。工具和插件都能扩展 Eclipse 的功能，给开发工作带来便利。安装工具和插件的操作也可在以后需要时完成。

（1）安装 Web 开发工具。在 Eclipse 菜单栏中选择"Help"→"Install New Software"命令，打开"Install"向导窗口，在"Work with"下拉列表中选择"2021-06 - https://download.eclipse.org/releases/2021-06/"，或者手动输入网址后按"Enter"键，在出现的工具列表中勾选所需的 3 个工具的复选框，如图 1-23 所示。单击"Next"按钮，在"Review Licenses"向导窗口中选中"I accept the terms of the license agreements"单选按钮，单击"Finish"按钮，Eclipse 开始在后台自动下载和安装所选工具。下载和安装工具的时间由网络速度决定，在 Eclipse 工作界面的右下角能看到安装的进度情况，工具安装完成后会弹出请求重新启动 Eclipse 的"Software Updates"对话框，如图 1-24 所示。单击"Restart Now"按钮，重新启动 Eclipse，让新安装的工具生效。以上安装的 3 个工具在开发 JSP 页面时能带来一些便利。

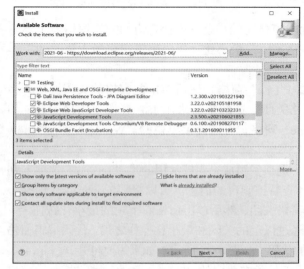
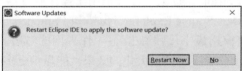

图 1-23　勾选要安装的工具　　　　图 1-24　"Software Updates"对话框

（2）安装插件 AngularJS Eclipse。在 Eclipse 菜单栏中选择"Help"→"Eclipse Marketplace"命令，打开"Eclipse Marketplace"向导窗口，在"Find"搜索框中输入插件名称，例如"AngularJS"，然后单击"Go"按钮，在搜索到的插件列表中，单击插件 AngularJS Eclipse 介绍文字右下方的"Install"按钮，如图 1-25 所示。在向导窗口中将最后两个复选框取消勾选，单击"Confirm"按钮，如图 1-26 所示。在"Review Licenses"向导窗口中开始选中"I accept the terms of the license agreements"单选按钮，单击"Finish"按钮，Eclipse 开始在后台自动下载和安装插件。在安装过程中可能弹出"Security Warning"窗口，如图 1-27 所示，可单击"Install anyway"按钮继续安装插件，插件安装完成后重启 Eclipse，让插件生效。Eclipse 官方目前已不建议安装插件 AngularJS Eclipse，Eclipse IDE for Enterprise Java and Web Developers 2021-06 版本已经自带了 JSP 开发所需的常用工具。

设置 6：最小化不常用的操作窗格

在 Eclipse 中进行项目开发时，为了提高工作效率，通常将不常用的操作窗格关闭或最小化，使代码编辑窗格最大化。

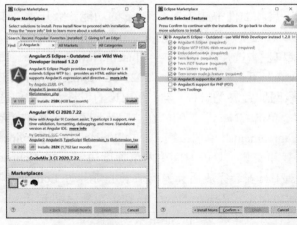

图 1-25　搜索插件　　图 1-26　勾选要安装的功能　　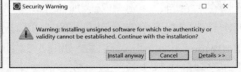

图 1-27　"Security Warning"窗口

在 Eclipse 工作界面中，中间的代码编辑窗格比较小，下边和右边的操作窗格占了不少空间，如图 1-28 所示。可以将这些操作窗格关闭或最小化，代码编辑窗格最大化时的工作界面如图 1-29 所示。

在 Eclipse 工作界面的右边，选中"Task List"窗格，然后单击此窗格的关闭按钮将其关闭。使用相同的方法将"Outline"窗格关闭。这两个窗格在 JSP 开发中用途不大。如果在开发中需要使用某个窗格，如"Outline"窗格，可选择菜单栏的"Window"→"Show View"→"Outline"命令进行还原。

Eclipse 工作界面下边的控制面板由几个选项卡组成，比较常用的是"Servers"选项卡和"Console"选项卡，分别用于操作服务器和查看控制台的消息。可以将"Properties"窗格、"Data Source Explorer"窗格和"Snippets"窗格关闭，然后单击窗格右上角的最小化按钮，将窗格最小化到 Eclipse 工作界面的右边。经过以上的关闭和最小化操作之后，代码编辑窗格（工作台）得到最大化的效果，能显示更多的代码，如图 1-29 所示。如果需要打开"Console"窗格查看输出信息，可以单击工作界面右边工具条中对应的"Console"按钮，控制台窗口将向左弹开并展示输出的信息。

图 1-28　初始的工作界面

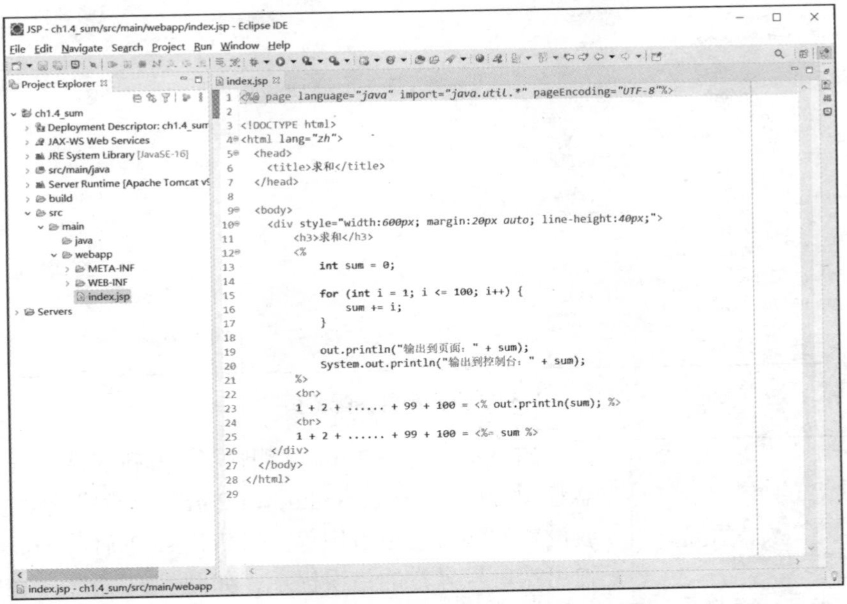

第 1 章　JSP 开发概述

图 1-29　代码编辑窗格最大化时的工作界面

如果需要还原窗格到初始状态，选择 Eclipse 菜单栏中的 "Window" → "Perspective" → "Reset Perspective" 命令即可。另外，选择 Eclipse 菜单栏中的 "Window" → "Perspective" → "Customize Perspective" 命令，还可以增加或减少工具栏中罗列的按钮。

双击代码编辑窗格的标题栏，能将其他窗格最小化（注意，不要单击到窗格的关闭按钮）。再次双击代码编辑窗格的标题栏，可还原之前的窗格布局。此操作对 "Console" 等其他窗格也适用。

设置 7：移除代码编辑窗格中的竖线

在代码编辑窗格中右侧位置默认会出现一条灰色竖线，是打印代码时右边界的参考线，如图 1-29 所示。在编写代码时它会影响视觉，建议将它移除。在 Eclipse 菜单栏中选择 "Window" → "Preferences" 命令，打开 "Preferences" 窗口，在窗口的左边栏中选择 "General" → "Editors" → "Text Editors" 选项，然后在右边栏中将 "Show print margin" 复选框取消勾选，单击 "Apply and Close" 按钮完成设置，此时可看到竖线不见了。

设置 8：更改 Tomcat 服务器的配置

如果需要更改与 Eclipse 关联的 Tomcat 服务器的配置，在 Eclipse 控制面板的 "Servers" 选项卡中，双击 Tomcat 服务器 "Tomcat v9.0 Server at localhost"，在工作台打开其配置页，如图 1-30 所示。可以在配置页中看到 Tomcat 服务器的许多配置，例如 Tomcat 的启动时间限制为 45 秒、停止时间限制为 15 秒、Tomcat 的管理端口号 "Tomcat admin port" 为 8005、打开 HTTP 页面时的端口号为 8080 等。可以更改这些配置，保存后重启服务器，让修改的配置生效。另外，也可在 Eclipse 工作界面左边的项目列表中展开项目 Servers 的配置列表，双击相应的文件打开其配置文件，例如 server.xml，然后更改相关设置，保存后也需重启服务器，让修改的配置生效。

17

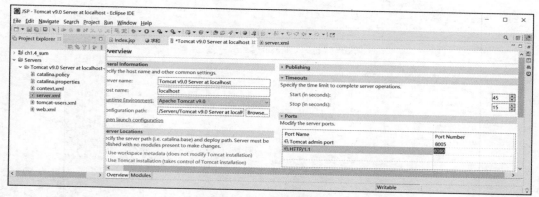

图 1-30 打开服务器配置页

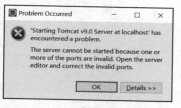

图 1-31 Tomcat 管理端口号异常

如果不小心将 Tomcat 删除了，重新安装 Tomcat 时服务器管理端口 "Server Shutdown Port" 未设置或设置不正确，或设置的端口已被占用等，在 Eclipse 中启动 Tomcat 时将会弹出端口号异常的错误提示，如图 1-31 所示。在图 1-30 所示的配置页中更改 Tomcat 的管理端口号 "Tomcat admin port"，保存后重启 Tomcat 即可。

1.3.4 MySQL 的安装与配置

MySQL 是一个关系数据库管理系统，最早由瑞典 MySQL AB 公司（后被 Oracle 公司收购）开发。MySQL 使用的 SQL 语言是用于访问数据库的常用标准化语言。MySQL 软件采用双授权政策，分为社区版和商业版。由于其体积小、速度快、总体拥有成本低，并且开放源代码，一般中小型网站的开发都选择 MySQL 作为网站数据库。

MySQL Community（MySQL 社区版）的性能卓越，搭配 JSP/PHP 和 Apache 可组成良好的开发环境，在 MySQL 官方网站可以下载其安装版和免安装版（解压版）。因为免安装版的安装过程比较复杂，且容易安装失败，以下提供的是安装版的安装过程。

MySQL Community 安装版的安装文件中已经集合了 MySQL Community Server 数据库服务器、MySQL WorkBench CE 客户端和 MySQL Connector/J JDBC 驱动包等软件，其 8.0.26 版本的安装文件是 mysql-installer-community-8.0.26.0.msi，大小约为 450MB。安装版的 MySQL Community 在 32 位和 64 位的操作系统中都可以安装、使用，安装过程以图形界面向导形式呈现。读者可以在学习第 7 章数据库编程时再安装 MySQL。

双击 MySQL 安装文件，进入 MySQL Installer 安装和设置向导界面。安装和设置向导的步骤比较多，可选项也比较多，并且在不同的安装环境中出现的向导界面可能有差异，请一步步细心完成。

（1）在 "Choosing a Setup Type" 界面中，选中 "Custom" 单选按钮，如图 1-32 所示，单击 "Next" 按钮进入下一步。

（2）在 "Select Products" 界面的左边窗格中展开节点并分别选中 "MySQL Server 8.0.26 - X64" "MySQL Workbench 8.0.26 - X64" "Connector/J 8.0.26 - X86"，然后单击向右的箭头，将这 3 个产品都添加到右边的窗格中，如图 1-33 所示。单击 "Next" 按钮进入下一步。

第 1 章 JSP 开发概述

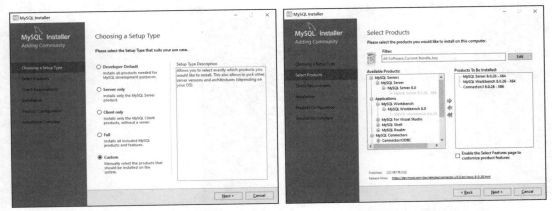

图 1-32 选择安装类型　　　　　　　图 1-33 选择产品

（3）在"Check Requirements"界面中，安装向导在检测完系统环境之后会列出需安装的组件（安装环境不同，所需安装的组件可能不同），如图 1-34 所示。单击"Execute"按钮，安装向导将自动联网下载并安装所需组件。当弹出组件的安装窗口时，勾选"我同意许可条款和条件"复选框，如图 1-35 所示，单击"安装"按钮。当组件都安装成功后，单击 MySQL 安装向导界面中的"Next"按钮进入下一步。

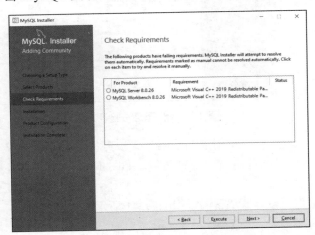 

图 1-34 需安装的组件　　　　　　　图 1-35 安装所需组件

（4）在"Installation"界面中，单击"Execute"按钮，如图 1-36 所示，开始安装所列程序。安装完成后显示"Product Configuration"界面，提示将要进入 MySQL Server 的设置向导，如图 1-37 所示。单击"Next"按钮进入下一步。

（5）在"Type and Networking"界面中，"Port"文本框中的值默认为 3306，表示默认的端口号为 3306，如图 1-38 所示。如果"Port"文本框的右边出现橙色警告标志，表示计算机中已安装 MySQL 数据库，默认的 3306 端口号已经被占用，这时，需将已安装的数据库停止服务并卸载，或者将此处的端口号更改为其他值，如 3316。当没有橙色警告标志时，单击"Next"按钮进入下一步。

（6）在"Authentication Method"界面中，保持默认选中第一个单选按钮，如图 1-39 所示，单击"Next"按钮进入下一步。

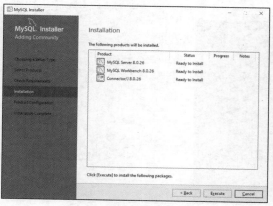

图 1-36　执行安装　　　　　　　　　图 1-37　产品设置

图 1-38　设置类型和网络

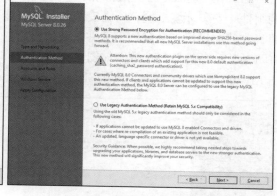

图 1-39　选择身份验证方法

（7）在"Account and Roles"界面中，输入 root 用户的密码（为了方便学习本书第 7 章和第 8 章中与数据库相关的编程，强烈建议读者输入"123456"），如图 1-40 所示，单击"Next"按钮进入下一步。

（8）在"Windows Service"界面中，保持默认设置不变，如图 1-41 所示，单击"Next"按钮进入下一步。

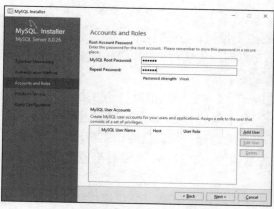

图 1-40　用户和角色

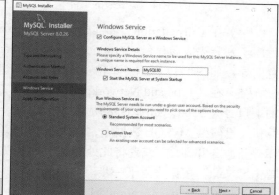

图 1-41　Windows 服务设置

第 1 章 JSP 开发概述

（9）在"Apply Configuration"界面中，显示了在前面向导中所做过的设置的列表，如图 1-42 所示。如果需要更改设置可单击"Back"按钮进行更改，不需要则单击"Execute"按钮应用设置。当设置完成后，将显示设置成功的界面，单击"Finish"按钮进入下一步，在后续的向导界面中单击"Next"或"Finish"按钮完成 MySQL 的安装和设置。在最后的"Installation Complete"界面中，勾选"Start MySQL Workbench after setup"复选框，如图 1-43 所示。单击"Finish"按钮，完成 MySQL 的安装并关闭安装向导界面，启动 MySQL Workbench。

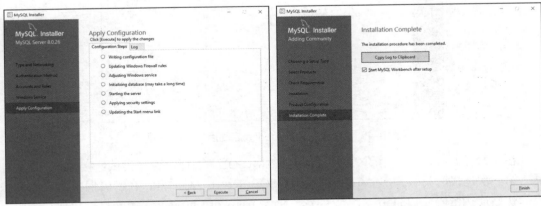

图 1-42 应用设置　　　　　　　　图 1-43 安装完成

在 MySQL Community 安装版的安装向导和设置过程中，主要将 MySQL Server 数据库服务器和 MySQL Workbench 数据库客户端这两个程序安装到计算机中；还将 MySQL 的安装程序 MySQL Installer 也安装到了计算机中，启动此安装程序还能安装更多组件或对已安装的程序进行配置，例如更改 MySQL 的连接端口等；还将 MySQL Connector/J 这个 JDBC 连接驱动程序包解压到了 C:\Program Files (x86)\MySQL\Connector J 8.0 文件夹，如图 1-44 所示。在本书第 7 章和第 8 章进行数据库编程时，就需要将图 1-44 所示的驱动程序包 mysql-connector-java-8.0.26.jar 复制到项目的 WEB-INF/lib 库文件夹中，用以连接数据库。

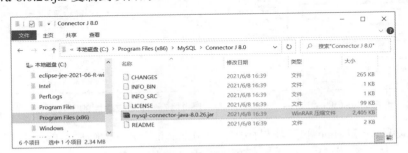

图 1-44 JDBC 驱动程序包

1.3.5 MySQL Workbench 的配置

MySQL Workbench 是为 MySQL 设计的数据库建模工具，具有设计和新建数据库、创建数据库文件，以及进行复杂的 MySQL 迁移等功能。MySQL Workbench 是新一代可视化数据库设计、管理工具，它有开源版和商业版的两个版本。该软件支持 Windows、Linux

和macOS等操作系统。可以在MySQL Workbench官方网站下载所需的独立安装版本。由于前面安装MySQL时已经安装了MySQL Workbench 8.0.26 CE，下面将介绍其配置流程。

启动MySQL Workbench，其初始界面如图1-45所示。

图1-45　MySQL Workbench启动后的初始界面

在初始界面双击左下角的"Local instance MySQL"图标时，将尝试连接MySQL服务器。第一次连接时将会弹出"Connect to MySQL Server"对话框，在密码框中输入root账户的初始连接密码"123456"，建议勾选"Save password in vault"复选框，以保存密码。如果保存了密码，以后连接时将不再弹出图1-46所示的对话框。单击"OK"按钮，MySQL Workbench会尝试连接MySQL数据库，连接成功后的工作界面如图1-47所示。

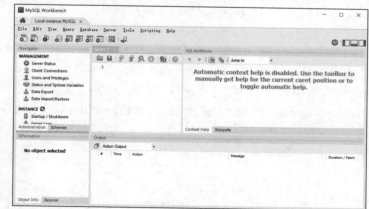

图1-46　连接MySQL　　　　　　　　　图1-47　连接成功后的工作界面

在MySQL Workbench的工作界面中，左边Navigator窗格中显示的是"Administration"选项卡，单击其右边的"Schemas"选项卡，左边窗格中将展示SCHEMAS区域中的对象列表，显示已有的数据库对象。在此区域的空白处单击鼠标右键，在快捷菜单中选择"Create Schema"命令可开始创建数据库，在输入数据库名称后单击"Apply"按钮，完成数据库的创建。在新建的数据库中，可创建数据表和对记录进行增、删、改、查操作。在MySQL Workbench中对数据库、数据表进行的具体操作与在其他主流的数据库客户端中的操作类似，可参考相关资料学习，也可参考本书第7章7.2.2小节的相关内容。

第 1 章 JSP 开发概述

1.4 案例 ch1.4_sum（实现一个简单的 JSP 网页）

本案例制作一个简单的 JSP 网页，计算 1+2+……+99+100 的值并输出结果。网页的测试效果如图 1-48 所示。

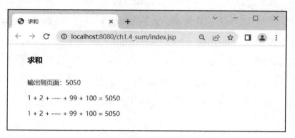

图 1-48 网页的测试效果

1.4 案例 ch1.4_sum（实现一个简单的 JSP 网页）

1.4.1 新建动态 Web 项目 ch1.4_sum

在 Eclipse 菜单栏中选择 "File" → "New" → "Dynamic Web Project" 命令，弹出 "New Dynamic Web Project" 窗口，在窗口的 "Project name" 文本框中输入 "ch1.4_sum"，其他选项保持默认设置，需注意窗口中 3 个下拉列表的选中项，如图 1-49 所示。单击 "Finish" 按钮，完成项目的创建。

在 Eclipse 的项目列表中，展开项目 ch1.4_sum 的节点，在 src/main/webapp 文件夹上单击鼠标右键，在快捷菜单中选择 "New" → "JSP File" 命令。打开 "New JSP File" 窗口，在 "File name" 文本框中输入页面文件名 "index.jsp"，如图 1-50 所示。单击 "Finish" 按钮，完成该网页的创建。文件创建后会自动在 Eclipse 编辑区打开，供用户查看和编辑。

此时，Eclipse 中的项目文件列表如图 1-51 所示。在 D:\JSP\ch1.4_sum 文件夹中能看到由 Eclipse 自动生成的一系列文件夹和文件。

在项目的子目录中，开发人员使用得比较多的是 src/main/java 包和 src/main/webapp 文件夹。前者与图 1-51 中的 "Server Runtime [Apache Tomcat v9.0]" 上方的目录 src/main/webapp 是同一个目录，用于存放 JavaBean 类文件、Servlet 类文件和项目配置文件等，通常称为 "类目录"；而后者用于存放网页文件、图片文件、CSS 文件和 JS 脚本文件等，通常称为 "网页目录" 或 "网站根目录"。

图 1-49 新建动态 Web 项目

图 1-50 新建 JSP 页面文件

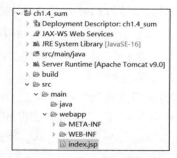

图 1-51 项目文件列表

1.4.2 测试网页index.jsp

在index.jsp网页源代码的第12行中添加文字"你好，JSP！"，保存网页。

在工具栏中单击运行按钮 ⊙，或在左边窗格的项目文件列表中，右键单击网页文件index.jsp，在快捷菜单中选择"Run AS"→"Run on Server"命令，弹出"Run On Server"窗口。在窗口的服务器列表中，选中已安装和关联的 Tomcat v9.0 Server at localhost 服务器，如图1-52所示，单击"Finish"按钮。Eclipse 将启动 Tomcat 服务器，自动编译项目并将其发布到服务器，在浏览器中打开网页，如图1-53所示。如果网页的测试效果中没有文字"标题"，请完成本章1.3.3小节中的"设置3：定制网页模板"，然后将已创建的 index.jsp 网页删除，重新创建 index.jsp 网页、添加文字、保存网页和测试网页。

图1-52 选择测试服务器

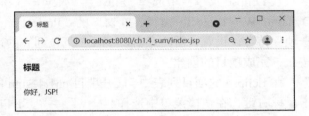
图1-53 index.jsp网页的测试效果

如果网页代码或项目配置有误，编译无法通过，网页可能无法打开，控制台中会显示异常信息。

另外，测试网页时，启动 Tomcat 服务器、自动编译项目等操作需要一定的时间，根据项目的复杂程度和计算机的运行速度打开网页的时间要几秒到几十秒，请读者耐心等待。如果在等待过程中再次测试网页，Eclipse 则会启动另一个测试流程，这时启动 Tomcat 服务器时就会报 8080 端口被占用的错误。错误的解决办法可以是尝试在 Eclipse 的进度窗格（Progress 窗格）中停止所有正在运行或等待的进程，然后再次测试；如果仍然有问题可以重启 Eclipse 试试，若依然报错可以尝试在操作系统的进程表中结束相关的进程，甚至可以尝试重启计算机。

1.4.3 修改网页index.jsp

修改 index.jsp 的已有代码，添加求和功能的实现代码，代码如下。

在 Eclipse 中编写代码时，使用快捷键能大大提高编程效率：代码提示（代码自动补全）的快捷键为"Alt+/"，代码缩进的快捷键为"Tab"，取消缩进的快捷键为"Shift+Tab"，注释/取消注释的快捷键为"Ctrl+Shift+C"（或选择菜单栏中的"Source"→"Toggle Comment"等命令）。建议将诸如此类的快捷键写到书的扉页上，以便随时查阅和记忆。

```
1  <%@ page language="java" import="java.util.*" pageEncoding="UTF-8"%>
2
3  <!DOCTYPE html>
```

```
4   <html lang="zh">
5     <head>
6       <title>求和</title>
7     </head>
8
9     <body>
10      <div style="width:600px; margin:20px auto; line-height:40px;">
11          <h3>求和</h3>
12          <%
13              int sum = 0;
14
15              for (int i = 1; i <= 100; i++) {
16                  sum += i;
17              }
18
19              out.println("输出到页面: " + sum);
20              System.out.println("输出到控制台: " + sum);
21          %>
22          <br>
23          1 + 2 + …… + 99 + 100 = <% out.println(sum);%>
24          <br>
25          1 + 2 + …… + 99 + 100 = <%= sum %>
26      </div>
27    </body>
28  </html>
```

代码编写完毕，保存网页，在浏览器中刷新该网页，得到的效果如图 1-48 所示。

在更改 JSP 网页源代码后，只需在 Eclipse 中保存网页，然后在浏览器上刷新页面，浏览器将显示更改后的网页内容（Eclipse 会在大约 2 秒内重新将网页发布到 Tomcat 服务器），无须在 Eclipse 中重新测试该网页文件。

以上代码的第 1 行用于声明网页属性：采用的编程语言为 Java，引入 java.util 中的类，字符编码为 UTF-8。

第 13~17 行代码用于实现求和运算，第 19~20 行代码用于将结果分别输出到页面和控制台，第 23、25 行代码用于将结果输出到浏览器。

在 JSP 网页源代码中编写的 Java 代码需要嵌套在<%和%>中，嵌套在<%和%>之间的 Java 代码称为代码片段（Scriptlets），没有嵌套在<%和%>之间的内容称为 JSP 的模板元素。

在 JSP 中可以使用 out.println(***)语句或<%=***%>将结果输出到浏览器，也可以使用 System.out.println(***)方法将结果输出到控制台。

有关 JSP 页面元素的详细说明将在第 2 章介绍。

1.4.4　项目的删除、导入和导出

在日常开发中，常常需要共享或备份创建的项目，所以需要掌握在 Eclipse 中如何删除项目、导入项目和导出项目。无论是 Web 项目，还是 Java 项目，操作方法都类似。

操作 1：删除项目

在 Eclipse 的项目列表中，要删除的项目上单击鼠标右键，在快捷菜单中选择"Delete"

命令，或者选中要删除的项目后直接按"Delete"键，将弹出删除确认窗口，如图 1-54 所示。如果单击"OK"按钮，则将选中的项目从项目列表中删除，如果该项目已经发布到了 Tomcat 服务器，则会同时将该项目从 Tomcat 服务器的项目列表中移除。虽然移除了该项目，但磁盘中的项目文件夹还在，以后可通过导入项目的方式修改和测试此项目。我们在学习或开发中，将暂时不用的项目从项目列表中移除，通常都采用这种方式。

如果在删除确认窗口中，先勾选"Delete project contents on disk (cannot be undone)"复选框再单击"OK"按钮，则不但从 Eclipse 的项目列表中删除了该项目，而且磁盘中的项目文件也会被删除且不可恢复，所以不要轻易勾选该复选框。

请特别注意，在 Eclipse 的项目列表中，Servers 文件夹中保存的是与 Eclipse 关联的 Tomcat 服务器的配置文件，不要将它删除。否则，Servers 文件夹被删除后，Tomcat 服务器将无法运行。如果只是在 Eclipse 的项目列表中误删了 Servers 文件夹而没有删除磁盘中的项目 Servers 文件夹，则只需重新导入该项目即可；而如果将磁盘中的项目 Servers 文件夹也删除了，则需重新关联已安装的 Tomcat 服务器（即先在控制面板的 Servers 列表中删除已有的服务器，后需重新添加）。

在测试网页时，项目会被发布到 Tomcat。在控制面板的"Servers"选项卡中，展开"Tomcat v9.0 Server at localhost"，能看到目前已发布到 Tomcat 的项目，如图 1-55 所示。选中某个项目，在其上单击鼠标右键，在快捷菜单中选择"Remove"命令，或直接按"Delete"键，在弹出的删除确认窗口中单击"OK"按钮，就可将此项目从已发布的项目列表中移除。在开发时，如果 Tomcat 中已发布的项目太多，会影响新项目发布的速度或 Tomcat 的重启速度，可以将暂时不测试的项目从已发布的项目列表中移除。别担心，从 Tomcat 已发布的项目列表中移除项目，并不会将其从 Eclipse 的项目列表中移除。如有需要，可以重新测试网页，从而将其所在的项目再次发布到 Tomcat 服务器。

从 Tomcat 的项目列表中移除某个项目后，最好重启 Tomcat 服务器。

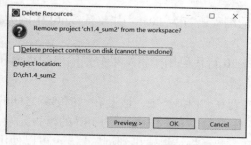

图 1-54　删除确认窗口

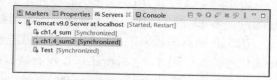

图 1-55　Tomcat 中已发布的项目

操作 2：导入项目

要导入磁盘中已有的项目，可在 Eclipse 菜单栏中选择"File"→"Import"命令，打开导入项目向导窗口，在窗口中的项目类型列表中选择"General"→"Existing Projects into Workspace"选项，如图 1-56 所示。单击"Next"按钮进入下一步。

在向导窗口中，选中"Select root directory"单选按钮，单击其右边的"Browse"按钮，如图 1-57 所示。打开"选择文件夹"对话框，在该对话框中选中需要导入的项目根目录，如"ch1.4_sum"文件夹，单击对话框的"选择文件夹"按钮关闭对话框，回到图 1-57 所示的向导窗口。单击"Finish"按钮完成项目的导入。项目导入以后,在 Eclipse 的项目列表中能看到该项目的名称及其子目录列表,可以修改和测试此项目。

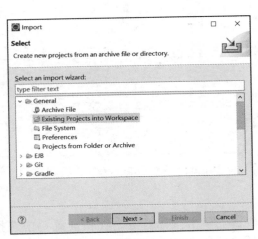

图 1-56　选择导入类型

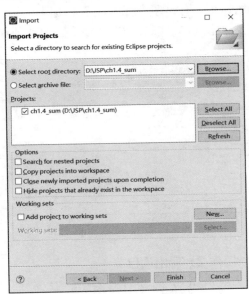

图 1-57　设置导入选项

当然,还可以导入以其他文件类型导出的项目。

注意,如果在 Eclipse 中导入以前能运行的项目或别人的项目之后,项目名称左边图标的左下角或文件图标的左下角有红叉(错误提示,有时项目仍能运行),这很可能是开发项目时使用的 Eclipse 关联的 Tomcat,与现在使用的 Eclipse 关联的 Tomcat 的名称或版本不相同导致的。要取消此类错误信息,可以在项目名称上单击鼠标右键,在快捷菜单中选择"Properties"命令,在打开的项目属性窗口左边栏的列表中选择"Targeted Runtimes"选项,然后在窗口右边的服务器列表中勾选一个已关联的 Tomcat(如果没有 Tomcat,则需在图 1-7 所示的窗口中关联已安装的 Tomcat),如图 1-58 所示。最后单击"Apply and Close"按钮完成配置,此时项目引入已安装的 Tomcat 的类库,通常此类错误提示就会消失。如果项目的错误提示仍存在,或项目发布到 Tomcat 之后启动 Tomcat 还报错,可试试重启 Eclipse。

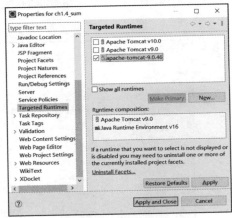

图 1-58　更改运行的 Tomcat

如果仍有错误,可以在项目的"Properties"窗口中选择"Java Build Path"选项,然后在窗口右边选择"Libraries"选项卡,如图 1-59 所示。在窗口右边的列表中查看 JRE 的版本是否正确、Server Runtime 的 Tomcat 是否有效等。如果需要进行配置,可选中对应的项目,然后单击右边的"Edit"按钮进行更改,或单击"Remove"按钮将其删除,或单击"Add Library"按钮添加所需的 JRE、Tomcat 等。

另外,当出现错误时,可以查看 Eclipse 控制面板的"Markers"选项卡中的错误列表,如图 1-60 所示。可根据提示信息进行相应操作,例如修改项目的源代码、配置文件或项目的属性等。有时在"Markers"选项卡的错误列表中的某条错误提示上单击鼠标右键,在快捷菜单中选择"Quick Fix"命令,可快速纠正相应错误。

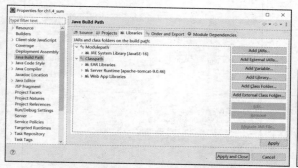

图 1-59　配置 Java Build Path　　　　　　图 1-60　"Markers"选项卡

操作 3:导出项目

在 Eclipse 的项目列表中,在要导出的项目上单击鼠标右键,在快捷菜单中选择"Export"→"Export"命令,或选中要导出的项目后在菜单栏中选择"File"→"Export"命令,打开导出向导窗口,在窗口的类型列表中选择"General"→"File System"选项,如图 1-61 所示,单击"Next"按钮进入下一步。

在向导窗口中,勾选需要导出的项目,单击"Browse"按钮,选择目标文件夹,如图 1-62 所示,单击"Finish"按钮完成项目的导出。这种类型的项目导出可以看成将项目文件夹从原始位置复制到目标文件夹。

 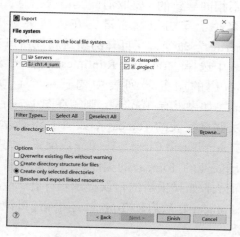

图 1-61　选择导出类型　　　　　　图 1-62　确定导出选项

还能将项目导出为一个扩展名为 war 的文件。在 Eclipse 的项目列表中,在要导出的项目(例如项目 ch1.4_sum)上单击鼠标右键,在快捷菜单中选择"Export"→"WAR File"命令,打开导出向导窗口,如图 1-63 所示。在"Destination"文本框中输入目标位置和文件名称(例如 D:\ch1.4_sum.war),或者单击其右边的"Browse"按钮,打开"另存为"对

第 1 章　JSP 开发概述

话框，在对话框中选择目标文件夹（例如 D 盘根目录），输入保存的文件名（例如 ch1.4_sum.war），如图 1-64 所示。单击"保存"按钮回到图 1-63 所示的向导窗口，最后单击"Finish"按钮完成项目的导出。值得注意的是，对于含有类文件（*.java 文件）的项目，如果以后需要修改项目，需在图 1-63 所示的窗口中勾选"Export source files"复选框，将类文件（*.java 文件）一起导出，否则将会只导出类文件编译后的字节码文件（*.class 文件）。

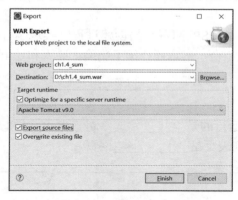
图 1-63　设置导出选项

图 1-64　设置导出位置和文件名

1.4.5　练习案例 ch1.4ex_triangle（打印三角形）

参考案例 ch1.4_sum（制作一个简单的 JSP 网页），完成本练习案例。本练习案例的要求如下。

（1）打印由字符"*"构成的三角形图案。（提示：可用双重 for 循环将要输出的内容累加并将其赋给字符串变量 show。）

（2）在网页中用两种方式分别输出变量 show（提示：换行用
），效果如图 1-65 所示。注意，需将源代码中的 line-height:40px;更改为 line-height:20px;。

（3）在控制台中输出变量 show（提示：需进行换行符的替换，可用代码 show.replace ("<br>", "\n")实现），效果如图 1-66 所示。

图 1-65　网页中的三角形

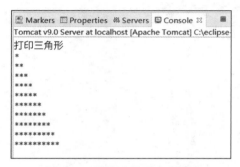
图 1-66　控制台中的三角形

1.5 小结与练习

1. 本章小结

本章介绍了静态网页和动态网页的联系与区别、常见的动态网页技术、常用的 Web 服务器，以及 JSP 网页的运行原理；还介绍了 JSP 开发环境的搭建，本书采用的开发环境是 Eclipse、Tomcat 和 MySQL。

本章介绍了案例 ch1.4_sum（制作一个简单的 JSP 网页）的创建过程，实现了计算 1+2+……+99+100 的值并将结果输出到网页和控制台。本章还介绍了删除、导入和导出项目的方法。

2. 填空题

（1）在静态网页和动态网页中，需要编译后运行的是_____，静态网页文件的扩展名通常是_____，京东网上商城的商品列表页是_____网页。

（2）常见的动态网站开发语言有_____、_____、_____、_____、_____、_____等。

（3）常见的 JSP 开发工具有_____、_____、_____。

（4）开发 JSP 动态网站常用的 MySQL 管理工具有_____、_____。

（5）JSP 网页的运行方式是_____（填"编译型"或"解释型"）。

（6）用 Java 代码输出字符串 str 到网页的两种方式对应的语句是_____、_____。输出 str 到控制台的语句是_____。

第 2 章 JSP 语法基础

【学习要点】
（1）JSP 脚本元素：代码片段、表达式、注释、声明。
（2）JSP 指令元素：page 指令、include 指令、taglib 指令。
（3）JSP 动作元素：jsp:include 等。

JSP 页面一般包括指令元素、HTML 标签、CSS 样式、JavaScript 脚本、动作元素、代码片段、表达式、声明和注释等页面元素。了解这些 JSP 页面元素的作用和基本使用方法，是学习 JSP 开发的基础。在 JSP 页面元素中，与 JSP 语法相关的页面元素可分成脚本元素、指令元素和动作元素三大类。

2.1 JSP 脚本元素

静态 HTML 页面中不但含有 HTML 标签，而且通常还含有 CSS 样式和 JavaScript 脚本等页面元素。而在 JSP 页面中，除了静态 HTML 页面的页面元素，通常还含有 4 种脚本元素：代码片段、表达式、注释和声明。

2.1～2.2 JSP 脚本元素和案例 ch2.2_datetime （时间格式化）

1. 代码片段

代码片段（Scriptlets）可以包含任意有效的 Java 语句、变量、方法和表达式。代码片段的语法格式为<%代码片段%>，其中可以包含一行或多行在页面请求处理期间要执行的 Java 代码。

2. 表达式

表达式（Expression）包含一个符合 Java 规范的表达式，表达式的执行结果会转化成 String 类型，然后插入到放置表达式的地方。

表达式的语法格式为<%=表达式%>，这与<% out.print(表达式);%>的功能相同。注意，表达式不能以分号结尾，且第一个百分号与等号之间不能有空格。

3. 注释

注释（Comment）主要有两个作用：一是为代码做注释；二是将某段代码注释掉，让其不执行。在 JSP 页面中，可以使用两种类型的注释：一种是显式注释（HTML 注释），这种注释可以在浏览器网页的 HTML 源代码中看到；另一种是隐式注释，这种注释无法在浏览器中看到，通常是给程序员看的，它可能是暂时注释掉的不执行的某些代码。

4. 声明

声明（Declaration）用来定义程序中使用的实体，如变量、方法和类，其语法格式为<%!变量/方法/类的声明%>。声明中定义的变量、方法和类是全局性的，在 JSP 页面中的任何地方都能使用。在声明中不能使用 out.print()系列方法进行输出操作。

在 JSP 页面中，以上 4 种脚本元素中的前 3 种比较常见，声明的使用较少。通常将网页中要声明的函数或方法放到类中作为方法，然后在 JSP 页面源代码中调用这些方法。

下面的案例是 JSP 脚本元素的简单应用，在网页 index.jsp 的源代码中添加以上 4 种脚本元素。

2.2 案例 ch2.2_datetime（时间格式化）

在 index.jsp 网页中，先将原始的时间和格式化后的时间分别输出到页面，接着对其进行注释，最后利用声明函数的方式求距离某日期的天数。网页的测试效果如图 2-1 所示。

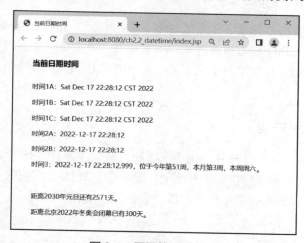

图 2-1 网页的测试效果

操作 1：创建 Web 项目 ch2.2_datetime

请读者仿照本书 1.4 节的项目创建流程，创建 Web 项目 ch2.2_datetime，然后在 src/main/webapp 文件夹中创建 JSP 网页 index.jsp。

依照下列的操作步骤修改并测试网页 index.jsp，即按功能模块编写代码并测试网页，编写完一个模块的代码并测试成功之后，再添加其他模块的代码并测试。

操作 2：按系统默认格式输出时间

```
1  <%@page import="java.text.SimpleDateFormat"%>
2  <%@ page language="java" import="java.util.*" pageEncoding="UTF-8"%>
3
4  <!DOCTYPE html>
5  <html lang="zh">
6    <head>
7      <title>当前日期时间</title>
8    </head>
9
```

```jsp
10  <body>
11    <div style="width:600px; margin:20px auto; line-height:40px;">
12        <h3>当前日期时间</h3>
13        <%
14            Date date = new Date();                              //当前时间
15            out.println("时间1A: " + date);                      //输出时间到网页
16            System.out.println("时间1: " + date);                //输出时间到控制台
17        %>
18        <br>时间1B: <% out.println(date); %>
19        <br>时间1C: <%= date %>
20        <%
21            String date2A = String.format("%tF %tT", date, date);
                                                                   //将时间格式化
22            String date2B = String.format("%tF %<tT", date);   //与上一行等效，
                                                                   第2个t调用第1个t的值
23
24            SimpleDateFormat sdf = new SimpleDateFormat("yyyy-MM-dd
                    HH:mm:ss.SSS, 位于今年第w周，本月第W周，本周E。");
25            String date3 = sdf.format(date);                     //将时间格式化
26        %>
27        <br>时间2A: <%= date2A %>
28        <br>时间2B: <%= date2B %>
29        <br>时间3: <%= date3 %>
30
31        <!-- <br>时间4: <%= date %> 这是显式注释，在浏览器网页的源代码中会显
                                                                   示出来 -->
32        <%-- <br>时间5: <%= date %> 这是隐式注释，不会显示在浏览器网页的源代
                                                                   码中 --%>
33        <%
34            //out.println("时间6: " + date);            //这是单行隐式注释，这行代
                                                                   码不会执行
35            /*
36            out.println("时间7: " + date);              //这是多行隐式注释，这两行代
                                                                   码不会执行
37            out.println("时间8: " + date);
38            */
39        %>
40        <br><br>距离2030年元旦还有<%=interval("2023-1-1") %>天。
                                                       <!-- 调用函数 -->
41        <br>距离北京2022年冬奥会闭幕已有<%=interval("2022-2-20") %>天。
42        <%!                                            //JSP声明，注意有感叹号"!"
43            String interval(String dateInput) {
44                String str = "";
45                Date now = new Date();
46                Date date = null;
47                SimpleDateFormat sdf2 = new SimpleDateFormat("yyyy-MM-dd");
48
49                try {
50                    date = sdf2.parse(dateInput);      //将字符串转换为日期类型
```

```
51                } catch (Exception e) {
52                    return "输入错误";
53                }
54
55                long seconds = (date.getTime() - now.getTime()) / 1000;
                                                //间隔秒数。用getTime()获得毫秒数
56                seconds = Math.abs(seconds);             //求绝对值
57                long days = seconds / (60 * 60 * 24);    //天数
58                str = days + "";                         //转换为字符串
59
60                return str;
61            }
62        %>
63    </div>
64  </body>
65 </html>
```

以上代码的第 1 行先不用输入，输入第 13~19 行的代码，然后预览网页，测试时间 1A、时间 1B 和时间 1C 的输出效果，如图 2-1 所示。从图中可以看到，3 种输出方式的效果一样，时间显示的格式是系统默认的格式。

以上代码的第 13~17 行应用了一个代码片段，第 18 行也应用了一个代码片段，第 19 行应用了一个 JSP 表达式。

操作 3：按时间的常用格式输出时间 2A、2B、时间 3

输入以上代码的第 20~29 行，保存网页后刷新页面，查看时间 2A、时间 2B 和时间 3 的输出效果，实现按设定的格式输出系统时间。

第 24 行代码的 SimpleDateFormat（或输入该词前面部分的字符）输入完之后，Eclipse 可能会报错，提示 SimpleDateFormat 不能识别。在这种情况下，需要引入包或创建类。此时可以将光标移至 SimpleDateFormat 之后，按下代码提示快捷键 "Alt+/"，在弹出的类列表中用键盘上、下方向键选择所需的类，然后按 "Enter" 键，也可用鼠标单击需要引入的类。此时，第 1 行会自动添加<%@page import="java.text.SimpleDateFormat"%>，它是引入某个类的声明。值得一提的是，当单词 SimpleDateFormat 没输入完整时，按快捷键 "Alt+/"，也会弹出供选用的类的列表，这个技巧能提高代码的输入效率和准确率。有时，按快捷键 "Alt+/" 后，会自动完成类的引入，并不弹出供选用的类的列表。当然，第 1 行的代码也可以手动输入。

如果要输出常规的日期和时间，可以采用 String.format()进行时间格式化，代码比较简洁。如果要输出复杂格式的日期和时间，或者要将字符串转换为时间对象，建议采用 SimpleDateFormat 对象的相应方法，因为其功能更强大。

操作 4：在注释中输出时间 4~时间 8

以上代码的第 31~39 行是注释的几种常用格式。

输入以上代码的第 31~39 行，保存并刷新网页，会发现时间 4~时间 8 在网页中都没有显示出来。在浏览器的网页中单击鼠标右键，在快捷菜单中选择 "查看源" 或 "查看网页源代码" 命令，在打开的 HTML 源代码中，可看到只有第 31 行代码有输出结果，但因为它被标识为注释，所以输出结果在预览的网页中不会显示出来。第 32 行和第 34~38 行

代码被标识为服务器端脚本注释,所以代码不会被执行。

操作 5:求间隔天数

以上代码的第 42～62 行是一个函数声明,第 40 行和第 41 行代码都调用了函数 interval()。

输入以上代码的第 40～62 行,保存并刷新网页,输出距离某一天的天数。在代码中声明了函数 interval(),代码的第 40～41 行传递参数并调用该函数,得到返回的天数并以 JSP 表达式方式输出。

本案例中应用了代码判断、表达式、注释和声明这 4 种 JSP 页面元素。对于这 4 个名词,读者暂时记不住也没关系,会在使用过程中逐步理解并掌握。

练习案例 ch2.2ex_date(日期和时间间隔)

参考以上案例,完成此练习案例,网页测试效果如图 2-2 所示。此练习案例的要求如下。

(1)输出当前时间、当天日期和当天星期,要求分别采用 String.format()方法和 SimpleDataFormat 类的 format()方法转换 Date 对象。

(2)实现输出距离 2030 年元旦的天数、小时数、分钟数和秒数,可上网查阅相应算法。

图 2-2 输出日期和时间间隔

2.3 JSP 指令元素

JSP 指令元素是指 JSP 网页源代码中包含在<%@与%>之间的元素。它用来设置页面的相关信息,在服务器端执行,不产生输出结果,在整个页面内有效。JSP 指令包括 page(页面)指令、include(包含)指令和 taglib (标签库)指令。

2.3~2.4 JSP 指令元素和动作元素

1. page 指令

page 指令用于定义页面的依赖属性,如脚本语言、引入的 Java 包、页面的字符编码等。在 Eclipse 所创建的 JSP 页面代码的第 1 行中应用了 page 指令<%@ page language="java" import="java.util.*" pageEncoding="UTF-8"%>。page 指令的部分属性及功能如表 2-1 所示。

表 2-1 page 指令的部分属性及功能

序号	属性	功能
1	language	指定 JSP 使用的脚本语言
2	pageEncoding	指定 JSP 文件本身的编码
3	info	定义 JSP 页面的描述信息

续表

序号	属性	功能
4	session	指定当前页面是否允许 session 操作
5	buffer	指定处理页面输出内容时的缓冲区大小
6	errorPage	指定当前页面运行异常时调用的页面
7	import	导入 Java 包
8	contentType	设置返回浏览器网页的内容类型和字符编码类型
9	isELIgnored	指定是否忽略 EL 表达式
10	isThreadSafe	指定是否为线程安全的
11	autoFlush	指定当缓冲区满时是否自动清空
12	isErrorPage	指定当前页面是否为其他页面的异常处理页面

2．include 指令和 include 动作

在 JSP 中，可以使用 include 指令或 include 动作来包含其他文件（*.jsp、*.html、*.inc、*.txt 等文件）。include 动作将在本章 2.4 节介绍。在一个网站中，如果有多个网页含有相同内容（例如页面的页头、页脚），使用 include 指令或 include 动作可以提高创建网页的效率，也方便后期修改。包含其他文件的 JSP 文件称为主文件，被包含的文件称为从文件。在主文件被编译或执行时，会先将从文件包含进来合成一个新的 JSP 页面，然后对其进行编译或执行，所以主文件和从文件中声明的变量、方法必须具有唯一性。JSP 中的包含分为静态包含和动态包含。

静态包含：include 指令，例如<%@ include file="/include/header.jsp" %>。

动态包含：include 动作，例如<jsp:include page="/include/header.jsp" />。

两者的区别体现在引入从文件的时间不同：静态包含在编译时就合并两个文件，而动态包含不会在编译时合并文件，而是当代码执行到 include 时，才编译和执行另一个文件的内容并将其包含到主文件。从代码执行效率、代码维护等方面考虑，通常能用静态包含就不选择用动态包含。

本章案例 ch2.5_include（框架类型网页）给出了 include 指令的用法。

3．taglib 指令

taglib 指令可以将标签库描述符文件导入 JSP 页面，并指定用户应用该标签库时的标签前缀。

taglib 指令的语法是<%@ taglib prefix="tagPrefix" uri="tigLibURL"或 tagDir="tagDir" %>，其属性的作用如下。

prefix 属性用于指定标签的前缀，以区分多个自定义标签，不可以使用保留前缀和空前缀。

uri 属性用于定位标签库描述符文件的位置，可以使用绝对或相对 URL。

tagDir 属性指示前缀将用于标识 WEB-INF/tags 目录下的标签文件。

例如，指令<%@ taglib prefix="c" uri="http://java.sun.com/jsp/jstl/core" %>，表示指定标签 c 用于引入并应用 JSTL 标签库。有关 JSTL 标签库的简介和应用可参考本书 8.2.5 小节、8.2.6 小节的相关内容。

2.4 JSP 动作元素

JSP 动作元素利用 XML 语法来控制 JSP 容器 Servlet 引擎的行为。利用 JSP 动作元素可以动态包含文件、重用 JavaBean 组件、重定向到另外的页面、为 Java 插件生成 HTML 代码等。JSP 动作元素基本上是预定义的函数，JSP 规范定义了一系列的标准动作，用 "jsp" 作为前缀，部分 JSP 动作元素如表 2-2 所示。JSP 动作元素与 JSP 指令元素不同的是，JSP 动作元素在浏览器请求处理阶段动态编译和执行，而 JSP 指令元素在编译时被一起编译，然后一起执行。

表 2-2 部分 JSP 动作元素

序号	动作元素	描述
1	jsp:include	包含一个文件
2	jsp:useBean	查找或实例化一个 JavaBean
3	jsp:setProperty	设置 JavaBean 的属性
4	jsp:getProperty	将 JavaBean 的属性插入输出结果中
5	jsp:forward	将请求转发到新页面
6	jsp:plugin	生成针对 Java 插件创建 OBJECT 或 EMBED 标记的特定于浏览器的代码
7	jsp:element	动态定义 XML 元素
8	jsp:attribute	指定动态定义的 XML 元素的属性
9	jsp:body	指定动态定义的 XML 元素的正文
10	jsp:text	用于在 JSP 页面和文件中编写模板文本

所有的 JSP 动作元素都需要两个属性，即 id 属性和 scope 属性。

id 属性是 JSP 动作元素的唯一标识，可以在 JSP 页面中引用。JSP 动作元素的 id 值可以通过 PageContext 来调用。

scope 属性用于识别 JSP 动作元素的生命周期。id 属性和 scope 属性有直接关系，scope 属性用于定义相关联 id 对象的有效时间。scope 属性有 4 个可选值：page、request、session 和 application，对应的有效时间由短到长。

有关 JSP 动作元素的详细知识和具体应用可参考本书第 5 章的内容。

一个 JSP 动作元素的例子：

```
<jsp:useBean id="guess" class="com.GuessNumber" scope="session" />
```

该 JSP 动作表示获取或创建一个名为 guess 的、属于 Java 类 com.GuessNumber 的、生命周期为 session 的对象，详见本书案例 ch5.4_guessNumber（猜数游戏）。

2.5 案例 ch2.5_include（框架类型网页）

在一个网站中，如果有多个网页含有相同内容（如页头、页脚等框架页面元素），可以先创建页头文件、页脚文件等从文件或子网页，然后在主页面中将它们包含进来。这样不但能提高网站的建设效率，而且能为后期的网站维护、升级带来很大的便利。

将从文件或子网页引入到主页面，即创建框架类型网页。该类型网页

2.5 案例
ch2.5_include
（框架类型网页）

可以使用 JSP 页面指令中的 include 指令创建，也可以使用 iframe 内联框架技术创建，这两种技术实现的效果基本相同。

本案例的网页用于简单介绍深圳职业技术学院，主要包含 3 组页面：学校简介页、校内要闻页和联系方式页。分别采用 include 指令和 iframe 内联框架技术呈现这 3 组页面都含有的页头文件和页脚文件。采用 include 指令实现的页面在浏览器中的测试效果如图 2-3～图 2-5 所示，项目的文件列表如图 2-6 所示。其中，网站根目录下网页名以数字 1 为结尾的网页文件采用 include 指令来实现；iframe 文件夹中，网页名以数字 2 为结尾的网页文件采用 iframe 内联框架技术来实现。

图 2-3　学校简介页 introduction1.jsp

图 2-4　校内要闻页 news1.jsp

图 2-5　联系方式页 contact1.jsp

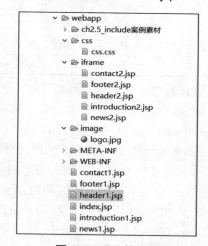

图 2-6　项目的文件列表

2.5.1　页头文件 header1.jsp 和页脚文件 footer1.jsp

首先新建 Web 项目 ch2.5_include，然后将素材文件夹内的目录和文件都复制到 src/main/webapp 文件夹中。

（1）打开并修改页头文件 header1.jsp 的代码，添加 logo 图片 image/logo.jpg 到页面，代码如下。测试网页，效果如图 2-7 所示。

```
1  <%@ page language="java" import="java.util.*" pageEncoding="UTF-8"%>
2
3  <div style="text-align:center;">
4      <img src="image/logo.jpg">
```

```
5        <br>    
6        <!-- 3 种空格： 为全角空格， 为半角空格， 为不换行空格 -->
7        <a href="index.jsp">首页</a> 
8        <a href="introduction1.jsp">学校简介 1</a> 
9        <a href="news1.jsp">校内要闻 1</a> 
10       <a href="contact1.jsp">联系方式 1</a> 
11
12       <div style="margin:8px auto 40px; border-top:1px solid gray;"></div>
13   </div>
14
```

header1.jsp 是从文件，所以不能含有常规网页含有的<html> <title> <body>等 HTML 页面标签。因为浏览器具有一定的容错功能，所以没有这些 HTML 页面标签，该网页仍然能正常预览。

代码第 5 行的 是全角空格，与在输入法全角模式下按空格键得到的空格的效果一样，相当于一个汉字的宽度。而 是半角空格，相当于半个汉字的宽度。不换行空格 的宽度和普通空格（键盘的 Space 键直接输入的空格）的宽度由浏览器决定，通常相当于半角空格的宽度，但在有的浏览器中相当于六分之一个汉字的宽度。在页面显示时，多个全角空格、半角空格或不换行空格的宽度会累加，但多个普通空格只会显示为一个普通空格的宽度。

（2）打开并修改页脚文件 footer1.jsp，添加水平分割线，代码如下，测试网页，预览效果如图 2-8 所示。

```
1   <%@ page language="java" import="java.util.*" pageEncoding="UTF-8"%>
2
3   <div style="margin:50px auto 10px; border-top:1px solid gray;"></div>
4
5   <div style="margin:10px auto 40px; text-align:center; color:gray;
                                       font-size:small;">
6       秦高德开发维护  |  版权所有
7   </div>
```

图 2-7　页头 1 header1.jsp

图 2-8　页脚 1 footer1.jsp

2.5.2　样式文件 css.css

在 src/main/webapp/css/css.css 样式文件中定义了一个类样式 content，用于修饰网页中的文字，代码如下。

```
1   @charset "UTF-8";
2
3   .content {                      /* 用于修饰页面正文中的文字*/
4       width:      90%;            /* 设置宽度为父元素宽度的 90% */
5       margin:     0px auto 15px;  /* 水平居中，下边距为 15px */
```

6	line-height:	1.5em;	/* 1.5 倍行距 */
7	text-indent:	2em;	/* 首行缩进 2 个字符 */
8	text-align:	justify;	/* 文字两端对齐 */
9	}		

2.5.3　应用 include 指令

在 src/main/webapp 文件夹中新建主文件网页 contact1.jsp，修改代码，应用素材文件提供的文字内容，代码如下。

```
1   <%@ page language="java" import="java.util.*" pageEncoding="UTF-8"%>
2
3   <!DOCTYPE html>
4   <html lang="zh">
5     <head>
6       <title>联系方式 1</title>
7       <link rel="stylesheet" type="text/css" href="css/css.css">
8     </head>
9
10    <body>
11      <div style="width:800px; margin:0px auto;">
12        <%@ include file="header1.jsp" %>
13
14        <h3 style="text-align:center;">联系方式 1(contact) -- include</h3>
15
16        <div class="content">
17            地址：广东省深圳市南山区留仙大道 7098 号　邮编：518055
18        </div>
19        <div class="content">
20            电话：26019709/26731842　　传真：26731712
21        </div>
22        <div class="content">
23            网址：http://www.szpt.edu.cn
24        </div>
25
26        <%@ include file="footer.jsp" %>
27      </div>
28    </body>
29  </html>
```

其中，第 7 行代码引入了样式文件，第 12 行和第 26 行代码使用网页指令<%@ include file="*.jsp" %>分别将从文件 header1.jsp 和 footer1.jsp 包含进来，网页的测试效果如图 2-5 所示。

请读者修改完善 introduction1.jsp 和 news1.jsp 的代码，使网页的测试效果如图 2-3、图 2-4 所示。

下面介绍应用 iframe 内联框架的形式创建框架类型的网页，创建的网页都位于 iframe 文件夹中。

2.5.4　页头文件 header2.jsp 和页脚文件 footer2.jsp

在 src/main/webapp/iframe 文件夹中新建页头网页 header2.jsp。将 header1.jsp 中的代码

复制到 header2.jsp 中并适当修改，代码如下；测试网页，预览效果如图 2-9 所示。

```jsp
1   <%@ page language="java" import="java.util.*" pageEncoding="UTF-8"%>
2   
3   <!DOCTYPE html>
4   <html lang="zh">
5     <head>
6       <title>页头 2</title>
7     </head>
8   
9     <body>
10      <div style="text-align:center;">
11        <img src="../image/logo.jpg">           <!--"../"表示转向到父级目录 -->
12        <br>    
13              <!-- 三种空格： 为全角空格， 为半角空格， 
                                                     为不换行空格 -->
14
15        <a href="../index.jsp" target="_top">首页</a> 
                                                 <!-- 需添加 target 属性 -->
16        <a href="introduction2.jsp" target="_top">学校简介 2</a> 
17        <a href="news2.jsp" target="_top">校内要闻 2</a> 
18        <a href="contact2.jsp" target="_parent">联系方式 2</a> 
19
20        <div style="margin:8px auto 40px; border-top:1px solid gray;"></div>
21      </div>
22    </body>
23  </html>
```

由于 header2.jsp 存放在 iframe 文件夹中，所以第 11 行和第 15 行代码需要添加转向到父级目录的字符"../"。子网页 header2.jsp 将以 iframe 内联框架的形式引入到主页面，所以链接中需要将属性 target 的值设为_top 或_parent，使得点击链接时不是在子网页所在的内联框架中打开链接页面，而是在浏览器窗口或子网页的父级窗口中打开链接页面。

打开并修改 footer2.jsp 的代码，测试网页，预览效果如图 2-10 所示。

header2.jsp 和 footer2.jsp 的预览效果与 header1.jsp 和 footer1.jsp 的预览效果基本一致。

图 2-9　页头 2 header2.jsp

图 2-10　页脚 2 footer2.jsp

2.5.5　创建 iframe 内联框架网页

iframe 是一个 HTML 标签，用于在网页中内嵌另一个子网页。iframe 是一个行内块级元素，其主要属性有 src（指定内联网页的地址）、width（宽度）和 height（高度）等，除了 src 属性，其他有关外观的属性建议在其样式属性 style 中设置。

将 contact1.jsp 文件以 "contact2.jsp" 为文件名另存到 src/main/webapp/iframe 文件夹中，修改代码，代码如下。

```
1   <%@ page language="java" import="java.util.*" pageEncoding="UTF-8"%>
2
3   <!DOCTYPE html>
4   <html lang="zh">
5     <head>
6       <title>联系方式 2</title>
7       <link rel="stylesheet" type="text/css" href="../css/css.css">
8     </head>
9
10    <body>
11      <div style="width:800px; margin:0px auto;">
12        <div style="width:800px; overflow:hidden;">
13                              <!--overflow 用于遮盖 iframe 的滚动条 -->
          <iframe src="header2.jsp" style="width:828px; height:180px;
                  border:0px; margin:-8px 0px 5px -5px;"></iframe>
14        </div>
15
16        <h3 style="text-align:center;">联系方式 2(contact) -- iframe</h3>
17
18        <div class="content">
19            地址：广东省深圳市南山区留仙大道 7098 号    邮编：518055
20        </div>
21        <div class="content">
22            电话：26019709/26731842    传真：26731712
23        </div>
24        <div class="content">
25            网址：http://www.szpt.edu.cn
26        </div>
27
28  <iframe src="footer2.jsp" style="width:100%; height:120px; border:0px;
                  margin:-15px 0px -13px;"></iframe>
29      </div>
30    </body>
31  </html>
```

第 7 行代码添加了字符"../"，第 13 行和第 28 行代码分别将子网页 header2.jsp 和 footer2.jsp 用 ifame 标签引入进来。在 iframe 标签中添加样式主要是为了使 contact2.jsp 的预览效果与 contact1.jsp 的预览效果一致，网页的测试效果如图 2-11 所示。

同理，创建应用内联框架的网页 introduction2.jsp（如图 2-12 所示）和 news2.jsp，网页的测试效果与图 2-3、图 2-4 所示的基本一致。

图 2-11　联系方式页 contact2.jsp

图 2-12　学校简介页 introduction2.jsp

创建框架类型的网页时，应用 JSP 的 include 网页指令与应用 iframe 内联框架的实现方法类似，页面预览效果基本相同。二者的区别如下：

（1）iframe 可以用在静态和动态网页，include 只能用在动态网页。

（2）iframe 是视图级组合，include 是代码级组合。

（3）使用 iframe 引入的子页面是独立的网页，子页面和主页面的样式、执行不会互相影响；应用 include 包含的从文件将作为主页面的一部分，一起编译执行，样式通用于整个页面。

创建框架类型的网页，还可以采用目前很流行的 AJAX 技术，异步加载页面的各个区域，最后得到一个完整页面。有关 AJAX 技术的内容将在本书第 6 章 6.6 节介绍。

2.5.6 练习案例 ch2.5ex_includeLeft（含左侧导航栏）

参考案例 ch2.5_include（框架类型网页），完成练习案例 ch2.5ex_includeLeft（含左侧导航栏），页面的测试效果如图 2-13～图 2-15 所示，案例的项目文件列表如图 2-16 所示。

图 2-13　学校简介页 1　　　　　图 2-14　校徽简介页 1B

图 2-15　足球夺冠页 2B

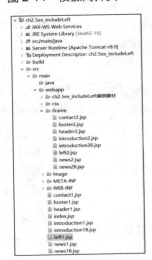

图 2-16　项目文件列表

本练习案例的要求如下。

（1）分别实现应用 include、iframe 两种框架类型的页面各 5 个（共 10 个）。可在案例 ch2.5_include 页面的基础上添加代码实现本练习案例的页面。

（2）创建 Web 项目文件 ch2.5ex_includeLeft，将素材文件和案例 ch2.5_include 中的部分页面复制到 src/main/webapp 文件夹中。

（3）webapp 目录下的 include 类型主页面的顶部有页头网页 header1.jsp，底部有页脚网页 footer1.jsp，中部的左侧为导航网页 left1.jsp，中部的右侧为正文内容；而 webapp/iframe 目录下的 iframe 类型主页面的顶部有页头网页 header2.jsp，底部有页脚网页 footer2.jsp，中部的左侧为导航网页 left2.jsp，中部的右侧为正文内容。

（4）在 iframe 类型主页面中，引入 header2.jsp 的 iframe 标签的样式是 width:828px; height:180px; border:0px; margin:-8px 0px 5px -5px;，引入 left2.jsp 的样式是 width:160px; height:450px; border:0px;，引入 footer2.jsp 的样式是 width:100%; height:120px; border:0px; margin:-15px 0px -13px;。允许 include 和 iframe 两种框架类型页面的预览效果有少许差别。

2.6 小结与练习

1. 本章小结

本章介绍了 JSP 网页源代码中的基本语法。JSP 页面通常包括指令元素、HTML 标签、CSS 样式、JavaScript 脚本、动作元素、代码片段、表达式、声明和注释等若干种页面元素。在 JSP 页面元素中，与 JSP 语法相关的页面元素可分成脚本元素、指令元素和动作元素三大类，其中脚本元素中的代码片段和表达式在 JSP 网页源代码中较常见。

本章的案例 ch2.2_datetime（时间格式化）介绍了 Java 中的时间格式化、时间间隔及输出；案例 ch2.5_include（框架类型网页）介绍了使用 include 指令和 iframe 内联框架来创建框架类型的页面。

2. 填空题

（1）JSP 脚本元素主要有_____、_____、_____、_____。

（2）JSP 指令元素主要有_____、_____、_____、_____。

（3）网页源代码中的 4 种常见空格是_____、_____、_____、_____、_____。

（4）如果已有语句 Date date = new Date()，要将 date 格式化，生成"2021-2-26 14:35:06"格式的字符串并将其并赋给字符串变量 str，两种时间格式化的语句分别是_____和_____。（其中一种时间格式化有两条语句。）

（5）在 JSP 页面中，声明的代码用_____包围起来。

（6）类似页头、页脚的从文件通常用来制作_____类型的网页。制作这种类型的网页，主文件包含从文件 header.jsp 的两种方式通常是应用_____和 iframe 内联框架，其代码是_____和_____。

第 3 章 JSP 内置对象

【学习要点】
（1）JSP 内置对象：request、response、out、session 等。
（2）使用 Cookie 对象记录信息。
（3）表单的属性，表单控件：文本框、密码框、提交按钮、单选按钮、复选框。

通过第 1 章 1.2 节的内容，我们知道 Web 服务器在第一次运行某个 JSP 网页之前，系统会先将此 JSP 文件 "*.jsp" 转译成 Servlet 类文件 "*.java"，然后再将 Servlet 类文件 "*.java" 编译成系统能执行的字节码文件 "*.class"。其中，系统在将 JSP 文件 "*.jsp" 转译成 Servlet 类文件 "*.java" 时，会在该 Servlet 类的_jspService()方法中自动添加代码，以声明和实例化 9 个对象，这些对象由运行 Servlet 的容器来实现和管理。JSP 规范允许这 9 个对象在 JSP 网页源代码中能被直接使用，而不需要预先声明和实例化。这些对象就被称为 JSP 内置对象。JSP 规范设置 JSP 内置对象的目的是简化 JSP 网页的开发，提高 JSP 网页开发的效率。

3.1 JSP 内置对象概述

内置对象也称为隐式对象、预定义变量，JSP 的 9 个内置对象为 request、response、out、session、application、pageContext、page、config 和 exception。这些内置对象的功能、衍生类和作用域如表 3-1 所示。它们的作用域不尽相同，其中作用域最小的对象是 response、out、pageContext、page、config 和 exception，作用域仅为 page，只在本页面中有效；request 只在本次请求期间有效；session 在本次会话中有效；application 在本次服务器活动期间有效。

3.1~3.4 JSP 内置对象概述、request 对象、response 对象、out 对象

表 3-1　JSP 内置对象的功能、衍生类和作用域

内置对象	功能	衍生类	作用域
request	请求对象，用于获取浏览器数据及服务器系统的信息	javax.servlet.ServletRequest	request
response	响应对象，响应浏览器时的相关信息和操作	javax.servlet.ServletResponse	page
out	输出对象，用于控制数据输出的操作	javax.servlet.jsp.JspWriter	page
session	会话对象，用于记录与处理上线者的部分数据	javax.servlet.http.HttpSession	session
application	应用程序对象，用于记录与处理上线者共享的数据	javax.servlet.ServletContext	application

续表

内置对象	功能	衍生类	作用域
pageContext	页面上下文对象，提供对 JSP 页面所有对象及命名空间的访问	javax.servlet.jsp.PageContext	page
page	页面对象，代表当前的 JSP 页面对象	javax.lang.Object	page
config	配置对象，用于获取 JSP 编译后的 Servlet 信息	javax.servlet.ServletConfig	page
exception	异常对象，用于实现异常处理机制	javax.lang.Throwable	page

其中，request、response、out、session 在 JSP 开发中应用得较多。Cookie 对象尽管不是 JSP 内置对象，但它的使用方式与 session 对象类似，常用于在浏览器临时文件中记录用户数据。本章着重介绍 request、response、out、session 和 Cookie 对象的使用方法，关于 pageContext、config、page 和 exception 对象的有关知识和使用方法，读者可参考相关资料进行学习。

本章 3.5 节的案例 ch3.5_login（用户登录）中应用了 request、response 和 out 对象的方法，本章 3.7 节的案例 ch3.7_survey（问卷调查）中还应用了 session 和 Cookie 对象的方法。

3.2 request 对象

request 对象记录浏览器的请求信息，主要用于服务器接收浏览器传送到服务器的数据（包括头信息、系统信息、请求方式及请求参数等），也可用于在服务器中运行的页面或程序之间传递数据。request 对象只在本次请求期间有效（request 对象的作用域为 request），但可以跨页面或类。

request 对象是 javax.servlet.http.HttpServletRequest 类的实例。每当浏览器向服务器请求一个 JSP 页面时，JSP 引擎就会创建一个 request 对象来代表这个请求。request 对象提供了一系列方法来获取输入的控件名、地址栏传递的参数、Cookies、HTTP 头信息、HTTP 方法等。

表 3-2 中列出了 request 对象的部分方法，其中前 8 个方法比较常用。

表 3-2 request 对象的部分方法

序号	方法	说明
1	String getParameter(String name)	返回请求中参数 name 的值，若不存在则返回 null。该方法常用于获取表单控件的值，或 URL 参数的值
2	String[] getParameterValues(String name)	返回属性名为 name 的所有值的字符串数组，若不存在则返回 null
3	Object getAttribute(String name)	返回属性名为 name 的值，如果不存在则返回 null
4	void setAttribute(String name, Object obj)	为属性名为 name 的属性设值
5	HttpSession getSession()	返回请求对应的 session 对象，如果没有，则创建一个
6	Cookie[] getCookies()	返回浏览器所有的 Cookie 的对象数组
7	void getRequestDispatcher(String path).forward(request, response)	转发请求。服务器在执行当前文件的过程中转向目标网页或程序路径，同时将 request 对象和 response 对象传递过去
8	void setCharacterEncoding(String enc)	设置从请求获取值时的编码，如 UTF-8
9	String getQueryString()	返回请求 URL 包含的查询字符串

第 3 章 JSP 内置对象

续表

序号	方法	说明
10	Enumeration getParameterNames()	返回请求中所有参数名的集合
11	Enumeration getHeaderNames()	返回所有 HTTP 头的名称集合
12	Locale getLocale()	返回当前页的 Locale 对象,可以在 response 中使用
13	String getHeader(String name)	返回 name 指定的信息头
14	String getContextPath()	返回请求 URI 中指明的上下文路径
15	String getServletPath()	返回请求的 Servlet 路径
16	String getPathInfo()	返回任何与请求 URL 相关的路径
17	String getMethod()	返回请求中的 HTTP 方法,如 GET、POST 或 PUT
18	String getRequestURI()	返回请求的 URI
19	String getRemoteAddr()	返回浏览器的 IP 地址
20	int getServerPort()	返回服务器端口号

3.3 response 对象

response 对象代表服务器向浏览器返回的信息,不但可以输出文字、发送文件数据流,还可以发送网页重定向、设置响应头等信息。

3.3.1 response 对象概述

response 对象主要用于将 JSP 容器(Servlet)处理的结果返回浏览器。可以通过 response 对象设置 HTTP 的状态和向浏览器发送的数据,如 Cookie、HTTP 文件头信息等。

response 对象是 javax.servlet.ServletResponse 类的实例。response 对象具有 page 作用域,即当访问一个页面时,该页面内的 response 对象只对访问的这个页面有效,其他页面的 response 对象对当前页面无效。

表 3-3 所示为 response 对象的部分方法,其中前 4 个方法使用得比较多。

表 3-3 response 对象的部分方法

序号	方法	描述
1	void **sendRedirect**(String path)	使用指定的 URL 向浏览器发送一个临时的间接响应,浏览器接收到请求后跳转网页,即重定向
2	void **addCookie**(Cookie cookie)	添加指定的 Cookie 对象至响应中
3	void setCharacterEncoding(String enc)	设置响应的编码集(MIME 字符集),如 UTF-8
4	void setContentType(String type)	设置响应内容的类型和编码集,在响应被提交之前设置
5	String encodeRedirectURL(String url)	对 sendRedirect()方法使用的 URL 进行编码
6	String encodeURL(String url)	将 URL 编码,返回包含 Session ID 的 URL
7	boolean containsHeader(String name)	用于判断指定的响应头是否存在
8	boolean isCommitted()	用于判断响应是否已经提交到浏览器
9	void addDateHeader(String name, long date)	添加指定名称的响应头和日期

47

续表

序号	方法	描述
10	void addHeader(String name, String value)	添加指定名称的响应头和值
11	void addIntHeader(String name, int value)	添加指定名称的响应头和整型的值
12	void setBufferSize(int size)	设置响应体的缓存区大小
13	void flushBuffer()	将所有缓存中的内容输出给浏览器
14	void resetBuffer()	清除基本的缓存数据，不包括响应头和状态码
15	void reset()	清除所有缓存中的数据，包括状态码和响应头

3.3.2 重定向（redirect）与转发（forward）的比较

重定向（redirect），即调用 response.sendRedirect(String path)方法，将网页重定向到另一个页面。重定向方法中的 path 用于指定目标路径，它可以是相对路径，也可以是不同主机的 URL。在重定向时，服务器将新地址发送给浏览器，浏览器会将新地址显示在地址栏中，并向服务器重新发起请求。

转发（forward），即调用 request.getRequestDispatcher(String path).forward(request,response)方法进行的操作。转发是发生在服务器端的行为，属于浏览器向服务器发起的该次请求的延续，请求期间 request 对象不会丢失，地址栏的 URL 不会改变。

重定向与转发的相同之处是：能实现网页跳转，在浏览器中展示新的网页内容。

重定向与转发的区别如下。

（1）执行重定向后，地址栏中的 URL 改为重定向的目标 URL，相当于在浏览器地址栏里输入新的 URL 后按回车键；而执行转发后，地址栏里的请求 URL 不会改变。

（2）重定向是发生在浏览器端的跳转，速度稍慢；而转发是发生在服务器端的跳转，速度极快。

（3）重定向可以实现跳转到本 Web 应用之外的网站，而转发不能。

（4）执行重定向后生成第二次请求，而执行转发后依然使用上一次请求。

（5）在重定向之后的目标页面中不能访问原请求的请求参数，因为第二次请求后，所有原请求的请求参数、request 对象等将全部丢失；而在转发后的目标页面中可以访问原请求的请求参数，所有原请求的请求参数、request 对象还在。

（6）重定向通常应用在需要实现网页跳转，且本网页中已生成的 request 对象在后续的页面中不再需要的场合；而转发通常应用在需要实现网页跳转，且本网页中已生成的 request 对象在后续的页面中仍然需要的场合。

有关重定向和转发的应用场景在本章案例 ch3.5_login（用户登录）中介绍。

3.4 out 对象

out 对象是 JSP 开发中经常使用的对象，可以用其 print()方法向 response 对象输出内容。

3.4.1 out 对象概述

out 对象是 javax.servlet.jsp.JspWriter 的一个实例。out 对象用于在 response 对象中写入

内容，作用域为 page。表 3-4 列出了 out 对象的部分方法。

表 3-4 out 对象的部分方法

序号	方法	描述
1	void print/println(基本数据类型)	输出一个基本数据类型的值
2	void print/println(Object obj)	输出一个对象的引用地址
3	void print/println(String str)	输出一个字符串
4	void newLine()	输出一个换行符
5	void clear()	清除输出缓冲区的内容。若缓冲区为空，会出现 IOException 异常
6	void clearBuffer()	清除输出缓冲区的内容。若缓冲区为空，无异常出现
7	void flush()	直接将目前暂存于缓冲区的数据刷新并输出
8	void close()	关闭输出流。输出流一旦被关闭，则不能使用 out 对象进行任何操作
9	int getBufferSize()	获取目前缓冲区的大小（单位为 KB）
10	int getRemaining()	获取目前剩余的缓冲区大小（单位为 KB）

3.4.2 out.print()与 out.println()的比较

out.print()用于在页面中输出字符，输出的字符将接在已有字符之后。

out.println()用于输出字符和换行符。换行符\n 在浏览器网页的源代码中或控制台会实现换行，但在预览网页时，这种换行将被忽略，所以在浏览网页时看到的内容仍然在一行，只是用空格分隔开。所以，如果需要在网页中换行，可在源代码中要输出的内容之后添加
。

3.5 案例 ch3.5_login（用户登录）

本案例应用表单和 JSP 内置对象，实现用户登录功能。本案例的项目包含 3 个页面：用户登录页 index.jsp，登录验证页 loginCheck.jsp 和用户功能页 main.jsp。页面的测试效果如图 3-1～图 3-4 所示，在控制台中的输出结果如图 3-5 所示，项目文件列表如图 3-6 所示。

3.5 案例 ch3.5_login（用户登录）

图 3-1 用户登录页

图 3-2 登录失败

JSP 开发案例教程（微课版）

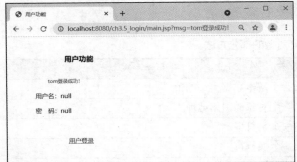

图 3-3 登录成功，URL 重定向到用户功能页

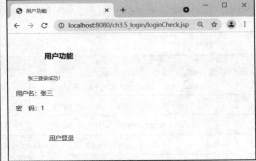

图 3-4 登录成功，在服务器端转发到用户功能页

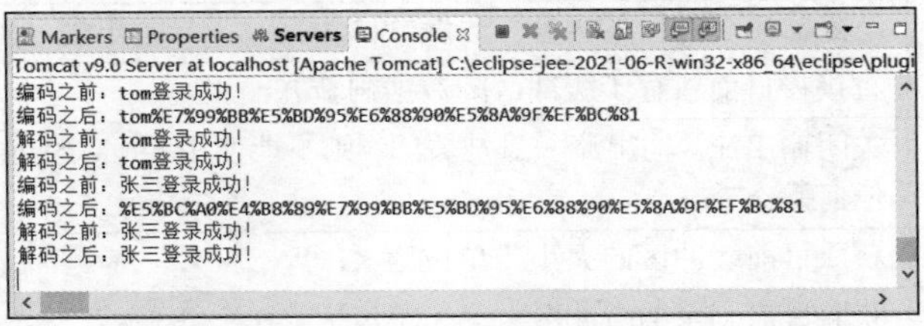

图 3-5 控制台中的输出结果

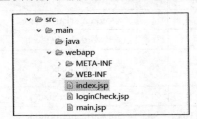

图 3-6 项目文件列表

3.5.1 用户登录页 index.jsp

新建 Web 项目 ch3.5_login，然后在 webapp 目录中新建网页 index.jsp 并添加代码，主要代码如下。网页的测试效果如图 3-1 所示。

```
9   <body>
10      <div style="width:600px; margin:40px auto; line-height:40px;">
11          <h3>    用户登录</h3>
12  
13          <form action="loginCheck.jsp" method="post">
14              用户名：<input type="text" name="username"> tom 或张三
15              <br>
16              密 码：<input type="password" name="password"> 1
17              <br>     
18              <input type="submit" value="提交">
19          </form>
20      </div>
21  </body>
```

表单 form 的 action 属性值用于指明由谁处理提交的表单及其控件的值。action 的值可以是 JSP 页面，也可以是 Servlet（将在本书第 6 章介绍），或 Web 应用框架指定的行为（在利用 Struts 或 Spring MVC 框架开发 JSP 时会涉及），甚至可以是其他网站的程序。

表单的 method 属性（提交方式），通常有 post 和 get 两种取值，分别对应表单以 POST 方式和 GET 方式提交。

（1）在以 GET 方式提交表单时，表单中的控件名称和值将以参数的形式存放在网址 URL 中提交给服务器，以获取服务器返回的内容。例如在用百度搜索引擎搜索时，输入的搜索文字将放在地址栏中提交，用户可以看到参数名称及参数的值。GET 方式是表单默认的提交方式。

（2）在以 POST 方式提交表单时，表单中的控件名称和值将以隐藏的形式由浏览器推送给服务器,服务器接收信息并处理后返回网页内容给浏览器。此时,地址栏中不会出现控件名称和值等参数,这对输入密码等敏感信息,或者控件数量比较多、值的内容比较长的情况非常有利。另外,提交文件的表单必须使用 POST 方式,且还需设置相应的编码方式 enctype(本书第 4 章介绍)。

表单控件通常放置在表单内,index.jsp 页面内有 3 个控件,分别是输入用户名的文本框 text、密码输入框 password 和提交按钮 submit,在提交表单时,它们的名称 name 和值 value 都会由浏览器提交给服务器。

3.5.2 登录验证页 loginCheck.jsp

将网页 index.jsp 另存为 loginCheck.jsp,将 loginCheck.jsp 的标题 title 和 h3 标题都更改为"登录验证",修改代码,主要代码如下。网页的测试效果(登录失败时)如图 3-2 所示。

```
10    <body>
11      <div style="width:600px; margin:40px auto; line-height:40px;">
12        <h3>    登录验证</h3>
13    <%
14        request.setCharacterEncoding("UTF-8");  //设置从请求获取值时的编码,否则
                                                    输入的中文会变成乱码
15        String msg = "";                        //存放消息

16        String username = request.getParameter("username"); //获取输入的值
17        String password = request.getParameter("password");

18        for (int f = 0; f < 1; f++) {    //为了方便退出循环去执行本循环后面的语句
19            if (username == null || password == null) {//若控件名错误,
                                                         或不是通过表单提交的数据
20                msg = "未正确提交表单!";
21                break;                          //不符合要求,退出循环
22            }
23            username = username.trim();         //去除首尾空格
24
25            if ((username.equals("tom") == false || password.
26                 equals("1") == false)
27                 && (username.equals("张三") == false ||
28                     password.equals("1") == false)) {
29                msg = "用户名或密码错误!"; //用户名或密码错误,或两者都错误
30                break;
31            }
32
33            msg = username + "登录成功!";
34            System.out.println("编码之前: " + msg); //输出结果到控制台
35
36            msg = URLEncoder.encode(msg, "UTF-8"); //对 URL 中的参数值进行 UTF-8 编码
37            System.out.println("编码之后: " + msg);
38
39            String url = "main.jsp?msg="+ msg; //URL 参数 msg 的值是变量 msg 的值
40
```

```
41              if (username.equals("tom")) {
42                  response.sendRedirect(url);  //网页重定向，通过浏览器重新
                                                          发送跳转请求
43                  return;  //结束当前页面，不继续执行本页面的代码
44              }
45
46              if (username.equals("张三")) {
47                  request.getRequestDispatcher(url).forward(request, response);
48                  return;  //转发，在服务器端直接跳转页面并转发 request 和 response
49              }
50          }
51      %>
52            <span style="color:red; font-size:small;">
                                                        <%= msg %></span>
53          <br>用户名：<%= username %>
54          <br>密　码：<%= password %>
55          <br><br>     
56          <a href="index.jsp">用户登录</a>
57      </div>
58  </body>
```

代码的第 14 行设置了处理 request 请求时的编码为 UTF-8，这样，在获取 POST 类型表单的输入值时才不会出现中文乱码问题。由于浏览器会先将输入的值进行 UTF-8 编码后才以报文形式发送给服务器，而服务器处理报文请求时默认的编码是 ISO-8859-1，所以需要先将处理请求的编码更改为 UTF-8，然后再获取值。

代码的第 17~18 行，实现从 request 对象中获取输入的值，其中 username 和 password 都是控件的名称。另外，从 URL 参数中获取值也可以使用方法 request.getParameter(name)，例如在网页 main.jsp 代码的第 19 行（参见本章 3.5.3 小节中的代码），就通过此方法获取 URL 参数 msg 的值。

如果第 21 行代码的判断结果为真，则表示名称为 username 或 password 的属性在对应的 request 对象中不存在，所以值为 null。出现这种情况极有可能是因为表单控件名或 URL 参数名错误，也有可能是没有从 index.jsp 提交表单，也就是直接打开本网页 loginCheck.jsp（例如直接预览本网页）。另外，在值为 null 的情况下，此处的程序无须继续执行，用第 23 行代码的 break 退出循环，否则执行第 25 行代码会报错（空对象不许调用方法）。

本网页第 33~49 行的代码将在 3.5.3 小节进行说明。

3.5.3 用户功能页 main.jsp

将网页 loginCheck.jsp 另存为 main.jsp，将 main.jsp 的标题 title 和 h3 标题都更改为"用户功能"，删除其中的第 20~50 行的 for 循环代码，从第 19 行开始增加如下代码。测试用户登录功能，当用户 tom 登录成功时，页面如图 3-3 所示；当用户"张三"登录成功时，页面如图 3-4 所示。

```
19  msg = request.getParameter("msg");  //获取 URL 参数的值
20
21  System.out.println("解码之前: " + msg);
22
```

```
23    if (msg != null) {
24        msg = URLDecoder.decode(msg, "UTF-8");//URL 解码，URL 参数值可省略解码
25        System.out.println("解码之后：" + msg);
26    }
```

如果将 loginCheck.jsp 的第 36 行代码注释掉，即不对 msg 进行 UTF-8 编码。由于 msg 的值是通过 URL 参数传递的，在以"tom"为用户名进行测试时，登录成功后，浏览器以重定向的形式发送二次请求给 main.jsp。main.jsp 页面地址栏 URL 中参数 msg 的值"登录成功！"，将首先由服务器以 ISO 8859-1 字符集进行编码后发送给浏览器。接着，浏览器将参数值编码（通常为操作系统的默认编码，如 GB2312）后显示在地址栏并提交给服务器。由于编码不一致，所以 URL 中的参数值是乱码。main.jsp 页面的第 19 行代码从 URL 参数 msg 获取的值，是服务器先解码（Tomcat 9 采用 UTF-8 解码）之后得到的。由于编码和解码的字符集可能不一致，传递中文字符时如果不预先主动用 UTF-8 编码，结果就会出现乱码，如图 3-7 所示。

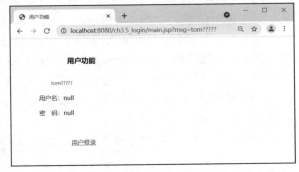

图 3-7　不进行 URL 编码时的用户功能页测试结果

这是由于浏览器在通过 HTTP 协议向服务器发送请求和从服务器获取响应时，使用的默认编码是 UTF-8 或 GB2312；而测试采用的 Web 服务器是 Tomcat v9.0，该服务器在通过 HTTP 协议从浏览器获取请求和向浏览器发送响应时，使用的默认编码是 ISO 8859-1（Latin-1）字符集（此编码仅支持 ASCII 字符和部分国家的文字），编码的不一致导致中文字符（或 ISO 8859-1 不支持的其他字符）变成乱码。服务器在接收通过 URL 参数传递的消息时，对参数值中的中文字符以 ISO 8859-1 进行转码，而浏览器通常以 UTF-8 或 GB2312 来读取中文字符，此时编码不匹配或不兼容，中文字符自然会变成乱码。当利用 URL 的参数传递值时，如果值的字符不存在于 ISO 8859-1 字符集中，即不是 ASCII 字母、数字或标点符号"@*_+-./"，将由程序（如浏览器）自行编码后再传递。由于不同的操作系统、不同的浏览器、不同的网页字符集或不同的 Web 服务器可能导致不同的编码结果，服务器解码后得到的可能不是原先的字符，而是乱码。所以，如果有非 ISO 8859-1 字符集支持的字符要通过 URL 参数传递，需先用 UTF-8 进行转码。而在 main.jsp 页面获取 URL 参数值后，无须解码。不过，只要不是通过 URL 参数传递值（例如将中文字符输出到控制台或通过 session 对象传递），通常不需要考虑编码问题。

当以用户名"tom"和密码"1"登录时，loginCheck.jsp 的第 42 行代码用重定向的方式跳转到 main.jsp 页面，由浏览器发送第二次请求，URL 中的网页名变为 main.jsp，main.jsp 页面中的用户名和密码都变为 null（通过浏览器发送第二次请求的 request 对象中无相应的值），如图 3-3 所示。

当以用户名"张三"和密码"1"登录时，loginCheck.jsp 的第 47 行代码以转发的方式跳转到 main.jsp 页面，此请求算是浏览器的第一次请求的延续，转发的 request 对象中的 username 和 password 都有值，且因为转发是在服务器上进行，没有通过浏览器中转，所以无须对 msg 进行 URL 转码，URL 中的网页名仍然为 loginCheck.jsp，页面中 msg 的中文字

符能正常显示。即使将 loginCheck.jsp 的第 36 行代码注释掉，以"张三"为用户名进行登录测试，页面 main.jsp 中的消息仍能正常显示，如图 3-4 所示。

3.5.4 练习案例 ch3.5ex_scoreInput（成绩录入）

参考案例 ch3.5_login（用户登录），完成本练习案例，页面的测试效果如图 3-8～图 3-11 所示。本练习案例的要求如下。

（1）成绩录入页为 index.jsp，如图 3-8 所示。

（2）当输入的学号、姓名或成绩为空对象或空字符串时，成绩验证页 scoreCheck.jsp 显示相关提示信息，如图 3-9 所示。

（3）当 3 个文本框都有输入内容时，如果学号或姓名文本框中只输入了 1 个字符，则通过浏览器重定向到结果显示页 show.jsp，并显示 URL 参数 msg 包含的提示信息，如图 3-10 所示。

（4）当输入内容都符合要求时，即 3 个文本框都有输入，学号或姓名输入不止 1 个字符时，则服务器端直接转发到结果显示页 show.jsp，并显示 URL 参数 msg 包含的成绩录入成功的信息，如图 3-11 所示。

图 3-8　成绩录入页

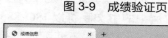

图 3-9　成绩验证页

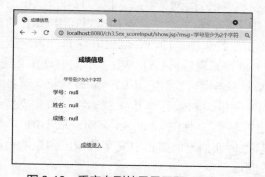

图 3-10　重定向到结果显示页 show.jsp　　图 3-11　在服务器端直接转发到结果显示页 show.jsp

3.6　session 对象和 Cookie 对象

3.6 session 对象和 Cookie 对象

在很多动态网站中，尤其是需要用户登录的商务类网站，都会用 session 对象来记录和保持用户的登录状态。

session 对象是 JSP 内置对象，而与之功能相似的 Cookie 对象不是内置对象，需在代码中声明、创建后才能使用。

3.6.1 session 对象

session 对象是由服务器自动创建的与浏览器请求相关的对象，session 对象保存在服务器内存中。当浏览器向服务器发送请求时，服务器会为该浏览器创建一个 session 对象来保存浏览器的相关信息，跟踪浏览器的操作。即使在同一台计算机中，不同浏览器也会对应不同的 session 对象，并且当前一个 session 对象失效后，再次创建的 session 对象也是不同的对象。服务器会将 session 对象的唯一识别码 sessionId 返回给浏览器，浏览器将 sessionId 以 JSESSIONID 为名称保存在 Cookie 对象中。当浏览器向服务器再次发送请求的时候，会连同 Cookie 的信息一起发送过去，服务器根据 sessionId 在内存中查找对应的 session 对象，如果没找到（session 对象不存在或已经失效），则会创建一个 session 对象。

session 对象是 javax.servlet.http.HttpSession 类的实例，其作用域是 session，即 session 对象在整个会话期间都有效，浏览器对应的 session 对象的有效时长通常为 20 分钟。如果有刷新网页、网页转向等操作，在每次操作完成后 session 对象又有 20 分钟的有效时间，过期后此 session 对象会被服务器销毁。session 对象的有效时长可以在代码、网站配置文件或服务器配置中设置。

session 对象内部使用 Map 类的对象来保存数据，它的数据结构是键值对（key-value）。session 对象的部分方法如表 3-5 所示，其中前 5 个方法使用得比较多。

表 3-5 session 对象的部分方法

序号	方法	描述
1	Object **getAttribute**(String name)	返回 session 对象中与指定名称绑定的对象，如果不存在则返回 null
2	void **setAttribute**(String name, Object value)	使用指定的名称和值来创建一个对象并将其绑定到 session 对象中
3	void **setMaxInactiveInterval**(int interval)	用来指定 session 对象的有效时长，单位为秒
4	void **removeAttribute**(String name)	移除 session 对象中指定名称的对象
5	void **invalidate**()	使 session 对象失效，解绑任何与 session 对象绑定的对象
6	Enumeration getAttributeNames()	返回 session 对象中所有的对象名称
7	long getCreationTime()	返回 session 对象创建的时间，单位为毫秒，从 1970 年 1 月 1 日 00:00 开始算起
8	String getId()	返回 session 对象的 ID
9	long getLastAccessedTime()	返回浏览器最后访问的时间，单位为毫秒，从 1970 年 1 月 1 日 00:00 开始算起
10	int getMaxInactiveInterval()	返回 session 对象的有效时长，单位为秒
11	boolean isNew()	用于判断浏览器是否为新的浏览器，或者浏览器是否拒绝加入 session 对象

3.6.2 Cookie 对象

Cookie 对象不是 JSP 内置对象，需显式声明和创建之后才能使用，但其用法与 session 对象类似。

Cookie 对象用于存放小段的文本信息（包含路径、键值对、有效截止时间等），在服务器上生成，然后发送给浏览器，浏览器在其临时目录中以文本文件的形式保存其中的文本信息。Cookie 对象通常用于标识用户身份、记录用户及其偏好、跟踪用户访问的内容等。当浏览器向服务器发起请求时，会将这些 Cookie 信息一同发送给服务器。

Cookie 对象通常需明确地设置其有效期，如果没设置，则与 session 对象的有效期相同。超出有效期的 Cookie 对象，浏览器会自动将其删除。如果浏览器被配置成可存储 Cookie 对象，那么它将会保存 Cookie 信息直到过期。因为 Cookie 对象能长久保存，所以大部分的浏览器对以同一域名保存的 Cookie 对象数量有限制，通常为 20～50 个，每个 Cookie 对象的大小限制在 4 千字节左右。超出限制数量或大小的 Cookie 对象将不会被保存或发挥作用。

Cookie 对象是 javax.servlet.http.Cookie 类的实例，其默认的作用域是 session。

Cookie 对象内部使用 Map 类的对象来保存数据，数据类型是键值对（key-value）。

Cookie 对象的部分方法如表 3-6 所示，其中前 3 个方法使用得比较多。

表 3-6 Cookie 对象的部分方法

序号	方法	描述
1	String **getValue**()	获取 Cookie 对象的值
2	void **setValue**(String newValue)	设置 Cookie 对象的值
3	void **setMaxAge**(int expiry)	设置 Cookie 对象的有效期，单位为秒，默认有效期为当前 session 对象的存活时间
4	void setDomain(String pattern)	设置 Cookie 对象的域名，如 runoob.com
5	String getDomain()	获取 Cookie 对象的域名，如 runoob.com
6	int getMaxAge()	获取 Cookie 对象的有效期，单位为秒，默认值为-1，表明 Cookie 会存活到会话结束
7	String getName()	返回 Cookie 对象的名称，名称设置后不能修改
8	void setPath(String uri)	设置 Cookie 对象的路径，默认为当前页面目录下的所有 URL，还有此目录下的所有子目录
9	String getPath()	获取 Cookie 对象的路径
10	void setSecure(boolean flag)	指明 Cookie 对象是否要加密传输
11	void setComment(String purpose)	设置注释描述 Cookie 对象的作用。当浏览器将 Cookie 对象展现给用户时，注释会非常有用
12	String getComment()	返回描述 Cookie 对象作用的注释，若没有则返回 null

3.6.3 session 对象与 Cookie 对象的比较

Cookie 对象和 session 对象的使用方法有些类似，但二者之间的区别也比较明显。

（1）session 对象是在服务器内存中保存用户信息，对浏览器是透明的；Cookie 对象是浏览器在文本文件中保存用户信息，这些文本文件保存在本地的临时文件夹中，因此存在被恶意篡改的可能。

（2）Cookie 对象通常用于保存不重要的用户信息，重要的信息最好使用 session 对象保存。

（3）session 对象保存的是对象，Cookie 对象保存的是字符串。

（4）session 对象随会话的结束而销毁，Cookie 对象可以更长久地保存在浏览器中。如果 Cookie 对象设置的有效期足够长，Cookie 对象不会随着浏览器的关闭而被销毁。session 对象可用 removeAttribute(String name)方法删除某个键值或用 invalidate()删除全部键值，但 Cookie 对象要删除某个键值，只能采用 setMaxAge(0)方法设置其有效期为 0 来使其立即失效。

（5）虽然 session 对象保存在服务器中，但它的正常运行仍然需要浏览器的支持。这是因为 session 对象需要使用 Cookie 对象保存 sessionId。HTTP 协议是无状态的，session 对象不能依据 HTTP 连接来判断是否为同一客户，因此服务器向浏览器发送一个名为 JSESSIONID 的 Cookie 对象，它的值为该 session 对象的 ID（也就是 HttpSession.getId()的返回值）。session 对象依据该 Cookie 对象来识别是否为同一用户。因为 session 对象默认需要 Cookie 对象的支持，如果客户的浏览器禁用了 Cookie 功能，则 session 无法正常使用。

3.7 案例 ch3.7_survey（问卷调查）

本案例应用 session 和 Cookie 技术实现问卷调查的 3 个步骤：用户先输入个人信息并提交，在显示的科学家列表中选择喜欢的科学家并提交，最后显示调查结果。本案例的项目包含 4 个页面：输入个人信息页 index.jsp、选择科学家页 select.jsp、调查结果页 result.jsp 和注销登录页 logout.jsp。页面的测试效果如图 3-12～图 3-16 所示，项目文件列表如图 3-17 所示。

3.7 案例 ch3.7_survey（问卷调查）3.7.1～3.7.5

因为用 Cookie 对象记录了用户的信息，图 3-12 的网页是用户第一次访问时的界面，图 3-13 是再次回到输入个人信息页 index.jsp 时的界面。界面中输出了在登录成功时创建的 Cookie 列表，"昵称"文本框中会显示保存在 Cookie 对象中的刚才输入的昵称，"性别"单选按钮组中也会选中用户的性别。

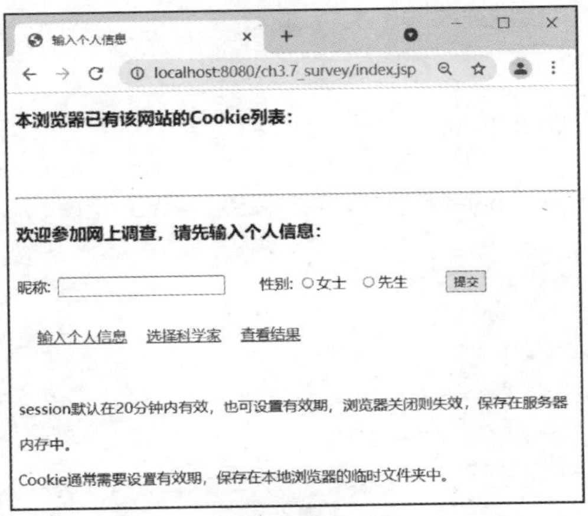

图 3-12　个人信息输入页 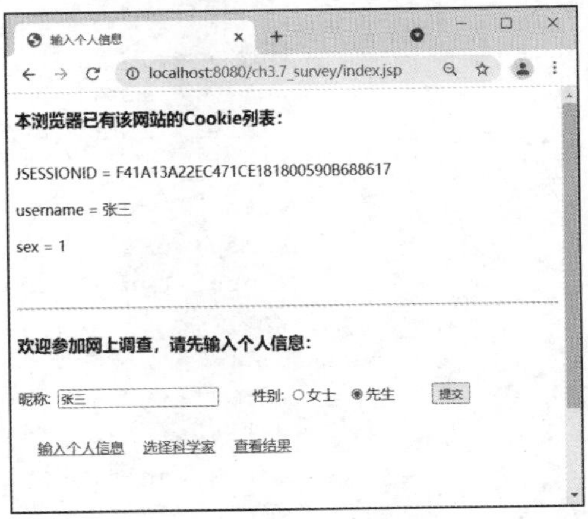　　　　　　图 3-13　显示 Cookie 信息

图 3-14 选择科学家页

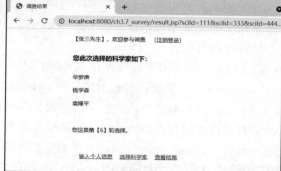

图 3-15 调查结果页

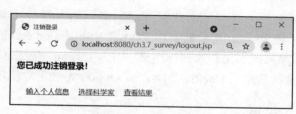

图 3-16 注销登录页

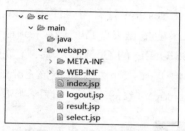

图 3-17 项目文件列表

本案例中前 3 个网页的代码都是分步骤完成的，先编写与登录功能有关的代码，然后实现选择科学家和显示调查结果的功能，最后实现 Cookie 的写入、读取和显示。

3.7.1 输入个人信息页 index.jsp

新建 Web 项目 ch3.7_survey，然后新建并修改网页 index.jsp，将 index.jsp 的标题修改为 "输入个人信息"，主要代码如下。网页的测试效果如图 3-18 所示。

```
9   <body>
10      <div style="width:600px; margin:10px auto; line-height:40px;">
11          <h3>欢迎参加网上调查，请先输入个人信息：</h3>
12
13          <form action="select.jsp" method="get">
14              昵称： <input type="text" name="username">
15                性别：
16              <label><input type="radio" name="sex" value="0">女士
                                                              </label> 
17              <label><input type="radio" name="sex" value="1">先生</label>
18                
19              <input type="submit" value="提交">
20          </form>
21           
22          <a href="index.jsp">输入个人信息</a> 
23          <a href="select.jsp">选择科学家</a> 
24          <a href="result.jsp">查看结果</a>
25          <br><br>
26          session 默认在 20 分钟内有效，也可设置有效期，浏览器关闭则失效，保存在
```

	服务器内存中。
27	Cookie 通常需设置有效期，保存在本地浏览器的临时文件夹中。
28	</div>
29	</body>

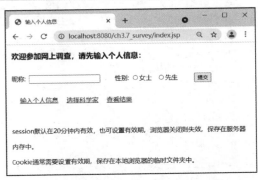

图 3-18　个人信息输入页

以上代码的第 16～17 行使用<label>标签将单选按钮和文字"女士""先生"包围起来，单击<label>标签包围的单选按钮或文字，能实现选中相应的单选按钮的效果（对于复选框也一样）。

注意，同一单选按钮组中的每一个单选按钮，或同一复选框组中的每一个复选框，它们的 name 属性值必须完全一样。

此时，index.jsp 页面中只编写了与登录有关的代码，与 Cookie 相关的代码在后面进行补充。

在此案例中，index.jsp 和 select.jsp 中的表单的属性 method 的取值都为 get，在提交表单后，能在地址栏 URL 中看到表单中输入的信息，如图 3-14、图 3-15 所示。

3.7.2　选择科学家页 select.jsp

将网页 index.jsp 另存为 select.jsp，修改 select.jsp 的标题为"选择科学家"，主要代码如下。网页的测试效果如图 3-19、图 3-20 所示。

```
9    <body>
10     <div style="width:600px; margin:10px auto; line-height:40px;">
11       <%
12   request.setCharacterEncoding("UTF-8");      //设置编码
13   String msg = "";
14
15   //-------------------处理个人信息
16   String username       = request.getParameter("username");
17   String sex            = request.getParameter("sex");
18   String usernameSex    = (String) session.getAttribute ("usernameSex");
                                                //从 session 对象中读取值
19
20   if (username == null && usernameSex == null) { //未提交个人信息，
                                                    也无个人信息 session
21       msg = "请先输入个人信息。";
22       msg += " <a href='index.jsp'>输入个人信息</a>";
```

```
23              out.println(msg);
24              return;                             //结束当前页面的执行
25          }
26
27          if (username != null) {                 //如果提交了昵称
28              username = username.trim();         //去掉昵称前后的空格
29
30              if (username.equals("")) {          //如果昵称为空字符串
31                  out.print("请输入昵称。");
32                  out.print(" <a href='javascript:
                                    window.history.back();'>后退</a>");
33                  return;
34              }
35
36              if (sex == null) {                  //单选按钮只要都没选中,
                                                      提交后 sex 就为空对象
37                  out.print("请选择性别。");
38                  out.print(" <a href='javascript:
                                    window.history.back();'>后退</a>");
39                  return;
40              }
41
42              String sexShow = "";
43
44              if (sex.equals("0")) {
45                  sexShow = "女士";
46              } else if (sex.equals("1")) {
47                  sexShow = "先生";
48              }
49
50              usernameSex = username + sexShow;
51              session.setAttribute("usernameSex", usernameSex);  //写入键值对
52          }
53      %>
54      【<%= usernameSex %>】, 欢迎参与调查 (<a href="logout.jsp">
                                    注销登录</a>)
55      <br>
56       
57      <a href="index.jsp">输入个人信息</a> 
58      <a href="select.jsp">选择科学家</a> 
59      <a href="result.jsp">查看结果</a>
60      </div>
61  </body>
```

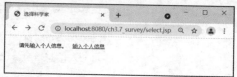

图 3-19　未提交个人信息

图 3-20　已提及个人信息

如果没有获取输入的个人信息（例如直接打开 select.jsp），session 对象中也没有个人信息（之前未正确输入个人信息，或 session 对象已经失效），则会执行第 20~25 行代码，测试时网页显示图 3-19 所示的提示信息。

如果未在"昵称"文本框中输入有效字符，或未选择性别，则会执行第 27~40 行代码，测试网页时将显示提示信息，并提供一个后退链接<a href='javascript:window.history."back();'>后退</a>。

性别单选按钮被选中后，提交给服务器的值是 0 或 1，第 42~48 行代码将 0 或 1 转化为"女士"或"先生"以供在页面中显示，如图 3-20 所示此时页面 select.jsp 还未全部完成，页面中的科学家列表将在 3.7.4 小节补充。

第 50~51 行代码将个人信息以键值对形式写入 session 对象。从 session 对象获取值时，根据键名 key 去获取，得到 Object 类型的对象，通常需将其强制转换成对应的对象类型，如第 18 行代码所示；如果未获取到值，则为 null。

3.7.3　注销登录页 logout.jsp

将网页 select.jsp 另存为 logout.jsp，修改 logout.jsp 的标题为"注销登录"，主要代码如下。

```
10      <body>
11          <div style="width:600px; margin:10px auto; line-height:40px;">
12              <%
13                  session.removeAttribute("usernameSex"); //移除某个 session
14                  //session.invalidate(); //将 session 对象设置为失效，即清除
                                                        所有 session 对象
15              %>
16              <h3>您已成功注销登录！</h3>
17               
18              <a href="index.jsp">输入个人信息</a> 
19              <a href="select.jsp">选择科学家</a> 
20              <a href="result.jsp">查看结果</a>
21          </div>
22      </body>
```

完成 logout.jsp 的代码后，在 select.jsp 中，单击"注销登录"链接，测试注销用户登录的功能，网页的测试效果如图 3-16 所示。注销登录后，再通过链接"选择科学家"访问 select.jsp 页，则会显示图 3-19 的界面。

此时已完成 3 个页面，即输入个人信息页 index.jsp、选择科学家页 select.jsp 和注销登录页 logout.jsp，目前只涉及个人信息的输入、输入信息的校验、将数据写入 session 对象、从 session 对象获取值（select.jsp 的第 18 行代码）和从 session 对象中移除键值对。

3.7.4　制作复选框列表

修改网页 select.jsp，将其中的第 55 行代码删除，并添加以下代码，制作科学家复选框列表。网页的测试效果如图 3-14 所示。

```
55      <h3>请选择你熟悉的科学家：</h3>
56      <form action="result.jsp" method="get">
57          <%
```

```
58                    //------------------通常,列表、数组中的信息都是从数据库中获取的
59            String sciName[]     = {"华罗庚", "邓稼先", "钱学森", "袁隆平",
                                      "屠呦呦"};
60            String sciId[]       = {"111", "222", "333", "444", "555"};
61
62            for (int i = 0; i < sciId.length; i++) { //循环显示科学家列表
63     %>
64            <label><input type="checkbox" name="sciId"
65                value="<%= sciId[i] %>"><%= sciName[i] %></label><br>
66     <%
67            }
68     %>
69             <input type="submit" name="submit" value="提交">
70     </form>
```

在以上代码中,定义了两个数组,分别用于保存科学家姓名和 ID。其中 ID 作为复选框的值,勾选复选框后将其提交给服务器(不会提交科学家姓名)。在企业网站中,类似的列表通常保存在数据库中,列表项的 ID 通常是数据表中字段 ID 的值(整数)。

注意,为了判断是否单击了"提交"按钮(即是否提交了表单),"提交"按钮设置了属性 name="submit",如第 69 行代码所示。单击"提交"按钮后,此按钮的 name 和 value 的值都会随表单提交给服务器,将使调查结果页 result.jsp 中调查的轮数加 1。

3.7.5 调查结果页 result.jsp

将网页 select.jsp 另存为 result.jsp,修改 result.jsp 的代码,将标题修改为"调查结果",主要代码如下。网页的测试效果如图 3-15 所示。

```
9      <body>
10       <div style="width:600px; margin:10px auto; line-height:40px;">
11        <%
12            request.setCharacterEncoding("UTF-8");
13            String msg = "";
14
15            //------------------判断用户是否已经登录
16            String usernameSex = (String) session.getAttribute("usernameSex");
17                                                                  //从 session 对象获取值
18            if (usernameSex == null) { //如果该 session 对象为空,即不存在
19                msg = "登录已失效。";
20                msg += " 请<a href='index.jsp'>重新登录</a>";
21                out.println(msg);
22                return;    //程序不再往下执行
23            }
24
25            //------------------选择的科学家
26            String idSelected = request.getParameter("sciId");//只能获取
                                                          勾选的第 1 个复选框的值
27            System.out.println("用 request.getParameter('sciId')获取到的值:" +
                                         idSelected);     //输出结果到控制台
28
29            String[] sciIdSelected = request.getParameterValues("sciId");
```

```
                                                              //已勾选的复选框的值组成的数组
30
31         String sciName[]    = {"华罗庚", "邓稼先", "钱学森", "袁隆平",
                                   "屠呦呦"};
32         String sciId[]  = {"111", "222", "333", "444", "555"};
33
34         if (sciIdSelected != null) {              //如果有勾选复选框
35             for (int k = 0; k < sciIdSelected.length; k++) {
                                                     //提交来的数组
36                 for (int i = 0; i < sciId.length; i++) {
                                                     //原始的数组
37                     if (sciIdSelected[k].equals(sciId[i])) {
                                                     //如果 ID 一样
38                         msg += sciName[i] + "<br>";
                                   //得到此次选择的科学家姓名
39                         break;         //退出最内层循环
40                     }
41                 }
42             }
43         }
44
45         if (msg.equals(""))
46             msg = "（您此次未选择科学家）<br>";
47
48         //-------------------做出选择的轮数
49         Integer count = (Integer) session.getAttribute("count");
                                                     //做出选择的轮数
50
51         if (count == null)                //如果还未参加调查
52             count = 0;                    //将轮数设置为 0
53
54         if (request.getParameter("submit") != null) {//如果提交了调查结果
55             count ++;                     //轮数加 1
56             session.setAttribute("count", count); //写入 session 对象
57         }
58
59         msg += "<br>您这是第【" + count + "】轮选择。";
60     %>
61     【<%= usernameSex %>】，欢迎参与调查 （<a href="logout.jsp">
                                              注销登录</a>）
62     <h3>您此次选择的科学家如下：</h3>
63     <%= msg %>
64     <br><br>
65      
66     <a href="index.jsp">输入个人信息</a> 
67     <a href="select.jsp">选择科学家</a> 
68     <a href="result.jsp">查看结果</a>
69     </div>
70 </body>
```

以上代码的第 16 行获取的 session 对象为 Object 类型，此处进行了强制类型转换，得到 String 类型。在代码的第 18~23 行中，如果获取的 session 对象为空对象（即不存在此 session 对象），就显示提示信息，且程序不再往下执行。

复选框按钮组的 name 属性值都是 sciId，代码的第 26 行用 request.getParameter("sciId") 获取的值，是勾选的诸多复选框中第 1 个复选框的值。如要获取所有勾选的复选框的值，需使用 request.getParameterValues("sciId")方法（第 29 行代码），得到一个数组 sciIdSelected。

第 31~43 行代码通过双重循环，为数组 sciIdSelected 中元素的值在数组 sciId 中找到对应的下标 i，然后在数组 sciName 中将有相同下标的元素的值（科学家姓名）附加到变量 msg 中，第 63 行代码将变量 msg 显示在页面中。

由于为 select.jsp 页面中的"提交"按钮设置了 name 属性和 value 属性，因此提交后服务器能根据 name 属性值获取"提交"按钮的值，这便于判断是否单击了"提交"按钮（即是否提交了表单，如果没有提交表单，则 request.getParameter("submit")的值为 null），如第 54 行代码所示。

第 49~59 行的代码使用 session 对象记录调查的轮数并将其显示出来。如果在页面 select.jsp 中单击了"提交"按钮（提交了表单），则让轮数加 1。注意，应使用 Integer 对象类型来强制转换获取的 session 值。因为当 count 在 session 对象中不存在（为 null）时，使用 int 类型来强制转换会报错。

测试网页，在 select.jsp 页面中勾选某几位科学家对应的复选框，然后单击"提交"按钮，在 result.jsp 页面中会显示勾选的科学家姓名及选择的轮数，如图 3-15 所示。

3.7.6 写入 Cookie

3.7 案例
ch3.7_survey
（问卷调查）
3.7.6~3.7.7

相较于 session 对象，Cookie 对象使用的场合要少一些，使用方法也稍麻烦，逻辑比较复杂，基础稍弱的同学或上课学时不充裕的师生可以先略过不学，也就是可以先略过本章的 3.7.6 小节和 3.7.7 小节。今后在有需要时再来学习 Cookie 的应用。

修改网页 select.jsp，在第 51 行代码之后添加如下第 52~61 行代码。实现将用户昵称 username 写入 Cookie 对象 usernameCookie 中，设置其有效期为 30 分钟；将性别 sex 写入 Cookie 对象 sexCookie 中，设置其有效期为 10 秒。

```
51        session.setAttribute("usernameSex", usernameSex);  //写入键值对
52
53        //-------------------Cookie 的设值/写入键值对
54        Cookie usernameCookie = new Cookie("username", username);  //创建
                                                                    Cookie 对象
55        usernameCookie.setMaxAge(30 * 60);   //有效期为 30 分钟。不做设置则与
                                              session 对象的有效期相同
56        response.addCookie(usernameCookie);  //将 Cookie 输出到浏览器
57
58        Cookie sexCookie = new Cookie("sex", sex);
59        sexCookie.setMaxAge(10);             //有效期为 10 秒。如果设为 0 则立即失效
60        response.addCookie(sexCookie);
61    }
```

第 ❸ 章　JSP 内置对象

Cookie 对象不是内置对象（隐含对象），需要显式声明和创建，如第 54 行代码所示。

Cookie 对象创建后，在输出之前应赋值并设置有效期，setMaxAge()的参数的单位为秒，如第 55 行代码所示。

使用 response.addCookie()方法将 Cookie 对象输出到浏览器。

3.7.7　读取和显示 Cookie

修改网页 index.jsp，主要代码如下。网页的测试效果如图 3-12、图 3-13 所示。

```jsp
 9  <body>
10    <div style="width:600px; margin:10px auto; line-height:40px;">
11       <h3>本浏览器已有该网站的 Cookie 列表：</h3>
12       <%
13         String username = "";
14         String sex = "";
15         String sexChecked_0 = "", sexChecked_1 = "";   //单选按钮是
                                                          否呈选中状态
16
17         //------------------读取并显示 Cookie
18         //String usernameSex = (String) session.getAttribute
                       ("usernameSex");  //从 session 对象获取值
19         Cookie[] cookies = request.getCookies();   //从浏览器中读取
                                                    所有 Cookie，得到数组
20         String name = "";
21         String value = "";
22
23         if (cookies != null) {                   //如果能读取到 Cookie
24             for (int i = 0; i < cookies.length; i++) {
25                 name  = cookies[i].getName();    //键名
26                 value = cookies[i].getValue();   //键值
27                 out.print(name + " = " + value + "<br>");
                                                    //输出到页面
28
29                 if (name.equals("username")) {
30                     username = value;
31                 } else if (name.equals("sex")) {
32                     sex = value;
33                 }
34             }
35
36             if (sex.equals(""))
37                 out.print("（暂无 sex 信息）<br>");
38
39             if (sex.equals("0"))
40                 sexChecked_0 = "checked='checked'";
                                                    //使单选按钮呈选中状态
41             else if (sex.equals("1"))
42                 sexChecked_1 = "checked='checked'";
43         }
```

```
44                  %>
45                  <br>
46                  <hr>            <!-- <hr>为水平线 -->
47                  <h3>欢迎参加网上调查,请先输入个人信息:</h3>
48
49                  <form action="select.jsp" method="get">
50                      昵称: <input type="text" name="username"
                                                    value="<%= username %>">
51                        性别:
52                      <label><input type="radio" name="sex" value="0"
                                    <%= sexChecked_0 %>>女士</label> 
53                      <label><input type="radio" name="sex" value="1"
                                    <%= sexChecked_1 %>>先生</label> 
```

服务器从浏览器中读取 Cookie,将得到一个 Cookie 对象数组(第 19 行代码),数组中的每一个 Cookie 对象都有键名 name 和键值 value。要获取某个键名对应的键值,不能像 session 对象那样用 session.getAttribute("usernameSex")方法直接获取,而应通过循环分别用 cookies[i].getName()获取键名的值、用 cookies[i].getValue()获取键值的值,当 Cookie 对象的键名与需要获取的字符串一致时,才能获取其对应的键值,如第 23~34 行代码所示。

对比 Cookie 对象的写入、获取值的方法,session 对象则易用得多,无须显示声明,直接赋值或获取值就行。session 对象会在有效期内一直占用服务器内存,所以虽然好用,但也应少用。另外,Cookie 对象可以更长久地保存在浏览器中,不会随着浏览器的关闭而失效,这算是 Cookie 的一个优点。

要设置文本框的初始值,给 value 属性赋值即可,如第 50 行代码所示。

要设置单选按钮的初始状态为选中状态或复选框的初始状态为勾选状态,需要为其添加 checked='checked'。第 39~42 行代码根据性别 sex 的值,设置 sexChecked_0="checked='checked'"或 sexChecked_1 = "checked='checked'",然后将其嵌入<input type="radio">标签中,如第 52~53 行代码所示。

此时测试网页 index.jsp,可以看到,输入完信息并提交后,在 select.jsp 页面通过点击下方的"输入个人信息"链接重新打开个人信息页 index.jsp,其中输出了 username 和 sex 两个 Cookie 对象的值。因为 Cookie 对象 sex 的有效期为 10 秒,所以 10 秒后,Cookie 对象 sex 就失效了,刷新页面,在 index.jsp 中将显示提示信息"(暂无 sex 信息)"。

3.7.8 练习案例 ch3.7ex_shopping(购物车结算)

参考以上案例,完成本练习案例,页面的测试效果如图 3-21、图 3-22 所示。本练习案例的要求如下。

(1)创建 Web 项目 ch3.7ex_shopping,将素材文件复制到 src/main/webapp 文件夹中。

(2)在购物车页 index.jsp 中,显示商品的名称、价格和数量,为复选框设置 value 值。

(3)在结算页 count.jsp 中,能计算每种商品的金额及总金额,其中显示商品名称、价格、数量、金额和总金额等。

(4)使用 session 对象记录结算次数。

第 3 章 JSP 内置对象

图 3-21　购物车页　　　　　　　　　图 3-22　结算页

3.8　小结与练习

1. 本章小结

本章主要介绍了 JSP 的 4 个内置对象（request、response、out 和 session 对象），列出了它们的主要方法，还通过两个案例说明了它们的使用方法。这 4 个内置对象在 JSP 开发中应用得非常频繁，request 对象包含客户端向 Web 服务器发送的请求信息，服务器通过 session 对象保持用户的登录状态，使用 out 对象向 response 对象写入内容，服务器通过 response 对象向客户端输出响应信息。

本章还介绍了表单 form 的 action 和 method 属性，应用了常用的表单控件：文本框、密码框、提交按钮、单选按钮、复选框。

2. 填空题

（1）JSP 内置对象有 9 个，分别为＿＿＿＿＿、＿＿＿＿＿、＿＿＿＿＿、＿＿＿＿＿、application、pageContext、config、page 和 exception。

（2）与 session 对象的使用方法和功能类似的对象是＿＿＿＿＿对象。

（3）包含服务器返回给浏览器的信息的对象是＿＿＿＿＿，包含浏览器发送给服务器的信息的对象是＿＿＿＿＿。

（4）在 JSP 中，重定向到网址 URL 的方法是＿＿＿＿＿，转发到网址 URL 的方法是＿＿＿＿＿。

（5）在重定向和转发两种方法中，在执行之后的下一个页面中，能获取表单的输入信息的方法是＿＿＿＿＿，使下一个页面的 URL 仍显示为上一个页面的 URL 的方法是＿＿＿＿＿，通过浏览器响应页面请求的方法是＿＿＿＿＿。

（6）在表单 form 的属性中，表示服务器中处理表单信息的程序（网页）的属性名是＿＿＿＿＿；当表单 form 的 method 属性值为＿＿＿＿＿时，表单信息将在 URL 的参数中显示。为了将表单信息将隐式地发送给服务器，method 属性值应设置为＿＿＿＿＿。

（7）从 request 对象中获取 URL 参数名为 username 的值的代码是＿＿＿＿＿，

67

获取属性名为 username 的值的代码是_____。为 request 对象设置属性名为 username、值为 tom 的代码是_____。

（8）设置名为 username 的 session 对象的值为 tom 的代码是_____；从名为 username 的 session 对象获取值的代码是_____，获取的对象是_____类型，所以通常要对其进行强制类型转换。

（9）假设表单中有名为 userId 的复选框列表，在服务器端要获取其中已勾选的复选框的值，并将这些值赋给新创建的字符串数组 ids，可用语句_____。

（10）声明名为 userCookie 的 Cookie 对象的代码是_____，设置名为 username 的 Cookie 对象的值为 tom 的代码是_____，为其设置有效时长为 20 分钟的代码是_____，将其发送给浏览器的代码是_____。（此题选做。）

（11）从 request 对象中获取 Cookie 对象数组（假设数组名为 cookies）的代码是_____，从 cookies[i]中获取对象名的代码是_____，获取其值的代码是_____。（此题选做。）

第 4 章 JSP 文件对象

【学习要点】

（1）JSP 中的 File 对象的创建方法，File 对象的常用方法。
（2）应用 File 对象实现文件或目录的创建、删除和重命名等操作。
（3）利用文件上传组件，上传文件到 Web 服务器。

在 JSP 开发中，如果要应用 Java 代码创建目录、上传文件、重命名文件、删除文件等常见操作，需用到 JSP File 对象及其方法。

4.1　File 对象概述

JSP 中的 File 对象由 java.io 包中的 File 类创建。File 类定义了一些与平台无关的方法，用于对文件或目录进行创建、删除、重命名等操作。由 File 类创建的对象可以代表文件或文件夹，通过调用 File 对象的方法来获取文件或文件夹的一些信息，如对象所在的目录、目录中的子文件或子文件夹、文件的长度、创建或修改对象的时间、文件和文件夹的读写权限等，也可以实现创建、删除、重命名等操作。

4.1～4.2　File 对象概述和 File 对象的创建

注意，在本章中，为了更容易区分文件与文件夹，特意将文件夹称为目录。

File 对象不能对文件中的具体内容（字符或字节）进行操作。如果需要对文件的内容进行读、写等操作，则需要使用 I/O 流。I/O 流包括字符流（Reader 和 Writer）和字节流（InputStream 和 OutputStream）。由于篇幅限制，本书不介绍 I/O 流，读者可参考相关资料进行学习。

4.2　File 对象的创建

File 对象代表计算机中的文件或目录。表 4-1 中的是创建 File 对象的常用方法及其说明。

表 4-1　创建 File 对象的常用方法及其说明

方法	说明
new File(String path)	根据绝对路径实例化 File 对象
new File(String pathParent, String pathChild)	根据父路径和子路径实例化 File 对象
new File(File fileParent, String pathChild)	根据父 File 对象和子路径实例化 File 对象

以下示例代码可创建 File 对象。注意，创建的 File 对象可能代表文件，也可能代表目录。

```
1   File file1 = new File("d:\\upload\\1.txt");
                                //创建 File 对象，第一个反斜杠对第二个反斜杠进行转义
2   File file2 = new File("d:\\upload", "folderName");
                                //创建 File 对象，第一参数代表目录
3   File file3 = new File(file2, "fileName");
                                //创建 File 对象第一个参数代表 File 对象
```

在 Eclipse 中输入以上代码后，Eclipse 可能会报错，提示 File 不能识别，需要引入类或创建类。此时可以将光标放置在"File"之后，按快捷键"Alt+/"，在弹出的类列表中用键盘的上、下方向键选择所需的类"File – java.io"，然后按"Enter"键选择该类，也可以用鼠标单击该类以引入 File 类。File 类引入后，网页代码的第一行会自动添加引入该类的页面指令<%@page import="java.io.File"%>，这样在代码中才能使用 File 类。

4.3 File 对象常用的方法

4.3　File 对象常用的方法

File 对象代表磁盘中的文件或目录。表 4-2 中列出了 File 对象的常用方法。

表 4-2　File 对象的常用方法

序号	方法	说明
1	boolean exists()	判断文件或目录是否存在
2	boolean isDirectory()	判断是否为目录
3	boolean isFile()	判断是否为文件
4	boolean canRead()	判断文件或目录是否可读
5	boolean canWrite()	判断文件或目录是否可写
6	boolean isHidden()	判断文件或目录是否隐藏
7	String getName()	获取文件或目录的名称，不包含上级路径
8	long length()	获取文件的大小（字节数），若文件不存在或者是目录，则返回 0
9	long lastModified()	获取最后一次被修改的时间数值，自 1970 年 1 月 1 日以来的毫秒数
10	String getParent()	返回父目录的路径名；如果路径名没有指定父目录，则返回 null
11	String getAbsolutePath()	获取文件的绝对路径，与文件是否存在没关系
12	boolean mkdir()	创建目录，若创建成功则返回 true
13	boolean mkdirs()	创建多层目录，路径中的所有层的目录都会被创建
14	boolean createNewFile()	创建文件，若创建成功则返回 true
15	boolean renameTo(File dest)	把文件或目录重命名为指定的文件对象，若重命名成功则返回 true
16	boolean delete()	删除文件或者空目录，若删除成功则返回 true
17	File[] listFiles()	列出所有的子目录或子文件对象

对于 File 对象的创建、重命名、删除等操作，若操作成功则返回 true，若失败则返回 false。

在使用 mkdir()创建目录的时候，即使输入的是类似"aaa.txt"的名字，创建的也会是目录而不是文件；同理，在使用 createNewFile()创建文件的时候，即使不加".txt"或者其他后缀，创建的也会是文件而不是目录。

第 4 章　JSP 文件对象

使用 delete()可以删除文件或空目录，文件或空目录将被彻底删除，不会放入操作系统的回收站。

含有子目录或子文件的目录无法直接用 delete()删除，需采用调用递归函数的方式才能将其删除。

4.4　案例 ch4.4_fileManage（文件管理）

本案例应用 File 对象的方法，对目录和文件进行创建、重命名和删除操作。本案例中的项目包含两个页面：操作选择页 index.jsp、操作结果页 manage.jsp，其页面的测试效果如图 4-1、图 4-2 所示。

4.4　案例 ch4.4_fileManage（文件管理）

图 4-1　操作选择页

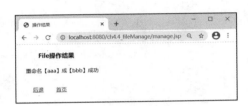

图 4-2　操作结果页

4.4.1　操作选择页 index.jsp

创建 Web 项目 ch4.4_fileManage，将素材文件夹中的两个网页复制到 src/main/webapp 文件夹中。打开操作选择页 index.jsp，其主要代码如下。

```
 9    <body>
10      <div style="width:600px; margin:20px auto; line-height:30px;">
11        <form action="manage.jsp" method="post">
12          <div>
13          <h3>文件/目录操作：</h3>
14          <label><input type="radio"    name="action" value="创建目录"
15              onclick="hideOld();showNew();set(this.value);">
                                                          创建目录</label>
16          <br>
17          <label><input type="radio"    name="action" value="创建文件"
18              onclick="hideOld();showNew();set(this.value);">
                                                          创建文件</label>
19          <br>
20          <label><input type="radio"    name="action" value="重命名"
21              onclick="showOld();showNew();set(this.value);">
                                                  重命名目录或文件</label>
22          <br>
23          <label><input type="radio"    name="action" value="删除空目录"
24              onclick="showOld();hideNew();set(this.value);">
```

71

```
                                                                删除空目录</label>
25          <br>
26          <label><input type="radio" name="action" value="删除文件"
27              onclick="showOld();hideNew();set(this.value);">
                                                                删除文件</label>
28          <br>
29          <label><input type="radio" name="action" value="删除任意"
30              onclick="showOld();hideNew();set(this.value);">删除
                                             任意目录或文件（包括非空目录）</label>
31          <br>
32          <label><input type="radio" name="action" value="删除任意
                                                            （用JavaBean）"
33              onclick="showOld();hideNew();set(this.value);">
                            删除任意目录或文件（包括非空目录）调用JavaBean</label>
34          <br><br>
35          父路径：
36          <input type="text" name="realPath" value="d:\">
37      </div>
38      <div id="divExist">
39          已有子目录名/子文件名：
40          <input type="text" name="nameExist" value="aaa">
41      </div>
42      <div id="divNew">
43          新的子目录名/子文件名：
44          <input type="text" name="nameNew" value="bbb">
45      </div>
46      <div>
47              
48          <input type="submit" value="提交"
                                      onclick="saveToSessionStorage();">
49          <input type="hidden" id="action" value="">
50          </div>
51      </form>
52  </div>
53  </body>
    ……（此处的JavaScript代码略）
```

网页最后部分的 JavaScript 代码，主要用于实现选中不同单选按钮时，根据需要显示或隐藏相应的文本框。没有这些 JavaScript 代码，也不会影响表单的提交和网页的运行效果，为节省篇幅，此处省略（素材文件 index.jsp 中提供了这些 JavaScript 代码）。

第 14～33 行代码为每个单选按钮都添加了 onclick 事件，当选中单选按钮时，将调用对应的自定义 JavaScript 函数，根据需要将第 38～45 行代码中 id 为 divExist 和 divNew 的 div 标签设置为显示或隐藏样式。同时，将 radio 的值作为参数传递给函数 set，以将其保存到隐藏域 action 中，在提交表单时通过 save() 方法将隐藏域中的值读出并保存到浏览器会话存储 sessionStorage 的变量 action 中（如果此变量尚不存在，浏览器会自动新建一个）。当网页后退时，将从 sessionStorage 中读取 action 的值，然后根据此值来决定 divExist 和 divNew 的显示或隐藏。

4.4.2 操作结果页 manage.jsp

操作 1：获取输入信息，创建 3 个 File 对象

打开操作结果页 manage.jsp，修改代码，主要代码如下。

如下代码实现了获取 index.jsp 中输入的信息，并对输入的信息进行验证，最后创建 3 个 File 对象（dir、fileExist 和 fileNew）。网页的测试效果如图 4-3 所示。

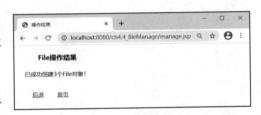

图 4-3　操作结果页

```
10    <body>
11      <div style="width:600px; margin:20px auto; line-height:30px;">
12        <h3>  File操作结果</h3>
13      <%
14          request.setCharacterEncoding("UTF-8");
15          String msg = "";
16
17    for (int f = 0; f < 1; f++) {    //只循环一次，必要时退出循环
18          String action= request.getParameter("action");    //动作
19          String realPath = request.getParameter("realPath");//父路径，物理路径
20          String nameExist= request.getParameter("nameExist");//已存在的名字
21        String nameNew = request.getParameter("nameNew");    //新名字
22
23        if (action == null) {
24            msg = "请选择某个操作";
25            break;
26        }
27        if (realPath == null || realPath.trim().equals("")) {
28            msg = "输入的父路径为空，请重新输入";
29            break;
30        }
31        if (action.equals("创建目录") == false && action.equals
                        ("创建文件") == false
32                && (nameExist == null || nameExist.trim().equals(""))) {
33            msg = "输入的【已有子目录名/子文件名】为空，请重新输入";    //重命名或删除
34            break;
35        }
36        if ((action.equals("创建目录") || action.equals("创建文件") ||
                                        action.equals("重命名"))
37                && (nameNew == null || nameNew.trim().equals(""))){
38            msg = "输入的【新的子目录名/子文件名】为空，请重新输入";
39            break;
40        }
41        realPath = realPath.trim();                //去除首尾空格
42        nameExist = nameExist.trim();
43        nameNew  = nameNew.trim();
44
45        File dir = new File(realPath);            //创建 File 对象方式 1：绝对路径
```

```
46
47          if (dir == null || dir.isDirectory() == false) { //路径不存在或不是目录
48                  msg = "输入的父路径【" + realPath + "】不存在或不是目录";
49                  break;
50          }
51
52          File fileExist = new File(realPath, nameExist);
                                //创建 File 对象,方式 2:父路径 + 子目录或子文件
53          File fileNew = new File(dir, nameNew);
                                //创建 File 对象,方式 3:父 File 对象 + 子目录或子文件
54
55          msg = "已成功创建 3 个 File 对象!";
56      }
57  %>
58          <%= msg %>
59          <br><br> 
60          <a href="javascript:window.history.back();">后退</a>  
61          <a href="index.jsp">首页</a>
62      </div>
63  </body>
```

第 31~40 行代码中的逻辑有些复杂,请读者仔细分析辨别。只要不是创建目录或创建文件,即是重命名或删除操作,则需要输入已有的目录名或文件名。只要是创建目录、文件或重命名目录、文件,则需要输入新的目录名或文件名。

第 45~53 行代码用于创建 File 对象。在创建 File 对象时,即使 new File()中的参数为空或路径不存在,File 对象仍然能创建,只是对此 File 对象进行后续操作时会出现异常。

操作 2:子目录和子文件的创建、重命名和删除

修改 manage.jsp 的代码,在代码的第 55 行之后添加如下第 56~134 行代码。以下代码用于根据 index.jsp 网页中选择的文件操作,实现子目录和子文件的创建、重命名和删除功能,而删除任意目录和文件的功能将在后续的代码中实现。重命名 File 对象成功时的网页测试效果如图 4-2 所示。

```
55      msg = "已成功创建 3 个 File 对象!";
56
57      if (action.equals("创建目录")) {
58          if (fileNew.exists()) {              //子目录已存在
59              msg = "创建子目录【" + nameNew + "】失败。已经存在同名的子目录";
60              break;
61          }
62
63          if (fileNew.mkdir() == false) {//创建新子目录,若失败则返回 false
64              msg = "创建子目录【" + nameNew + "】失败";
65              break;
66          }
67
68          msg = "创建子目录【" + nameNew + "】成功";
69          break;
70      }
```

```
71
72  if (action.equals("创建文件")) {
73      if (fileNew.exists()) {                    //子文件已存在
74              msg = "创建子文件【" + nameNew + "】失败。已经存在同名的子文件";
75              break;
76      }
77
78      if (fileNew.createNewFile() == false) {   //创建新子文件,若失败则
                                                     返回false
79              msg = "创建子文件【" + nameNew + "】失败";
80              break;
81      }
82
83      msg = "创建子文件【" + nameNew + "】成功";
84      break;
85  }
86
87  if (action.equals("重命名")) {
88      if (fileExist.exists() == false) {        //子目录或子文件不存在
89              msg = "重命名失败。要重命名的子目录或子文件【" + nameExist + "】
                                                              不存在";
90              break;
91      }
92      if (fileNew.exists()) {                   //存在同名的子目录或子文件
93              msg = "重命名失败。已经存在同名的子目录或子文件【" + nameNew + "】";
94              break;
95      }
96
97      if (fileExist.renameTo(fileNew) == false) { //将fileExist
                                                     重命名为fileNew,若失败则返回false
98              msg = "重命名【" + nameExist + "】成【" + nameNew + "】失败";
99              break;
100     }
101
102     msg = "重命名【" + nameExist + "】成【" + nameNew + "】成功";
103     break;
104 }
105
106 if (action.equals("删除空目录")) {
107     if (fileExist.isDirectory() == false) {   //子目录不存在
108             msg = "删除子目录【" + nameExist + "】失败。要删除的子目录不存在";
109             break;
110     }
111
112     if (fileExist.delete() == false) {        //删除空子目录,若失败则返回false
113             msg = "删除子目录【" + nameExist + "】失败";
114             break;
115     }
116
```

```
117                msg = "删除子目录【" + nameExist + "】成功";
118                break;
119            }
120
121       if (action.equals("删除文件")) {
122            if (fileExist.isFile() == false) {   //子文件不存在
123                msg = "删除子文件【" + nameExist + "】失败。要删除的子文件不存在";
124                break;
125            }
126
127            if (fileExist.delete() == false) {   //删除子文件
128                msg = "删除子文件【" + nameExist + "】失败";
129                break;
130            }
131
132            msg = "删除子文件【" + nameExist + "】成功";
133            break;
134       }
```

第 112 行代码中和第 127 行的 delete()只能删除空子目录或子文件。

如果要删除含有子目录或子文件的非空目录，则需采用递归方式进行删除，即创建一个用于删除目录或文件的函数（方法），然后递归调用此函数，将某一目录中的子文件和空子目录逐个删除后，再删除目录本身。下面介绍此流程的代码。

操作 3：声明函数并递归调用函数删除任意目录或文件

修改 manage.jsp 的代码，在第 134 行代码后添加如下代码。此段代码用于声明函数 deleteAll(File file)，在此函数中采用递归的方式调用函数自身，用于删除任意目录或文件（即使是非空目录也能删除）。完成代码的编写后，请测试是否能删除任意目录或文件。

```
136       if (action.equals("删除任意")) {
137            if (fileExist.exists() == false) {
138                msg = "删除【" + nameExist + "】失败。要删除的子目录或子文件不存在";
139                break;
140            }
141
142            if (deleteAll(fileExist) == false) {     //以递归的方式调用自定义的函
                                                              数，删除任意 File 对象
143                msg = "删除【" + nameExist + "】失败";
144                break;
145            }
146
147            msg = "删除【" + nameExist + "】成功";
148            break;
149        }
150    }
151  %>
152
153  <%!  //---------声明函数需用<%!进行独立声明，也可以将函数放到 src/main/
```

```
154
155        /**
156         * 以递归的方式删除某一目录包含的所有子目录和子文件,以及该文件或目录本身
157         *
158         * @param file 要删除的 File 对象,即文件或目录
159         * @return 返回 true 则表示成功删除 File 对象
         *         返回 false 表示在删除过程中遇到了无法删除的情况
160         */
161        public static boolean deleteAll(File file) {
162            if (file == null || file.exists() == false) { //空对象,或不存在
163                return true;
164            }
165
166            if (file.isFile()) {              //如果是文件,直接删除
167                return file.delete();//删除成功则返回 true,删除失败则返回 false
168            }
169            //-------------目录
170
171            File[] children = file.listFiles();     //获得子目录下所有对象的
                                                    名称,通过 listFiles()返回 File 数组
172
173            if (children == null || children.length == 0) { //无法读取
                                                            子对象,或为空目录
174                return file.delete();          //直接删除此空目录
175            }
176            //-------------非空目录
177
178            for (File child : children) {
179                if (deleteAll(child) == false) { //递归调用函数,尝试删除
                                                每个子对象。删除成功得到 true
180                    return false;                //如果删除失败,得到
                                                false,则立即结束函数,返回 false
181                }
182            }
183            //-----------空目录
184
185            return file.delete(); //最后删除本目录(空目录),并返回是否成功
186        }
187 %>
188        <%= msg %>
```

第 153～187 行代码声明函数 deleteAll(File file),用于删除任意的文件对象,若删除成功则返回 true,否则返回 false。在递归调用函数的过程中,只要返回 false,就中断删除操作,输出第 142 行代码的提示信息到页面;如果一直返回 true,则删除目录包含的子目录或子文件,最后删除目录自身。

测试该网页,看能否删除一个含子目录或子文件的目录。

操作 4：调用 JavaBean 中的方法删除任意目录或文件

在 manage.jsp 中声明的函数只能在此页面中调用，无法在其他页面中调用（采用文件包含的方式除外）。如果要提高代码的重用性，方便代码的管理、维护，可将相应函数放到一个类文件中，作为 JavaBean 中的一个方法。如此，此项目中的其他页面或类都可以调用此方法。（更详细的 JavaBean 知识将在本书第 5 章介绍。）

（1）创建包。在项目的文件列表中的"src/main/java"包上单击鼠标右键，在快捷菜单中选择"New"→"Package"命令，如图 4-4 所示。在弹出的"New Java Package"窗口的"Name"文本框中输入包名"com"（com 是单词"组件"component 的前 3 个字母），单击"Finish"按钮完成包 com 的创建。包与文件夹的作用类似。

（2）创建类。在 src/main/java 包中的 com 包上单击鼠标右键，在快捷菜单中选择"New"→"Class"命令，在弹出的"New Java Class"窗口的"Name"文本框中输入类名"FileDelete"，如图 4-5 所示。单击"Finish"按钮完成类 FileDelete 的创建，可看到 com 包中新建的类文件 FileDelete.java，且工作台自动打开了该文件。

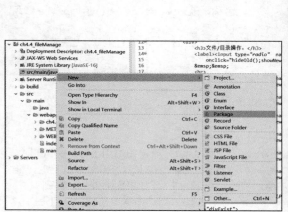

图 4-4　创建包　　　　　　　　　　　　图 4-5　创建类

将 manage.jsp 的第 154～186 行代码复制到 FileDelete 类的大括号中，代码如下，保存文件，完成方法 deleteAll(File file)的创建。注意，第 3 行代码中的引入类的语句需手动添加。

```
1   package com;
2
3   import java.io.File;
4
5   public class FileDelete {
6
7       /**
8        * 以递归的方式删除某一目录包含的所有子目录和子文件，以及该文件或目录本身
9        *
```

```
10            * @param file -要删除的 File 对象,即文件或目录
11            * @return 返回 true 则表示成功删除 File 对象,
              * 返回 false 表示在删除过程中遇到了无法删除的情况
12            */
13           public static boolean deleteAll(File file) {
14
15               if (file == null || file.exists() == false) {   //为空对象,
                                                                  或不存在
16                   return true;
17               }
```
……(后面的代码略)

(3)调用 JavaBean 中的方法。修改 manage.jsp 的代码,在第 151 行后添加如下代码。

```
152      if (action.equals("删除任意(用 JavaBean)")) {
153          if (fileExist.exists() == false) {   //子目录或子文件不存在
154              msg = "删除【" + nameExist + "】失败。要删除的子目录或子文件
                                                                   不存在";
155              break;
156          }
157
158          if (FileDelete.deleteAll(fileExist) == false) {//调用 JavaBean 中的方法
159              msg = "删除【" + nameExist + "】失败";
160              break;
161          }
162
163          msg = "删除【" + nameExist + "】成功";
164          break;
165      }
```

在输入第 158 行代码的过程中,当输入完"FileDelete"后,按代码提示快捷键"Alt+/",在弹出的方法列表中选择"com.FileDelete"选项,在 manage.jsp 代码的第 1 行将自动引入此 JavaBean,出现代码<%@page import="com.FileDelete"%>。然后在"FileDelete"后输入标点符号".",在弹出的方法列表中选择"deleteAll(File file)"方法就可以引入此方法。

此段代码实现了调用 JavaBean 类中的方法 deleteAll(File file),用递归的方式删除任意目录或文件(即使是非空目录也能删除)。完成代码的编写后,测试该网页,看能否删除任意目录或文件。

4.5 案例 ch4.5_fileUpload(文件上传)

将文件从客户端浏览器上传到服务器,是动态网站常有的功能。

本案例利用文件上传组件 Commons FileUpload,实现上传文件到服务器文件夹,并且在文件上传成功后,将之前在文本框中输入的文字显示在结果页面中。本案例的项目包含两个页面:文件选择页 index.jsp 和文件上传结果页 fileUpload.jsp。页面的测试效果如图 4-6、图 4-7 所示,项目文件列表如图 4-8 所示。

4.5 案例 ch4.5_fileUpload(文件上传)

图 4-6 文件选择页

图 4-7 文件上传结果页

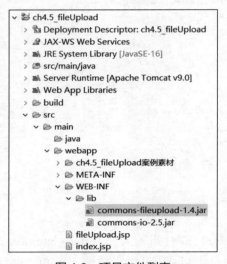

图 4-8 项目文件列表

4.5.1 文件上传组件 Commons FileUpload 简介

文件上传是网站常有的功能，如个人头像照片、产品照片或其他电子文件的上传等，将文件上传到服务器中的某个文件夹，以供在页面中显示或下载等。

文件上传是通过 I/O 流实现的，通过二进制流的方式向服务器传输数据，服务器通过流接收数据，然后将其解析成文件，最终保存在服务器上。

Java（JDK 16）默认没有原生的、完整的文件上传功能，要实现文件上传功能通常通过文件上传组件来实现。网络上的文件上传组件有很多，本书使用的上传组件是 Commons FileUpload。

Commons FileUpload 工具包是 Apache 提供的免费的文件上传组件，可实现健壮而又高效的文件上传功能。使用这个工具包，不但能实现上传文件、限制上传文件的大小和缓冲区的大小等功能，而且还能在上传文件的同时获取输入的文本内容等。

Commons FileUpload 依赖于 Commons IO，因此项目的类路径下需要有 Commons IO 的 JAR 包。可在 Apache Commons 官网下载需要的 JAR 包，本案例使用的是 commons-fileupload-1.4.jar 和 commons-io-2.5.jar，已包含在素材文件中。

4.5.2 创建 Web 项目 ch4.5_fileUpload

新建 Web 项目 ch4.5_fileUpload，将素材文件中的网页文件 index.jsp 和 fileUpload.jsp 复制到目录 src/main/webapp 中。

将两个 JAR 包 commons-fileupload-1.4.jar 和 commons-io-2.5.jar，复制粘贴到目录 src/main/webapp/WEB-INF/lib 中（最好在 Eclipse 中进行复制粘贴。如果在操作系统中复制粘贴，需在 Eclipse 中刷新一下项目文件列表，才能让它们在项目文件夹中显示出来）。

修改网页 index.jsp，主要代码如下。页面中有表单、文本框、两个文件域和一个提交按钮。

```
 9  <body>
10    <div style="width:600px; margin:20px auto; line-height:40px;">
11      <form action="fileUpload.jsp" method="post"
                                    enctype="multipart/form-data">
12        <h3>    方案投稿</h3>
13        真实姓名： <input type="text" name="username">
14        <br>
15        个人简历：<input type="file" name="CV" style="width:500px;
                  boder:1px soild #ddd;" title="Curriculum Vitae">
16        <br>
17        项目方案：<input type="file" name="project"
                       style="width:500px;boder:1px soild #ddd;">
18        <br>
19             
20        <input type="submit" value="提交" name="submit">
21        <br><br>
22        表单编码类型：
23        <br>  
24        默认类型：enctype="application/x-www-form-urlencoded" <br>
25               
26        （适用于表单控件的值仅含字符信息时）
27        <br>  
28        文件上传：enctype="multipart/form-data"（适用于表单控件的值含有
                                                      文件域控件时）
29      </form>
30    </div>
31  </body>
```

第 15 行和第 17 行代码中的 input 控件的 type 属性的值应设为 "file"，在页面中显示文件域控件。在不同的浏览器中，文件域控件的外观可能有差异，但其功能一样——选择本地磁盘中的文件。

在第 11 行代码中，form 属性中的 method 和 enctype 的值对文件上传非常关键。因为上传的文件是通过流的方式传输的，所以 method 必须设置为 post、enctype 必须设置为 multipart/form-data 才能实现文件上传。

属性 enctype 用于决定在提交表单数据时，浏览器如何打包数据。enctype 的取值如表 4-3 所示。

表 4-3　enctype 的取值

值	描述
application/x-www-form-urlencoded	默认取值，在发送前对所有字符进行编码，对文本内容适用
multipart/form-data	不对字符进行编码。在使用包含文件上传控件的表单时，必须使用该值
text/plain	用于将空格转换为加号"+"，但不对特殊字符进行编码

4.5.3　文件上传结果页 fileUpload.jsp

文件上传结果页 fileUpload.jsp 可获取和分析表单内容、将文件保存到服务器磁盘。

操作 1：获取表单内容

修改网页 fileUpload.jsp，主要代码如下。此段代码用于创建文件上传对象，获取表单提交的文本信息（在"真实姓名"username 文本框中输入的内容）并将其输出到页面，如图 4-9 所示；获取对象信息和文件名并将其输出到控制台，如图 4-10 所示。

```jsp
1   <%@page import="org.apache.commons.fileupload.FileItem"%>
2   <%@page import="org.apache.commons.fileupload.servlet.ServletFileUpload"%>
3   <%@page import="org.apache.commons.fileupload.disk.DiskFileItemFactory"%>
4   <%@page import="java.io.File"%>
5   <%@ page language="java" import="java.util.*" pageEncoding="UTF-8"%>
6   
7   <!DOCTYPE html>
8   <html lang="zh">
9     <head>
10      <title>文件上传结果</title>
11    </head>
12  
13    <body>
14      <div style="width:600px; margin:20px auto; line-height:30px;">
15        <%
16            request.setCharacterEncoding("UTF-8");
17            String msg = "";
18  
19            String path = request.getServletContext().
20                    getRealPath("\\") + "\\"; //项目运行时所在的物理目录
20            String uploadFolder = "uploadFolder";  //存放文件的子目录
21            path += uploadFolder + "\\";                //存放文件的目录
22  
23  for (int f = 0; f < 1; f++) {  //只循环一次，必要时退出循环
24  
25      File folder = new File(path);              //创建 File 对象
26  
27      if (folder.exists() == false) {           //如果目录不存在
28          if (folder.mkdir() == false) {        //如果创建目录失败
29              msg = "文件存放的目录创建失败！";
30              break;
31          }
32      }
```

```
33
34          DiskFileItemFactory factory;              //磁盘文件工厂对象
35          factory = new DiskFileItemFactory();
36
37          ServletFileUpload upload;                 //文件上传对象
38          upload = new ServletFileUpload(factory);
39
40          List<FileItem> listFileItem = null; //文件元素列表
41
42          try {
43                  listFileItem = upload.parseRequest(request);
                                                      //开始读取上传信息，得到列表
44          } catch (Exception e) {
45                  msg = "没有有效输入！";
46                  break;
47          }
48          //msg += "表单字段的个数：" + listFileItem.size();
49
50          for (FileItem fileItem: listFileItem) { //对于每一个对象
51                  System.out.println("对象信息：" + fileItem.toString());
                                                      //输出对象信息到控制台
52
53                  if (fileItem.isFormField()) {     //如果是表单字段
54                          String fieldName =
                        fileItem.getFieldName();      //获取表单控件名
55                          String value    = fileItem.getString("UTF-8").trim();
                                                      //获取表单字段内容
56                          //msg += "<br>" + fieldName + " = " +value + "<br>";
57
58                          if (fieldName.equals("username") ==false) {
                                                      //如果不是"真实姓名"文本框
59                                  continue;         //忽略它
60                          }
61
62                          if (value.equals("") == false) {
63                                  msg += "真实姓名：" + value;
64                          }
65
66                          continue;                 //执行下一轮循环
67                  }
68                  //---------得到文件对象
69
70                  String fileName = fileItem.getName();//获取文件名，
                                                      但有的浏览器返回的是文件的整个路径
71                  System.out.println("文件名：" + fileName);
72                  }
73          }
74      %>
75      <h3>    文件上传结果</h3>
```

```
76              <h4>文件上传到了目录：</h4>
77              <%= path %><br>
78              <h4>提交的信息：</h4>
79              <%= msg %>
80              <br><br>  <a href="index.jsp">首页</a>
81          </div>
82      </body>
```

图 4-9　获取表单提交的文本信息

图 4-10　在控制台输出的对象信息和文件名

第 34～40 行代码创建了 3 个与文件上传相关的对象：DiskFileItemFactory 类的对象 factory、ServletFileUpload 类的对象 upload，以及 FileItem 类的对象列表 listFileItem。

第 43 行代码将获取的表单控件信息存入列表对象 listFileItem 中，并在第 51 行代码中将每个对象的信息输出到控制台。

第 50～72 行代码对列表中的每个对象进行处理，如果是表单字段，则将其信息附加到变量 msg 中；如果是文件，则获取文件名并将其输出到控制台。

操作 2：将文件保存到服务器磁盘

修改网页 fileUpload.jsp，在已有代码的第 71 行后添加如下代码。此段代码用于获取文件的文件名、文件大小，生成文件下载链接，删除已有同名文件和保存文件到服务器磁盘。文件上传成功时的页面测试效果如图 4-7 所示。

```
73      if (fileName == null || fileName.equals("")) {     //未选择文件
74              continue;
75      }
76
77      int index = fileName.lastIndexOf("\\");    //路径中最后一个"\"的位置
78      if (index >= 0){            //如果有"\"(对于 IE 浏览器)
79              fileName = fileName.substring(index + 1);    //获取最后的文件名
80      }
81
82      long size = fileItem.getSize();          //获取文件大小
83      size = (size + 1023) / 1024;             //将文本大小转换为以 KB 为单位的值。
                                                 //若 1≤size≤1024，则结果为 1
84
85      String url = uploadFolder + "\\" + fileName; //下载或打开文件的链接
86      msg += "<br>文件：<a href='" + url + "'>" + fileName + "</a> ( " +
                                                            size + "KB)";
87
88      File file = new File(path, fileName);       //创建 File 对象
```

```
89
90    if (file.exists()) {       //如果已存在同名文件
91            if (file.delete() == false) {   //如果删除失败
92                    msg = "与上传文件同名的文件已存在，但将已有文件删除失败。";
93                    continue;
94            }
95    }
96
97    fileItem.write(file);           //将缓存的文件以 File 对象的名称和位置保存到磁盘
```

第 90～95 行代码是很重要的，如果将这几行代码注释掉再测试，当上传同名文件，系统将文件保存到磁盘时会抛出文件已存在的异常。

此案例实现了文件上传功能，在实际应用中还可添加文件缓存、限制文件大小、限制文件的扩展名、提供上传进度条等功能，使文件上传的功能更完善、更高效、更可靠、更直观。

4.5.4 练习案例 ch4.5ex_uploadLimited（有限制的上传）

参考上述案例，完成本练习案例，页面的测试效果如图 4-11～图 4-14 所示。本练习案例的要求如下。

（1）创建 Web 项目 ch4.5ex_uploadLimited，将素材文件的网页文件和两个 JAR 包分别复制粘贴到相应目录。

（2）文件选择页 index.jsp 中含有一个文本框和一个文件域，文本框的默认值为 zhangsan 或自己姓名的全拼，如图 4-11 所示。

（3）fileUpload.jsp 中已有的代码是案例 ch4.5_fileUpload 所用的代码，需修改和补充代码，实现根据文本框中输入的内容，创建文件存放目录，如 uploadFolder\zhangsan。

（4）实现上传文件到文件存放目录，并显示相关信息，如图 4-12 所示。

图 4-11　选择文件

图 4-12　上传文件成功

（5）如果上传的文件大小超过 2MB，则不保存，并显示提示信息，如图 4-13 所示。

（6）还可实现：获取上传文件的扩展名 nameExt（提示：index = fileName.lastIndexOf("."); String nameExt = fileName.substring(index + 1).toLowerCase();），如果上传的是 JSP 文件，则显示不允许上传的提示；如果上传的是图片文件，即扩展名在列表（列表中的数据为 jpg、jpeg、png、gif、bmp）中（提示：可逐个对扩展名进行判断，也可用查找方法 strA.indexOf(strB)），则在页面中显示上传的图片，设置图片样式，使得图片的最大宽度、最大高度都为 300px，如图 4-14 所示。

图 4-13　上传的文件太大

图 4-14　上传图片成功

4.6　小结与练习

1. 本章小结

本章介绍了 JSP 中的 File 对象的创建与应用。创建 File 对象的方法有 3 种；File 对象常应用于文件和文件夹的创建、重命名、删除等操作中，也应用于文件上传和下载中。无法利用 File 对象对文件内容进行读取或写入等操作，需使用 I/O 流中的字符流或字节流技术。

利用文件上传组件 Commons FileUpload，能实现上传文件到服务器。

本章通过案例 ch4.4_fileManage（文件管理）实现了文件、目录的创建、重命名、删除等管理操作，通过案例 ch4.5_fileUpload（文件上传）实现了上传文件到服务器。

2. 填空题

（1）在 JSP 中，创建 File 对象的 3 个方法分别是_____、
_____、_____。

（2）在 File 对象 file 的方法中，获取对象名的方法是_____、获取大小的方法是_____、获取对象的最后修改时间的方法是_____，判断对象是否存在的方法是_____、判断对象是否为目录的方法是_____、判断对象是否为文件的方法是_____，创建文件的方法是_____、创建目录的方法是_____、将文件对象 A 重命名为 B 的方法是_____、删除对象的方法是_____，列出所有子对象的方法是_____。

（3）要删除非空目录，需调用_____类型的函数，先删除该目录的子文件对象，最后删除目录自身。

（4）获取当前项目运行时的物理目录的代码是_____。

（5）在创建用 Commons FileUpload 组件上传文件的项目时，需要复制_____个 JAR 包放到目录_____下。

第 5 章 JavaBean 应用

【学习要点】

（1）JavaBean 的用途和 JavaBean 类的构成，JavaBean 的应用。
（2）利用 JavaBean 技术，实现猜数游戏中的输入、输出和逻辑判断。

为了提高代码的重用性，在开发中常常使用组件化技术。在 JSP 开发中，通常将实现组件功能的 Java 类称为 JavaBean。

5.1 JavaBean 概述

在开发 JSP 网页的过程中，如果需要的业务功能已经在其他页面或 Java 类文件中实现了，较快捷的开发方法便是使用其中相同的程序代码，可将代码复制到新的网页中，或直接引用。当业务功能的规模愈来愈大时，复制程序代码的做法会造成程序代码维护上的困难。解决程序代码重复使用问题的方法有很多，其中一个比较简单的方法是将需重复使用的代码写成子网页（从文件），其他程序设计人员只需引用这个网页即可实现相同的功能而无须重新开发。当相同的功能需要调整时，只需修改子网页的代码即可。

5.1～5.2
JavaBean 概述
和 JavaBean 类
的构成

利用第 2 章介绍的 include 指令，能解决一部分程序的代码共享问题。为了更好地解决程序代码重复使用的问题，同时建立牢固的商业级应用程序，组件化的程序技术逐渐发展起来。在 Java 开发中，JavaBean 是一种有效的组件化技术。

JavaBean 从本质上来说是一种 Java 类。它通过封装属性和方法，成为具有独立功能、可重复使用、可与其他组件通信的组件对象。

可把 JavaBean 想象为具有特定功能且可重复使用的子程序，当应用程序需要相同的特定功能时，只需直接引用相应的 JavaBean 组件即可，而无须重复编写代码。通常并不需要知道 JavaBean 的内部是如何运作的，只需知道它提供了哪些方法供用户调用。

JavaBean 的 JAVA 文件经过编译后成为 CLASS 文件。它由原始程序代码产生，然后由网页引用。这个过程是单向的，使用 JavaBean 的网页并不能修改已编译的类文件，因此可以保证所有的网页使用的类都是同一个版本，同时因为 CLASS 文件是编译过的组件，所以它非常容易被其他的应用程序引用。

通常大型的 JSP 应用系统非常依赖 JavaBean 组件，它们用来封装包含业务逻辑的程序代码，画面数据的输出与展示则由网页程序来处理。如此一来，当 JSP 页面需要使用

JavaBean 组件的功能时，只需在网页中直接引用相应的组件即可，以达到简化 JSP 程序结构、重复使用程序代码的目的，同时也能够增强应用程序的扩充性与修改时的灵活性。另外，在稍复杂的系统中，JavaBean 通常会根据需要调用其他 Java 类中的方法。

  JavaBean 通常用来封装业务逻辑、数据分页逻辑、数据库操作和事务逻辑等，这样可以实现业务逻辑和前台程序（如 JSP 文件）的分离，从而增强代码的可读性和易维护性，使应用程序更健壮、更灵活。

5.2 JavaBean 类的构成

  以下代码创建了一个 JavaBean 类，类名是 Student，文件名是 Student.java，存放在 src/main/java/com 包中。

```java
 1  package com;
 2
 3  public class Student {
 4
 5      private String    username;        //用户名
 6      private int    age;                //年龄
 7      private float math;                //数学
 8      private float english;             //英语
 9      private float sum;                 //总分
10
11      public Student() {                 //无参数的构造方法
12          sum = 0;
13      }
14
15      public Student(String username, int age, float math, float english){
                                           //带参数的构造方法
16          this.username = username;
17          this.age = age;
18          this.math = math;
19          this.english = english;
20          this.sum = math + english;     //计算总分
21      }
22
23      public float getSum() {            //计算总分的方法
24          sum = math + english;          //计算总分
25          return sum;
26      }
27
28      public String getUsername() {
29          return username;
30      }
31      public void setUsername(String username) {
32          this.username = username;
33      }
……（getter 和 setter 方法此处略）
```

JavaBean 具有以下特征。

（1）JavaBean 为公有类，要使用 public 进行修饰，以方便其他代码访问。

（2）JavaBean 在定义构造方法时，须使用 public 进行修饰。在类中，如果没有显式定义构造函数，Java 编译器在编译时会自动构建无参数的构造函数。

（3）JavaBean 属性通常使用 private 进行修饰，表示私有属性，在 JavaBean 内部使用。

（4）在其他文件中，调用 setXxx()方法设置值，调用 getXxx()方法获取值，所以 setXxx()和 getXxx()方法须用 public 修饰。也可调用由 public 修饰的其他业务处理方法实现上述功能。

（5）JavaBean 一定要放在包内，在 JavaBean 代码的第一行，必须用 package 声明它所在的包。

（6）在对部署好的 JavaBean 进行修改并保存之后，需重新编译才能生效。

5.3 JavaBean 在 JSP 中的应用

在 JSP 中，可以通过 JSP 动作元素标签来应用 JavaBean，也可以在 page 指令中引入已创建的 JavaBean 类，然后在 Java 代码中实例化该 JavaBean 类，使用该 JavaBean 对象。下面先介绍通过 JSP 动作标签来应用 JavaBean。

5.3 JavaBean 在 JSP 中的应用

JSP 中有 3 个与 JavaBean 对象操作相关的 JSP 动作标签，分别是引用或创建标签<jsp:userBean>、设置属性值标签<jsp:setProperty>和读取属性值标签<jsp:getProperty>，它们都属于 JSP 动作元素。

5.3.1 引用或创建 JavaBean

<jsp:userBean>标签可以引用或创建一个具有唯一 ID 的、具有一定生命周期的、引用某个 JavaBean 类的 JavaBean 实例。

<jsp:useBean>标签的常用格式如下（以 Student 类为例）：

```
<jsp:useBean id="student" class="com.Student"
                        scope="page|request|session|application" />
```

在代码的执行过程中，<jsp:useBean>首先会尝试引用已经存在的具有相同 ID 和 scope 值的 JavaBean 实例，如果实例已经存在就不创建，否则就会自动创建一个新的实例。

在创建 JavaBean 实例时，用 scope 设置该 JavaBean 的生命周期，可设为 page、request、session 或 application（生命周期从短到长）。具有相同 ID 的 JavaBean 实例，如果重新设置了 scope 的值，则以新设置的 scope 值为准。通常不应更改 scope 值，这容易引起意想不到的问题。

5.3.2 设置 JavaBean 的属性值

<jsp:setProperty>标签可以为已经创建的 JavaBean 实例设置属性值。

<jsp:setProperty>标签的常用格式如下：

```
<jsp:setProperty name="student" last_syntax />
```

其中 name 属性代表已经存在的并且具有一定生命周期的 JavaBean 实例，它是通过<jsp:useBean>标签设置的 JavaBean 的 ID 属性值。last_syntax 代表以下 4 种不同的语法形式：

```
property="*"
property="propertyName"
property="propertyName" param="parameterName"
property="propertyName" value="propertyValue"
```

其中，最后两种语法形式比较常见，例如：

```
<jsp:setProperty name="student" property="username" param="usernameInput"/>
<jsp:setProperty name="student" property="age" value="19"/>
```

5.3.3　读取 JavaBean 的属性值

<jsp:getProperty>标签可以读取 JavaBean 实例的属性值，并将值转换为 java.lang.String 类型，最后将其放置在隐含的 out 对象中。

<jsp:getProperty>标签的常用格式如下：

```
<jsp:getProperty name="student" property="userame" />
```

<jsp:getProperty>标签中的 name 和 property 属性与<jsp:setProperty>标签中的 name 和 property 属性相同。

5.4　案例 ch5.4_guessNumber（猜数游戏）

本案例应用 JavaBean 技术开发一个猜数游戏。当打开或刷新网页 index.jsp 时，系统会随机生成一个 2～20 内的整数（即答案），然后用户提交自己猜的数字，最后由系统给出是否猜对的结论。

本案例的项目中包含 3 组功能相同的页面，每组包含两个页面：猜数页 index*.jsp 和结论页 guess*.jsp。3 组页面虽然功能相同，但引用 JavaBean、设置 JavaBean 的属性值和读取 JavaBean 的属性值的实现方式不完全相同。

第 1 组网页的测试效果如图 5-1～图 5-3 所示，项目文件列表如图 5-4 所示。

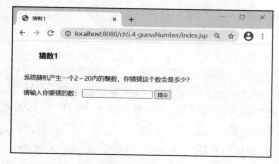

图 5-1　猜数页　　　　　　　　　图 5-2　结论页（没猜对）

图 5-3　结论页（猜对了）　　　　　图 5-4　项目文件列表

第 ❺ 章 JavaBean 应用

5.4.1 JavaBean 类 GuessNumber

创建 Web 项目 ch5.4_guessNumber，将素材文件夹中的文件复制到 src/main/webapp 文件夹中。根据以下操作，在 src/main/java 包中创建 JavaBean 类 GuessNumber。

5.4.1
JavaBean 类
GuessNumber

操作 1：创建包 com

在项目的文件列表中的"src/main/java"包上单击鼠标右键，在弹出的快捷菜单中选择"New"→"Package"命令，在打开的"New Java Package"窗口的"Name"文本框中输入包的名称"com"，单击"Finish"按钮完成 com 包的创建。（com 是单词 component 的缩写，意为组件。）

包的作用与文件夹的作用类似，可以有多层，用于存放 Java 类、属性文件和配置文件。包的名字通常都由小写字母组成。

操作 2：创建 JavaBean 类 GuessNumber

在 com 包上单击鼠标右键，在弹出的快捷菜单中选择"New"→"Class"命令，打开"New Java Class"窗口，在窗口的"Name"文本框中，输入类的名称"GuessNumber"，将全部复选框取消勾选，如图 5-5 所示，单击"Finish"按钮完成类 GuessNumber 的创建。在 src/main/java/com 包中能看到类文件 GuessNumber.java。类名通常以大写字母开头。

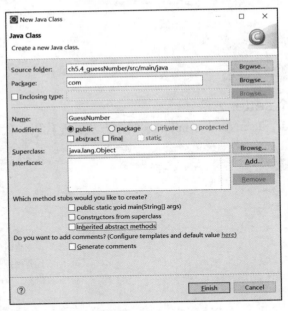

图 5-5 创建类 GuessNumber

操作 3：添加属性（类成员变量）及 getter、setter 方法

在 GuessNumber 类中添加 5 个变量（可从素材文件中复制过来），如第 5~9 行代码所示。

将光标定位在第 10 行（空白行），单击鼠标右键，在弹出的快捷菜单中选择"Source"→"Generate Getters and Setters"命令，在打开的"Generate Getters and Setters"窗口中单击"Select All"按钮，勾选所有变量的复选框。然后单击"OK"按钮完成 getter 和 setter 方法的添加。也可以在菜单栏中选择"Source"→"Generate Getters and Setters"命令来添加 getter

和 setter 方法。

对代码进行整理，将 setAnswerRand() 和 setNumberInput() 这两个方法移到其他 getter、setter 方法的前面，如第 11～17 行代码所示。

```
1   package com;
2
3   public class GuessNumber {
4
5       private int     answerRand;        //随机产生的数字，即猜数的答案
6       private int     numberInput;       //输入的数字
7       private Boolean  resultBool;        //判断用户本次猜的数字是否正确
8       private String   resultShow;        //根据猜测的数字返回说明文字
9       private int     countGuessed;      //本轮猜测的总次数
10
11      public void setAnswerRand(int answerRand) {    //设置答案
12          this.answerRand = answerRand;
13      }
14
15      public void setNumberInput(int numberInput) {   //设置用户输入的数字
16          this.numberInput = numberInput;
17      }
18
19      public int getAnswerRand() {
20          return answerRand;
21      }
         ……（其他 getter、setter 方法此处略）
    }
```

操作 4：完善两个 setter 方法

为 setAnswerRand() 和 setNumberInput() 这两个方法补充代码，代码如下。

```
11  public void setAnswerRand(int answerRand) {                    //设置答案
12      //this.answerRand = answerRand;
13
14      int min = 2;
15      int max = 20;
16      int n = (int) (Math.random() * (max + 1 - min) + min);
                                                 //随机生成整数 n，2≤n≤20
17      this.answerRand = n;              //将 n 的值赋给对象变量
18      System.out.println("答案：" + n);  //输出随机数（答案）到控制台
19
20      numberInput    = 0;                //将输入的值重置
21      resultBool     = false;
22      resultShow     = "";
23      countGuessed   = 0;
24  }
25
26  public void setNumberInput(int numberInput) {  //设置用户输入的数字
27      this.numberInput = numberInput;
28
```

```
29          if (numberInput == answerRand) {           //判断猜测的数字是否正确
30              resultShow = "恭喜,你猜对了!";
31              resultBool = true;
32          } else if (numberInput > answerRand) {
33              resultShow = "你猜大了。";
34              resultBool = false;
35          } else {
36              resultShow = "你猜小了。";
37              resultBool = false;
38          }
39
40          countGuessed ++;                            //猜的总次数加 1
41      }
```

在调用方法 setAnswerRand()设置答案时,将随机生成一个 2~20 内的整数,然后输出此随机数(即答案)到控制台供查看,最后将此 JavaBean 的其他 4 个属性的值重置。

在调用方法 setNumberInput()设置猜测的数时,将参数中用户猜测的数 numberInput 与随机数(即答案)answerRand 进行比对,根据比对结果给出相应的结论,并将用户猜测的总次数 countGuessed 加 1。

JavaBean 的 GuessNumber 类编写完成后,项目中其他的类或页面都可以引用。这提高了代码的重用性,也便于后期的修改、升级。

5.4.2 猜数页 index.jsp

打开网页 index.jsp,主要代码如下。以下代码用于添加表单和控件,声明一个 ID 为 guess 的 JavaBean 实例,并设置其属性 property 的值为 answerRand,用于生成答案。网页的测试效果如图 5-1 所示。

```
9   <body>
10      <div style="width:600px; margin:20px auto; line-height:40px;">
11          <h3>  猜数 1</h3>
12
13          <jsp:useBean id="guess" class="com.GuessNumber" scope="session" />
14                              <!-- 获取或生成JavaBean实例guess对象 -->
15          <jsp:setProperty name="guess" property="answerRand" value="0" />
16                              <!-- 设置答案(生成答案) -->
17          <form action="guess.jsp" method="post">
18              系统随机产生一个 2~20 内的整数,你猜猜这个数会是多少?
19              <br>
20              请输入你要猜的数:
21              <input type="text" name="numberInputNew">
22              <input type="submit" value="提交">
23          </form>
24      </div>
25  </body>
```

以上代码的第 13 行声明一个 ID 为 guess 的 JavaBean 实例,其类是在 com 包中定义的 GuessNumber 类,其生命周期是 session。如果此 JavaBean 实例已存在就引用它,如果不存在则服务器会自动新建一个。

第 15 行代码将 ID 是 guess 的 JavaBean 对象的属性 answerRand 的值设置为 0。它调用 com.GuessNumber 类中的 setAnswerRand()方法实现赋值。只不过，方法 setAnswerRand()随机生成一个 2～20 内的整数，并将其赋给属性 property，由页面传递的参数值 0 并没有被真正使用。但在此一定要为其赋值，且值为整数，否则调用方法 setAnswerRand()时系统将报参数错误。

5.4.3 结论页 guess.jsp

在结论页 guess.jsp 中，仍然需要声明 JavaBean 对象和添加表单及控件，所以 guess.jsp 页的代码与猜数页 index.jsp 中的部分代码相同。

打开 guess.jsp 并修改代码，主要代码如下。测试效果如图 5-2、图 5-3 所示。

```
9   <body>
10      <div style="width:600px; margin:20px auto; line-height:40px;">
11          <h3>  结论 1</h3>
12
13          <jsp:useBean id="guess" class="com.GuessNumber"
                                                    scope="session" />
14                  <!-- 获取或生成 JavaBean 实例 guess 对象 -->
15          <jsp:setProperty name="guess" property="numberInput"
                                                param="numberInputNew" />
16                  <!-- 设置猜测的数。如果输入的数不是整数将会报错 -->
17          <form action="" method="post">
18              结论：<span style="color:red;">
19                  <jsp:getProperty name="guess" property="resultShow" />
                                                                </span>
20              <%
21                  if (guess.isResultBool() == false) {
                        //如果没猜对，则显示文本框，可继续猜
22              %>
23                  <br>
24                  请再猜：
25                  <input type="text" name="numberInputNew">
26                  <input type="submit" value="提交">
27                  （2～20 内的整数）
28              <%
29                  }
30              %>
31              <br>
32              你给出的数是 <span style="color:red;">
33                  <jsp:getProperty name="guess" property="numberInput" />
                                                                </span>,
34              这是你第 <span style="color:red;">
35                  <jsp:getProperty name="guess" property="countGuessed" />
                                                                </span> 次猜。
36              <br><br>  
37              <a href="index.jsp">猜数 1</a> 
38              <a href="index2.jsp">猜数 2</a> 
39              <a href="index3.jsp">猜数 3</a>
40          </form>
41      </div>
42  </body>
```

第 5 章　JavaBean 应用

　　guess.jsp 的第 13 行代码与 index.jsp 的第 13 行代码完全一样，引用的是同一个 JavaBean 实例 guess 对象。

　　第 15 行代码为属性 numberInput 设置值时使用了 param="numberInputNew"，它表示该属性的值等于 request 对象中 numberInputNew 的值，即在文本框 numberInputNew 中输入的值。这与 index.jsp 的第 15 行代码中设置默认值的方式（value="0"）有所不同。

　　第 17 行代码表单 form 的 action 属性值为空字符串，或没有 action 属性时，系统为表单提供的 action 的默认值就是前页面 guess.jsp。

　　第 19、33、35 行代码使用<jsp:getProperty name="guess" property="***" />的方式，从 JavaBean 实例 guess 对象中获取对应属性的值，相当于调用对应属性的 getter 方法。

　　第 21 行代码中的 guess.isResultBool()采用"对象名.方法名"方式，以另外一种方式获取 JavaBean 实例 guess 对象的属性 resultBool 的值，即调用 guess 对象中的 isResultBool() 方法，得到表示是否猜对的布尔值（true 或 false）。

　　测试此网页时，可输入大小不同的数，然后查看是否猜对，正确的答案可在控制台查看。如果输入的不是整数，则会报参数错误，为什么呢？

　　因为第 15 行的代码相当于调用了 JavaBean 对象的 setNumberInput(int numberInput)方法，其参数是整数，如果输入的不是整数，例如小数或字母，则系统无法自动将其转换为整数，无法满足参数的数据类型要求，从而报错。

5.4.4　在 Java 代码片段中实现属性的赋值和属性值的获取

5.4.4　在 Java 代码片段中实现属性的赋值和属性值的获取

　　由 index.jsp 和 guess.jsp 可知，引用或创建 ID 为 guess 的 JavaBean 对象可使用如<jsp:useBean id="guess" class="com.GuessNumber" scope="session" />标签。

　　设置其属性值可使用如<jsp:setProperty name="guess" property="answerRand" value="0" />或<jsp:setProperty name="guess" property="numberInput" param="numberInputNew" />标签。

　　读取其属性值可使用如<jsp:getProperty name="guess" property="countGuessed" />标签，或如 guess.isResultBool()的语句。

　　在网页代码中，设置和读取 JavaBean 对象的属性值可以在 Java 代码中调用 guess.setXxx()和 guess.getXxx()方法来实现。下面在 index2.jsp 和 guess2.jsp 中采用这种方式来设置和读取属性值。

操作 1：将 index.jsp 另存为 index2.jsp

　　将猜数页 index.jsp 另存为 index2.jsp。将 index2.jsp 的页面标题和其中的 h3 标题都更改为"猜数 2"。将第 17 行代码中的 guess.jsp 更改为 guess2.jsp。

　　将 index2.jsp 中第 15~16 行的代码更改成如下第 15~19 行的代码。可手动输入注释字符<%-- 和 --%>，也可将光标置于第 15 行，在菜单栏中选择"Source"→"Toggle Commend"命令，将第 15 行代码注释掉。第 18 行的输入语句为属性 answerRand 赋值，与第 15 行代码的赋值语句的效果一样。

```
15    <%-- <jsp:setProperty name="guess" property="answerRand" value="0" /> --%>
                                                        <!-- 此行被注释掉了 -->
                                                        <!-- 设置答案（生成答案） -->
16
17        <%
```

```
18              guess.setAnswerRand(0);           //设置答案（生成答案）
19        %>
```

操作 2：将 guess.jsp 另存为 guess2.jsp

将结论页 guess.jsp 另存为 guess2.jsp。将 guess2.jsp 的页面标题和其中的 h3 标题都更改为"结论 2"。

修改 guess2.jsp 的代码，主要代码如下。

```
15    <%-- <jsp:setProperty name="guess" property="numberInput"
                                          param="numberInputNew" /> --%>
16                      <!-- 设置猜测的数。如果输入的数不是整数将会报错 -->
17    <%
18        String numberInputNew = request.getParameter("numberInputNew");
                                                       //获取猜测的数
19        int numberInput = 0;
20
21        try {
22              numberInput = Integer.parseInt(numberInputNew); //转换为整数
23        } catch (Exception e) {
24              String msg;
25              msg = "输入有误！请输入一个 2～20 内的整数。";  //警告信息
26              msg += " <a href='javascript:window.history.back();'>
                                   后退</a>";       //添加"后退"按钮
27              out.print(msg);                    //将 msg 输出到页面
28              return;
29        }
30
31        guess.setNumberInput(numberInput);       //设置猜测的数
32
33        int       countGuessed  = guess.getCountGuessed();  //获取值
34        String    resultShow    = guess.getResultShow();
35        Boolean   resultBool    = guess.isResultBool();
36    %>
37    <form action="" method="post">
38        结论：<span style="color:red;"><%= resultShow %></span>
39        <%
40            if (guess.isResultBool() == false) {
                                    //如果没猜对，则显示文本框，可继续猜
41        %>
42              <br>
43              请再猜：
44              <input type="text" name="numberInputNew">
45              <input type="submit" value="提交">
46              （2～20 内的整数）
47        <%
48            }
49        %>
50        <br>
51        你给出的数是 <span style="color:red;"><%= numberInput %></span>,
52        这是你第 <span style="color:red;"><%= countGuessed %></span> 次猜。
```

第 18～29 行代码实现获取输入的值 numberInputNew，并将字符串类型的值转换为整数赋给 numberInput。如果输入的不是整数（小数或字母），数据类型的转换将发生异常，页面将输出错误提示，并提供后退链接，系统并不会抛出异常。这样提高了系统的容错性。

第 15 行代码被注释掉了，设置属性值在第 31 行代码中实现，二者的功能相同。

第 33～34 行代码分别使用 guess.getXxx()方法获取属性值并赋给变量，第 38、51、52 行代码分别输出变量值。

测试网页 index2.jsp 和 guess2.jsp，其操作的形式和得到的结论将与网页 index.jsp 和 guess.jsp 一致。

5.4.5 在 Java 代码片段中实现 JavaBean 对象的引用或创建

由以上 2 组网页可知，设置或获取 JavaBean 对象的属性值，既可以使用 JSP 动作元素标签，也可以在 Java 代码中调用方法来实现，效果相同。

在引用或创建 ID 为 guess 的 JavaBean 对象时，既可使用如<jsp:useBean id="guess" class="com.GuessNumber" scope="session" />标签，也可在 Java 代码片段中实现。

5.4.5 在 Java 代码片段中实现 JavaBean 对象的引用或创建

下面在 index3.jsp 和 guess3.jsp 中的 Java 代码片段里采用创建对象的方法来引用或创建 JavaBean 对象。

操作 1：将 index2.jsp 另存为 index3.jsp

将猜数页 index2.jsp 另存为 index3.jsp，将 index3.jsp 的页面标题和其中的 h3 标题都更改为 "猜数 3"，将第 21 行代码的 guess2.jsp 更改为 guess3.jsp。

将第 13 行代码注释掉。

在第 18 行代码插入代码，得到如下代码。在输入 "GuessNumber" 之后，按快捷键 "Alt+/"，在弹出的类列表中选择 "GuessNumber - com" 选项，在网页的第一行引入此 JavaBean 类 com.GuessNumber。

```
18    <%
19        GuessNumber guess = new GuessNumber();    //创建 JavaBean 对象
20        guess.setAnswerRand(0);                   //设置答案（生成答案）
21        session.setAttribute("guess", guess);     //将 guess 保存到 session 对象中
22    %>
```

以上代码的第 19 行用 Java 语句创建对象 guess，第 20 行代码设置属性值，第 21 行代码将对象 guess 保存到了键名为 guess 的 session 对象中，这与使用标签创建的 JavaBean 实例 guess 对象（原第 13 行被注释掉的代码）的功能类似。

操作 2：将 guess2.jsp 另存为 guess3.jsp

将结论页 guess2.jsp 另存为 guess3.jsp，将 guess3.jsp 的页面标题和其中的 h3 标题都更改为 "结论 3"。

将第 13 行代码注释掉。

在第 18 行代码之前插入以下几行代码。其中，在输入 "GuessNumber" 后也需引入类 com.GuessNumber。

```
18    <%
19        GuessNumber guess = (GuessNumber) session.getAttribute("guess");
```

```
20                                                      //获取 session 中的对象
21      if (guess == null) {                            //如果对象不存在
22          response.sendRedirect("index3.jsp");        //重定向网页
23          return;
24      }
```

以上代码的第 19 行从 session 对象中获取键名为 guess 的对象并将其强制转换为 GuessNumber 类型对象，如果该对象为 null（即该 session 对象不存在或已失效），则跳转到页面 index3.jsp（第 22 行代码），以重新创建 JavaBean 对象 guess。

测试网页 index3.jsp 和 guess3.jsp，其操作的形式和得到的结论与 index.jsp 和 guess.jsp 一致。

从本案例的 3 组页面可知，通过标签应用 JavaBean 对象与在代码片段中应用 JavaBean 对象，得到的效果一致。通过标签应用 JavaBean 对象的代码更简洁，而通过 Java 代码片段应用 JavaBean 对象更灵活、容错性更好、功能更强大、通用性更强。

5.4.6 练习案例 ch5.4ex_score（成绩分析）

参考上述案例，应用 JavaBean 技术完成本练习案例，页面的测试效果如图 5-6、图 5-7 所示。本练习案例的要求如下。

（1）创建 Web 项目 ch5.4ex_score，将素材文件复制到相应目录。

（2）本练习案例中只有一个页面 index.jsp。创建 JavaBean 对象、为属性设置值和获取属性值，都采用 JSP 动作元素标签来实现。

（3）在 Score.java 的方法 setScore()中，将输入的成绩 score（String 类型）转换为 float 类型，然后计算（提示：类型转换可用 float a = 0; try { a = Float.parseFloat(score); } catch(){}实现）。

（4）未输入成绩、将输入的成绩转换为 float 类型失败，或成绩超出 0～100 的范围，则忽略此次输入的成绩，并显示提示信息。

（5）还可实现输出：优秀率（成绩大于等于 90 分为优秀）、及格率。（提示：在用优秀成绩数量除以总成绩数量之前，需将成绩的类型强制转换为 float 类型，即 rateA = ((float) countA / count) * 100。否则，得到的商会被自动强制转换为整数，如果商小于 1，将得到 0。）

（6）还可以通过 Java 代码应用 JavaBean，同样实现成绩分析。

图 5-6　初始界面

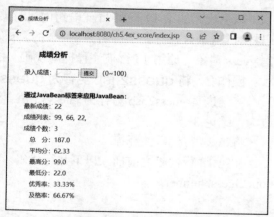

图 5-7　成绩分析界面

5.5 小结与练习

1. 本章小结

本章介绍了 JavaBean 的创建和使用方法。JavaBean 类在创建之后，可作为实体类组件使用，既能简化应用层的代码，又能提高代码的重用性。在应用 JavaBean 时，可以用 JSP 动作元素声明的方式来创建对象、为属性赋值和读取属性值，也可以用常规的方式在 Java 代码片段中创建对象、为属性赋值和读取属性值。

在本章的案例 ch5.4_guessNumber（猜数游戏）中，分别用以上两种方式实现了 JavaBean 对象的创建、为属性赋值和读取属性值。

2. 填空题

（1）JavaBean 类的类型必须是_____类型（填 public 或 private）。

（2）JSP 中有 3 个与 JavaBean 操作相关的标签，分别是 JavaBean 的创建或引用标签_____、设置属性值标签_____和读取属性值标签_____，它们都属于 JSP 动作元素。

（3）在 JSP 页面中创建一个 JavaBean 实例，ID 为 user，类为 com.User，生命周期是 session，则其 JSP 标签是_____。如果在 Java 代码片段中创建实例，则用语句_____。（两条语句）

（4）已创建名为 user 的 JavaBean 实例，要设置其属性 username 的值为 tom，需使用的 JSP 标签是_____，在 Java 代码片段中用语句_____。如果值来自文本框 usernameInput 中输入的值，则使用的 JSP 标签是_____。

（5）已创建名为 user 的 JavaBean 实例，要获取其属性 username 的值，使用 JSP 标签的代码是_____，在代码片段中用语句_____。

第 6 章 Servlet 应用

【学习要点】

（1）Servlet 简介和 Servlet 类的基本结构。
（2）利用 Servlet 技术，实现用户登录、验证码图片、AJAX 技术的应用。

Servlet 是 JSP 的早期版本，JSP 是 Servlet 的简易表达形式，从功能上来说，二者一般可以相互替代。不过，Servlet 通常作为后台程序的控制层，用于响应客户端的请求，创建 JavaBean 对象并调用其方法，最后直接向客户端做出响应，或者在服务器端转向其他功能模块。即使应用 Spring MVC 等企业级框架进行 Web 开发，在代码的底层，仍然以 Servlet 为基石。

6.1 Servlet 简介

6.1 Servlet 简介

Servlet 的全称是 Java Servlet，是运行在 Web 服务器或应用服务器上的程序。Servlet 可以收集来自网页表单的用户输入内容，处理来自数据库或者其他数据源的数据；还可以动态创建网页、图片，以供输出展示等。

JSP 页面（JSP 文件）在第一次运行时，会先被系统转译成 Servlet（JAVA 文件，如图 6-1 所示），Servlet 经过编译后成为字节码文件（CLASS 文件），最后由虚拟机载入运行。当 JSP 页面再次运行时会直接由虚拟机运行对应的字节码文件。从编程应用的角度来说，JSP 页面适合制作用户界面，而用户创建的 Servlet 类适合处理业务逻辑和控制程序的进程。因此，常使用 JSP 技术制作用户界面，而使用 Servlet 实现业务逻辑。在 MVC 编程模式中，Servlet 常常充当控制器角色。有关如何使用 MVC 模式开发 JSP 应用的知识将在本书第 8 章介绍。

图 6-1　JSP 文件与其 Servlet 文件的源代码对比

第 6 章　Servlet 应用

Servlet 是使用 Servlet API 编写的 Java 类，是来自客户端（如 Web 浏览器）与 Web 服务器上的数据库或应用程序之间的中间层，其结构基于请求/响应模式。Servlet 的运行模式如图 6-2 所示。

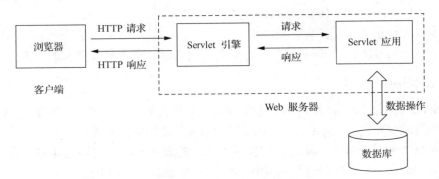

图 6-2　Servlet 的运行模式

Servlet 有以下优点。

（1）可移植。因为 Servlet 是基于 Java 开发的，且符合规范定义和广泛接收的 API，所以它可以移植到不同的操作系统和应用服务器。

（2）功能强大。Servlet 可以使用 Java API 的所有核心功能，这些功能包括 Web 和 URL 访问、图像处理、数据压缩、多线程、JDBC、RMI 和序列化对象等。

（3）安全。有几个不同层次因素为 Servlet 的安全提供了保障。首先，它是使用 Java 编写的，所以它可以使用 Java 的安全框架；其次，Servlet API 为类型安全的接口。另外，容器会对 Servlet 的安全进行管理。在 Servlet 安全策略中，可以使用编程式安全，也可以使用声明式的安全，声明式的安全由容器进行统一管理。

（4）简洁。Servlet 代码面向对象，在封装方面具有优势。

（5）集成。Servlet 和服务器紧密集成，二者可以密切配合完成特定的任务。

（6）模块化。每一个 Servlet 可以执行一个特定任务，并且可以将它们结合使用。Servlet 之间是可以相互交流的。

（7）扩展性和灵活性。Servlet 本身的接口设计得非常精简，这使得它有很强的扩展性。需要指出的是，Servlet 不等于 HttpServlet，后者是前者的一个常见扩展。

（8）高效耐久。Servlet 一旦载入，就驻留在内存中，这样可加快响应的速度。在服务器上仅有一个 Java 虚拟机在运行，它的优势在于，当 Servlet 被浏览器发送的第一个请求激活后，它将继续运行于后台，等待下一个请求。每个请求都会生成一个线程而不是进程。

6.2　Servlet 的基本结构

Servlet 应用是用 Servlet API 开发的，Servlet API 包含两个包：javax.servlet 和 javax.servlet.http。

javax.servlet 包中定义了所有的 Servlet 类都必须实现或扩展的通用接口和类。javax.servlet.http 包中定义了采用 HTTP 的 HttpServlet 类。

6.2　Servlet 的基本结构

6.2.1 Servlet 接口

Servlet 接口中定义了 5 个方法，其中以下 3 个方法与 Servlet 的生命周期有关。
（1）init()方法：负责初始化 Servlet 对象。
（2）service()方法：负责响应客户的请求。
（3）destory()方法：当 Servlet 对象退出生命周期时，负责释放占有的资源。

6.2.2 HttpServlet 类

HttpServlet 类是 Servlet 接口的一个实现类，其中主要封装了响应 HTTP 请求的方法。

HTTP 的请求方式，也就是表单 form 的属性 method 的值，包括 GET、POST、DELETE、PUT 和 TRACE 等值。HttpServlet 类中提供了相应的服务方法，它们是 doGet()、doPost()、doDelete()、doPut()和 doTrace()等。其中，doGet()和 doPost()较常用。

这些服务方法的两个参数分别是请求 HttpServletRequest 对象 request 和响应 HttpServletResponse 对象 response。

6.2.3 HttpServletRequest 接口

当 Servlet 容器接收浏览器的访问要求后，容器会先解析浏览器的原始请求数据，把它包装成一个 ServletRequest 对象。公共接口类 HttpServletRequest（javax.servlet.http.HttpServletRequest）继承自 ServletRequest。

当浏览器向 Web 服务器发送网页请求时，浏览器会向 Web 服务器发送特定信息。根据 HTTP，这些信息会作为 HTTP 请求头的一部分进行传输，因而这些信息不能被直接读取。

浏览器发出的请求被封装成一个 HttpServletRequest 对象。该对象包含浏览器请求的地址、请求的参数、提交的数据、上传的文件、浏览器的 IP，甚至包含浏览器版本、浏览器被设定的语言、操作系统等信息。

HttpServletRequest 接口类提供了与 HTTP 相关的方法，Servlet 可通过这些方法来读取 HTTP 响应头中的相应信息。

HttpServletRequest 接口的实例就是本书 3.2 节中介绍的 request 对象，可以使用表 3-2 中列出的各个方法。

6.2.4 HttpServletResponse 接口

当一个 Web 服务器响应一个 HTTP 请求时，响应内容通常包括一个状态行、一些响应报头、一个空行和一个文件。这些信息被包装成一个 ServletResponse 对象。公共接口类 HttpServletResponse（javax.servlet.http.HttpServletResponse）继承自 ServletResponse。

HttpServletResponse 接口类提供了与 HTTP 相关的方法，Servlet 可通过这些方法来设置 HTTP 响应头，或向浏览器中写入 Cookie、输出信息等。

HttpServletResponse 接口的实例就是本书 3.3 节中介绍的 response 对象，可以使用表 3-3 中列出的各个方法。

6.3 HttpServlet 对象的响应流程和代码编写

服务器上的 Servlet 容器能根据客户端的请求及 HttpServlet 对象的特性做出响应。

6.3.1 HttpServlet 对象的响应流程

HttpServlet 对象响应 Web 浏览器 HTTP 请求的流程如下。

（1）Web 浏览器向 Servlet 容器发送 HTTP 请求。
（2）Servlet 容器解析 Web 浏览器发送的 HTTP 请求。
（3）Servlet 容器创建一个 HttpServletRequest 对象 request，在这个对象中将 HTTP 请求信息进行封装。
（4）Servlet 容器创建一个 HttpServletResponse 对象 response。
（5）Servlet 容器调用 HttpServlet 的 service()方法，把 HttpServletRequest 对象和 HttpServletResponse 对象作为 service()方法的参数传给 HttpServlet 对象。
（6）HttpServlet 调用 HttpServletRequest 对象的相关方法，获取 HTTP 请求信息。
（7）HttpServlet 调用 HttpServletResponse 对象的相关方法，生成响应数据。
（8）Servlet 容器把 HttpServlet 的响应结果发送给 Web 浏览器。

6.3.2 HttpServlet 应用代码的编写步骤

在开发 Servlet 应用的过程中，应用 HttpServlet 的代码编写步骤如下。

（1）扩展 HttpServlet 抽象类。
（2）覆盖 HttpServlet 的部分方法，如覆盖 doGet()或 doPost()等方法。
（3）获取 HTTP 请求信息。通过 HttpServletRequest 对象来检索 HTML 表单提交的数据或 URL 中的查询字符串。
（4）生成 HTTP 响应结果。通过 HttpServletResponse 对象生成响应结果，它有一个 getWriter()方法，该方法返回一个 PrintWriter 对象，该对象将响应结果发送给浏览器。

下面将通过 3 个案例讲解如何创建和应用 Servlet。

6.4 案例 ch6.4_loginByServlet（用户登录）

本案例应用 Servlet 技术实现用户登录验证和注销登录。在 3 组登录页面中，登录验证的 Servlet 分别采用 POST 方式、GET 方式和 EL 表达式来实现相应功能。部分网页的测试效果如图 6-3～图 6-7 所示，项目文件列表如图 6-8 所示。

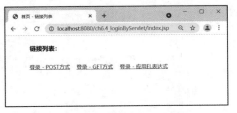

图 6-3 链接列表页

图 6-4 登录页（POST 方式）

JSP 开发案例教程（微课版）

图 6-5　登录失败（POST 方式）

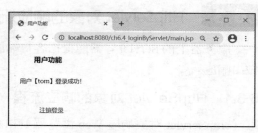

图 6-6　登录成功

图 6-7　登录失败（EL 表达式）

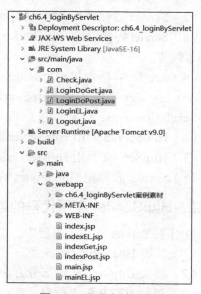

图 6-8　项目文件列表

6.4.1　链接列表页 index.jsp

创建 Web 项目 ch6.4_loginByServlet，将素材文件复制到项目中。打开网页 index.jsp，其主要代码如下。

```
5    <head>
6      <title>首页 - 链接列表</title>
7    </head>
8
9    <body>
10     <div style="width:600px; margin:20px auto; line-height:40px;">
11         <h3>  链接列表：</h3>
12           
13         <a href="indexPost.jsp">登录 - POST 方式</a> 
14         <a href="indexGet.jsp">登录 - GET 方式</a> 
15         <a href="indexEL.jsp">登录 - 应用 EL 表达式</a> 
16     </div>
17   </body>
```

链接列表页 index.jsp 的测试效果如图 6-3 所示。

6.4.2 登录页 indexPost.jsp

打开网页 indexPost.jsp，其中有表单、文本框、密码框、提交按钮等。修改代码，主要代码如下。

6.4.2 登录页 indexPost.jsp

```
9   <body>
10      <div style="width:600px; margin:20px auto; line-height:40px;">
11              <h3>    登录 - POST 方式</h3>
12              <form action="LoginDoPost" method="post">
13                  用户名：<input type="text" name="username"> tom
14                  <br>
15                  密 码：<input type="password" name="password">
                                                                 123
16                  <br>
17                       
18                  <input type="submit" value="提交">
19                  <br><br>  
20                  <a href="indexPost.jsp">登录 - POST 方式</a> 
21                  <a href="indexGet.jsp">登录 - GET 方式</a> 
22                  <a href="indexEL.jsp">登录 - 应用 EL 表达式</a> 
23              </form>
24      </div>
25   </body>
```

注意，表单 form 的属性 method 的值是 post，属性 action 的值不是一个网页，而是 LoginDoPost，它是进行登录验证的 Servlet 的 URL 映射名（访问地址或虚拟路径）。

登录页 indexPost.jsp 的测试效果如图 6-4 所示。

6.4.3 用户功能页 main.jsp

打开网页 main.jsp，主要代码如下。

6.4.3 用户功能页 main.jsp

```
9   <body>
10      <div style="width:600px; margin:20px auto; line-height:40px;">
11      <%
12              if (session.getAttribute("username") == null) { //如果 session 对象
                                                                 不存在或已经失效
13                  response.sendRedirect("index.jsp"); //网页转向
14                  return;
15              }
16
17              String username = (String) session.getAttribute("username");
                                        //获取键值并将其强制转换为 String 类型
18      %>
19      <h3>  用户功能</h3>
20      用户【<%= username %>】登录成功！
21      <br><br>   
```

```
22        <a href="Logout">注销登录</a>
23    </div>
24 </body>
```

在以上代码的第 12 行中，键名为 username 的 session 对象是在登录验证通过时生成的。

由于还没进行登录验证（即 session 中还没有 username 键值对），此时测试网页 main.jsp，网页将会重定向到首页 index.jsp（第 13 行代码）。

6.4.4 登录验证 Servlet 类 LoginDoPost

6.4.4 登录验证 Servlet 类 LoginDoPost 操作 1~操作 3

用 Servlet 类 LoginDoPost 进行登录验证。

操作 1：创建包 com

在本项目的 src/main/java 包中，创建名为 com 的包。它用于存放 Servlet 类和 JavaBean 类。

操作 2：创建 Servlet 类 LoginDoPost

在包 com 上单击鼠标右键，在弹出的快捷菜单中选择"New"→"Servlet"命令，打开"Create Servlet"窗口，如图 6-9 所示。

在窗口的"Class name"文本框中输入类名"LoginDoPost"，单击两次"Next"按钮，此时的窗口如图 6-10 所示，在窗口中勾选 3 个复选框（"Inherited abstract methods""doGet""doPost"），单击"Finish"按钮完成 Servlet 类 LoginDoPost 的创建，工作台中会自动打开创建的类文件 LoginDoPost.java。这里在类名中添加"DoPost"只是为了标识此 Servlet 主要用于处理以 POST 方式提交的表单，与之后要创建的 LoginDoGet 类进行区别。

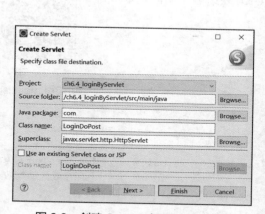

图 6-9 创建 Servlet 向导：输入类名　　图 6-10 创建 Servlet 向导：勾选所需复选框

操作 3：测试 Servlet 类 LoginDoPost

在打开的 Servlet 类文件 LoginDoPost.java 中可看到如下代码。

```
13 @WebServlet("/LoginDoPost")
14 public class LoginDoPost extends HttpServlet {
15     private static final long serialVersionUID = 1L;
16
```

```
17      /**
18       * @see HttpServlet#doGet(HttpServletRequest request,
                                  HttpServletResponse response)
19       */
20      protected void doGet(HttpServletRequest request,
        HttpServletResponse response) throws ServletException, IOException {
21          // TODO Auto-generated method stub
22          response.getWriter().append("Served at: ").append(
                                          request.getContextPath());
23      }
24
25      /**
26       * @see HttpServlet#doPost(HttpServletRequest request,
                                   HttpServletResponse response)
27       */
28      protected void doPost(HttpServletRequest request,
        HttpServletResponse response) throws ServletException, IOException {
29          // TODO Auto-generated method stub
30          doGet(request, response);
31      }
32  }
```

在第 13 行的代码中，@WebServlet("/LoginDoPost")是一条 Java 注解语句（注意，不是注释语句）。@WebServlet 用于标注继承了 HttpServlet 类的 Servlet 类，属于类级别的注解。该注解指明 Web 系统访问该 Servlet 的虚拟路径是 LoginDoPost。可以看到默认生成的虚拟路径与该 Servlet 的类名相同，当然也可以在必要时将其更改为其他的路径名。index.jsp 页面中表单的 action 属性的值就是虚拟路径 LoginDoPost，表示表单将提交给 Servlet 来处理。

注意，src/main/java 包内的文件（如 JavaBean、Servlet 或 XML 配置文件等）被创建或修改后，需重新编译并同步到 Tomcat 服务器才能生效。通常情况下，当项目已发布到 Tomcat 服务器，且服务器处于运行状态时，包内的文件在被修改（不是创建）并保存之后（大约 3 秒），Eclipse 会自动编译并同步到 Tomcat 服务器，此时控制台会有"信息:已完成重新加载……"的提示。如果修改的是 JSP 页面的代码，则会在大约 1 秒后同步到 Tomcat 服务器但控制台不会有提示。在 Servlet 被编译和同步的几秒内，请耐心等待。

运行 indexPost.jsp，单击"提交"按钮后，网页将转向此 Servlet。由于表单的提交方式是 post，Servlet 引擎将执行第 28 行代码的 doPost()方法。执行到第 30 行代码的 doGet()方法时，将调用第 20 行代码的 doGet()方法；在执行到第 22 行代码时，将输出项目名称等信息到浏览器，如图 6-11 所示。此时直接在 Web 服务器运行此 Servlet 类，也将得到相同的测试结果。

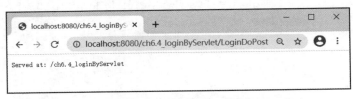

图 6-11　初始的测试结果

6.4.4 登录验证 Servlet 类 LoginDoPost 操作 4

在图 6-11 所示的测试结果页中，单击鼠标右键，在快捷菜单中选择"查看网页源代码"命令。我们会发现在页面的 HTML 源代码中没有常见的 HTML 标签，只有图中显示的这些字符。

操作 4：修改 Servlet 类 LoginDoPost

修改 LoginDoPost 的代码，doPost()方法的代码如下。

```java
29  protected void doPost(HttpServletRequest request, HttpServletResponse response) throws ServletException, IOException {
30      // TODO Auto-generated method stub
31      //doGet(request, response);
32
33      //-------采用 POST 方式，输入的内容会以"隐形"的方式发送给服务器
34
35      request.setCharacterEncoding("UTF-8");     //设置请求内容的字符编码
36      response.setContentType("text/html;charset=UTF-8");  //设置响应的
                                                              文件类型和字符编码
37      java.io.PrintWriter out = response.getWriter(); //获取输出句柄
38      String msg = "";
39      HttpSession session = request.getSession(); //获取或创建 session 对象
40
41      String username = request.getParameter("username"); //获取输入的值
42      String password = request.getParameter("password");
43      System.out.println(username + "\n" + password); //输出到控制台
44
45      for (int f = 0; f < 1; f++) { //只执行一次，方便随时退出循环
46          if (username == null || username.trim().equals("")) {
47              msg = "请输入用户名！";
48              break;
49          }
50          if (password == null || password.equals("")) {
51              msg = "请输入密码！";
52              break;
53          }
54          username = username.trim();
55
56          if (username.equals("tom") == false ||
                          password.equals("123") == false) {
57              msg = "用户名或密码错误！请重新输入。";
58              break;
59          }
60
61          session.setAttribute("username", username);   //设置键值
62
63          response.sendRedirect("main.jsp");//登录成功，网页转向
64          return;                         //结束执行当前 Servlet 对象
```

```
65                }
66
67                msg += " <a href='javascript:window.history.back()'>后退</a>
                                                                            \r\n ";
68
69                String show= msg;                            //要输出的提示信息
70                msg = "";
71
72                msg += "<!DOCTYPE html>\r\n";
73                msg += "<html lang=\"zh\">\r\n ";
74                msg += "   <head>\r\n ";
75                msg += "     <title>登录验证 - POST 方式</title>\r\n ";
76                msg += "   </head>\r\n ";
77                msg += "   <body>\r\n ";
78                msg += "     <div style='width:600px; margin:20px auto;
                                         line-height:40px;'>\r\n ";
79                msg += "<h3>    登录验证 - POST 方式</h3>\r\n ";
80                msg += show;                                 //要输出的提示信息
81                msg += "     </div>\r\n ";
82                msg += "   </body>\r\n ";
83                msg += "</html>\r\n ";
84
85                out.println(msg);                            //输出到页面
86                out.flush();                                 //清空缓冲区
87                out.close();                                 //关闭输出
88            }
```

以上代码的第 35 和第 36 行，分别设置从请求获取值时的编码和响应的文件类型、字符编码。如果不设置字符编码，输入和输出内容的中文字符将出现乱码。在创建 Servlet 时，建议将第 35~39 行代码写上，如果第 37~39 行代码在下面的代码中用不上，可将这 3 行代码注释掉。

在第 56~64 行代码中，当输入的用户名为 tom、密码为 123 时，验证通过，创建 session 对象并将用户名 username 保存到此 session 对象中，然后网页跳转到用户功能页 main.jsp。

第 64 行代码的 return 语句是必需的，代表结束执行当前 Servlet 对象。在网页重定向语句之后，通常需要添加 return 语句，不管是在 Servlet 中还是在 JSP 网页中（JSP 网页会被转译成 Servlet 后再编译执行）。

当用户登录失败时，退出循环，执行第 67~87 行代码，将 HTML 页面的 HTML 标签字符串附加到变量 msg，然后通过第 85 行代码发送给浏览器，显示在预览页面上。字符串中的\r\n 表示在输出 HTML 源代码时，进行换行。从以上代码中可以看到，在 Servlet 中输出信息到浏览器中显示的代码比较烦琐，远不如在 JSP 页面中直接写 HTML 标签简便。

以上代码实现的功能：获取输入的用户名和密码，验证输入的内容是否正确；如果输入的内容为空或错误，则退出循环并输出 HTML 标签和错误信息（第 67~87 行代码）；如果输入的内容正确，则创建 session 键值并跳转到网页 main.jsp（第 61~64 行代码）。测试的网页效果如图 6-5、图 6-6 所示。

在图 6-5 所示的测试结果页中，单击鼠标右键，在快捷菜单中选择"查看网页源代码"

命令。可以看到，在页面的源代码中有常见的 HTML 标签，跟普通 HTML 页面一致。

通常情况下，LoginDoPost 类中的 doGet()方法不会被调用，但建议保留它。因为如果通过 URL 直接向 Servlet 发起 Web 请求（即以 GET 方式发起请求），就会调用 doGet()方法。如果保留它，至少能输出一行信息到浏览器。如果 doGet()方法不存在，则会报错。一个比较妥善的办法是在 doGet()方法中添加 doPost()，即 GET 请求也调用 doPost()方法进行处理。

6.4.5 登录验证 Servlet 类 LoginDoGet

6.4.5 登录验证 Servlet 类 LoginDoGet

表单 form 的提交方式属性 method 的值，除了常用的 post，还有默认值 get。它在 Servlet 中对应的是 doGet()方法。

下面将通过登录页 indexGet.jsp 访问登录验证 Servlet 类 LoginDoGet，在 doGet()方法中实现登录验证。

打开登录页 indexGet.jsp，可以看到其代码与 indexPost.jsp 的代码基本相同。其中页面标题和 h3 标题都改成了"登录 - GET 方式"，表单 form 的动作属性 action 的值改成了 LoginDoGet，提交方式属性 method 的值由 post 改成了 get，其他代码相同。

在本项目的 src/main/java/com 包中，新建一个 Servlet 类 LoginDoGet。在创建 Servlet 的操作中，除了类名有改变，其他的步骤与创建 LoginDoPost 类完全一致。

在 LoginDoGet 这个 Servlet 类创建完成之后，由于表单 form 的属性 method 的值是 get，因此登录验证的代码通常写在 doGet()方法中。登录验证的具体代码，可以直接复制 LoginDoPost 类 doPost()方法中的全部代码到 LoginDoGet 类的 doGet()方法中，然后在 doGet()方法内将网页的标题和 h3 标题都更改为"登录验证 - GET 方式"。

通常情况下，LoginDoGet 类中的 doPost()方法不会被调用。

测试登录页 indexGet.jsp，如果登录成功，结果页面如图 6-6 所示。如果登录失败，结果页面将如图 6-12 所示。

图 6-12 登录失败（GET 方式）

在图 6-12 所示测试页面的地址栏中可以看到，由于表单使用的提交方式是 GET，提交表单后输入的用户名和密码在地址栏的 URL 中都会显示出来，这对于提交具有保密性或隐私要求的信息是不妥的。而且如果表单提交的内容很长或提交的信息中包含文件，则会出错。所以，在设置表单 form 的属性 method 的值时，除非有必要，应尽可能使用 post，而不使用 get（如未设置，浏览器默认使用 GET 方式）。

6.4.6 EL 表达式简介

LoginDoPost 和 LoginDoGet 这两个 Servlet 类在登录验证失败时，采用字符串拼凑的形式输出一串 HTML 标签和文字，并将其发送给浏览器，以显示验证失败的相关信息。采用这种方式输出信息时，Servlet 同时承担了业务逻辑处理和视图层的构建工作。

使用 Servlet 作为视图层构建器的 3 个缺点如下。

（1）开发效率低，所有的 HTML 标签都需要使用页面输出流来完成。

（2）不利于团队协作开发，美工人员不便于参与 Servlet 界面的开发。

（3）程序的可维护性差，即使只修改一个按钮的标题，也必须在修改 Java 代码后进行重新编译和发布。

如果采用 MVC 编程模式（详细的 MVC 编程模式内容将在本书第 8 章介绍），应用 JavaBean 处理业务逻辑，应用 EL 表达式在 JSP 页面中显示信息，应用 Servlet 控制请求和响应流程，在实现相同的用户登录验证功能时，会使业务流程更合理、信息输出更便利、后期维护升级更方便、功能也更强大。

EL（Expression Language，表达式语言）是为了使 JSP 代码写起来更加简便的一种代码写法。EL 是一种简单的语言，提供了在 JSP 中简化表达式的方法，目的是尽量减少 JSP 页面中的 Java 代码，使 JSP 页面的代码编写起来更加简洁，便于开发和维护。

EL 表达式以 "${变量名或表达式}" 表示，例如，${ username }代表获取变量 username 的值。对变量的赋值通常在 JavaBean 或 Servlet 中进行，然后通过 request 或 session 传递值。当 EL 表达式中的变量未给定生命周期的范围时，默认先在 page 范围查找，如果没找到则依次在 request、session、application 范围查找。也可以用范围作为前缀，表示该变量属于哪个范围，例如，${ requestScope.username }表示访问 request 范围中的 username 变量，等价于 request.getAttribute ("username").toString()。如果在这 4 个范围内都没找到需要的变量，程序不会报错或者输出 null，会输出空字符串。这其实比较有利于 JSP 页面源代码的编写，可减少 Java 代码中对变量值进行校验的代码。

6.4.7 以 MVC 编程模式实现登录验证

MVC 编程模式，即 Model-View-Controller（模型-视图-控制器）编程模式。这种编程模式用于应用程序的分层开发。JSP 开发中的 MVC 可简单理解成模型（M）对应 JavaBean、视图（V）对应 JSP 页面、控制器（C）对应 Servlet。

下面将用 MVC 编程模式实现登录验证。处理业务逻辑的 JavaBean 类文件是 Check.java，应用 EL 表达式显示信息的是登录页 indexEL.jsp 和用户功能页 mainEL.jsp，控制流程的 Servlet 类文件是 LoginEL.java。

操作 1：创建登录页 indexEL.jsp

将 indexPost.jsp 另存为 indexEL.jsp，将 indexEL.jsp 的页面标题和其中的 h3 标题都更改为"登录 - 应用 EL 表达式"。

修改 indexEL.jsp 的代码，部分代码如下。

6.4.7 以 MVC 编程模式实现登录验证

6.4.7 以 MVC 编程模式实现登录验证 操作 1~操作 2

```
11      <h3>    登录 - 应用 EL 表达式</h3>
12      <form action="LoginEL" method="post">
13          用户名：<input type="text" name="username" value="${ username }">
                                                                     tom
14          <br>
```

```
15            密 码: <input type="password" name="password"
                                       value="${ password }"> 123
16            <br>
17                 
18            <input type="submit" value="提交">
19             <span style="color:red; font-size:small;">${ msg }</span>
```

以上代码的第 12 行将表单 form 的动作属性 action 的值设置为 LoginEL。

第 13 行代码将 input 文本框的默认值属性 value 的值设置为${ username }。这是用 JSP 的 EL 表达式输出 request 对象中的键 username 的值。

第 19 行代码新添<span>标签 <span style="color:red; font-size:small;">${ msg }</span>，用 EL 表达式输出 request 对象中的键 msg 的值。

当 Servlet 类文件 LoginEL.java 和 JavaBean 类文件 Check.java 创建完成之后，测试网页 indexEL.jsp。如果用户名或密码输入错误，测试的网页效果如图 6-7 所示，输入框中会显示上一次输入的值，提交按钮旁会显示错误信息；如果登录成功，将跳转到网页 mainEL.jsp，并显示登录成功的提示信息。

操作 2：创建用户功能页 mainEL.jsp

将 main.jsp 另存为 mainEL.jsp，将 mainEL.jsp 的页面标题和其中的 h3 标题都更改为"用户功能 - 应用 EL 表达式"。

修改 mainEL.jsp 的代码，部分代码如下。

```
17            //String username = (String) session.getAttribute("username");
18        %>
19 <h3>  用户功能 - 应用 EL 表达式</h3>
20 用户【${ username }】${ msg }<!-- 分别从 session 和 request 对象中获取值 -->
```

以上代码的第 17 行被注释掉了；第 20 行中，session 对象中的用户名 username 的值和 request 对象中的消息 msg 的值，都使用 EL 表达式来输出。

操作 3：修改登录验证 JavaBean 类 Check

将素材文件夹中的 Check.java 复制到 com 包中并打开，新添代码，主要代码如下。

6.4.7 以 MVC 编程模式实现登录验证 操作 3

```
6  public class Check {
7
8      public boolean loginCheck(HttpServletRequest request) {
9
10         String msg = "";
11         String username = request.getParameter("username");  //获取
                                                                  输入的值
12         String password = request.getParameter("password");
13         System.out.println(username + "\n" + password); //输出到控制台
14
15         for (int f = 0; f < 1; f++) {    //只执行一次，方便随时退出循环
16             if (username == null || username.trim().equals("")) {
17                 msg = "请输入用户名！";
```

```
18                    username = "";
19                    password = "";
20                    break;
21                }
22                username = username.trim();
23
24                if (password == null || password.equals("")) {
25                    msg = "请输入密码! ";
26                    password = "";
27                    break;
28                }
29
30                if (username.equals("tom") == false ||
                                password.equals("123") == false) {
31                    msg = "用户名或密码错误! 请重新输入。";
32                    break;
33                }
34
35                msg = "登录成功! ";
36                request.setAttribute("msg", msg); //将msg存入request
                                                    对象中, 用于以EL表达式输出
37
38                HttpSession session = request.getSession(); //获取或创建
                                                              session对象
39                session.setAttribute("username", username); //设置键值
40                return true;
41            }
42            //----------当登录失败时执行。信息传递给indexEL.jsp, 并通过EL表达式
                                                                      输出显示
43
44            request.setAttribute("msg", msg); //将msg存入request对象中,
                                                  用于以EL表达式输出
45            request.setAttribute("username", username);  //将用户名传递
                                                             给页面显示
46            request.setAttribute("password", password);
47            return false;
48        }
49    }
```

以上代码的第 8 行定义了 public 类型的方法 loginCheck(), 将在 Servlet 类 LoginEL 中调用它, 用于验证登录是否成功。注意, loginCheck() 的参数是请求对象 request。此 request 对象一方面用于获取其 username 和 password 的键值（第 11~12 行代码）, 另一方面用于将消息 msg（第 36、44 行代码）和用户名、密码（第 45、46 行代码）传递给 JSP 页面, 并用 EL 表达式输出。

6.4.7 以 MVC 编程模式实现 登录验证 操作4

操作 4: 创建控制器 Servlet 类 LoginEL

在 com 包中创建 Servlet 类 LoginEL, 修改代码, 主要代码如下。

```
10    @WebServlet("/LoginEL")          //访问本 Servlet 的 URL 映射名(访问地址或虚拟路径)
11    public class LoginEL extends HttpServlet {
12        private static final long serialVersionUID = 1L;
13
14        protected void doGet(HttpServletRequest request,
      HttpServletResponse response) throws ServletException, IOException {
15            response.sendRedirect("index.jsp");          //网页转向
16        }
17
18        protected void doPost(HttpServletRequest request,
      HttpServletResponse response) throws ServletException, IOException {
19
20            request.setCharacterEncoding("UTF-8");//设置从请求获取值时的编码
21            response.setContentType("text/html;charset=UTF-8"); //设置响应
22                                                                的文件类型和字符编码
23            Check check = new Check();                //创建 JavaBean 对象
24            boolean result = check.loginCheck(request);     //检查输入的
25                                                            内容是否正确
26            if (result == false) {                    //如果登录失败
27                request.getRequestDispatcher("indexEL.jsp").forward
                        (request, response);          //转发网页（登录失败时）
28                return;
29            }
30
31            request.getRequestDispatcher("mainEL.jsp").forward(request,
                        response);              //转发网页（登录成功时）
32            return;
33        }
34    }
```

以上代码的第 23~24 行创建了一个 Check 对象 check，调用对象的 loginCheck()方法并传递 request 对象，进行登录验证，返回的表示登录是否成功的布尔值会赋给变量 result。

第 27 行和第 31 行代码设置根据 result 的值跳转到页面 indexEL.jsp 或 mainEL.jsp。

预览页面 indexEL.jsp 测试登录，登录失败或成功，会在页面中显示相应的消息。登录失败时的网页效果如图 6-7 所示。

通过 Check.java、indexEL.jsp、mainEL.jsp 和 LoginEL.java，我们使用 MVC 模式完成了用户登录的开发，MVC 各层之间通过 request 对象和 session 对象获取和传递数据。业务逻辑类、网页、控制器类各司其职，增强了代码的层次感，也方便今后维护与升级程序。

6.4.8 注销登录 Servlet 类 Logout

6.4.8 注销登录 Servlet 类 Logout

在 com 包中新建 Servlet 类 Logout，修改代码，主要代码如下。

```
9    import javax.servlet.http.HttpSession;
10
11   @WebServlet("/Logout")                            //访问本 Servlet 的虚拟路径
```

```java
12  public class Logout extends HttpServlet {
13      private static final long serialVersionUID = 1L;
14
15      protected void doGet(HttpServletRequest request,
    HttpServletResponse response) throws ServletException, IOException {
16
17          HttpSession session = request.getSession(); //获取或创建
                                                         session对象
18          session.removeAttribute("username"); //删除相应的键值
19
20          String msg = "成功注销登录! ";
21          request.setAttribute("msg", msg);     //用于在登录页显示消息
22
23          request.getRequestDispatcher("indexEL.jsp").
                            forward(request, response);       //转发
24      }
25
26      protected void doPost(HttpServletRequest request,
    HttpServletResponse response) throws ServletException, IOException {
27          doGet(request, response);
28      }
29  }
```

以上代码实现了在获取或创建 session 对象之后，删除 session 对象中键名为 username 的值，然后进行网页转向。

在登录成功之后的页面中，单击"注销登录"链接，可实现注销登录，以转发的形式跳转到网页 indexEL.jsp，并在页面显示成功注销登录的消息。

6.4.9　练习案例 ch6.4ex_calculate（加法口算）——应用 Servlet

参考上述案例，应用 Servlet 技术和 EL 表达式，完成本练习案例中应用 Servlet 的功能，页面的测试效果如图 6-13～图 6-17 所示，项目文件列表如图 6-18 所示。本练习案例的要求如下。

（1）创建 Web 项目 ch6.4ex_calculate，将素材文件分别复制到 src/main/webapp 文件夹和 src/main/java/com 包中。

（2）本项目包括两个页面和一个 Servlet 类文件，即链接列表页 index.jsp、加法口算页 calculateByServlet.jsp 和 Servlet 类文件 CalculateByServlet.java。图 6-18 所示的项目文件列表中的其他 JSP 文件和 JAVA 文件，在学完 6.5 节和 6.6 节的案例之后再完成。

（3）Servlet 类 CalculateByServlet 负责随机生成两个 0～50 内的整数并将其分别保存到 session 对象中，在提交口算结果后判断输入的计算结果是否正确。如果 session 对象中尚未保存随机整数，或获取的输入控件的值为空对象 null（即未提交表单），或口算结果正确，则重新生成两个随机整数。最后，CalculateByServlet 都将消息转发到页面 calculateByServlet.jsp。

（4）注意：从 session 对象中获取了随机整数后，应强制将其转换为 Integer 类型。同理，获取了输入的口算结果后，也应将其转换为 Integer 类型（提示：可使用 try-catch 语句，Integer.parseInt(answer)）。

（5）Servlet 类 CalculateByServlet 中已新建方法 randomNumberToSession()，负责重新随机生成两个整数 number1 和 number2，并将其分别保存到 session 对象中。

（6）在加法口算页 calculateByServlet.jsp 中，应用 EL 表达式显示 session 对象中的两个随机整数 number1、number2 以及由 Servlet 类 CalculateByServlet 保存在 request 对象中的结果消息 msg。

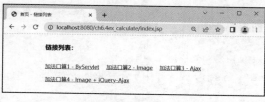

图 6-13　首页

图 6-14　初始页面

图 6-15　输入错误

图 6-16　计算错误

图 6-17　计算正确

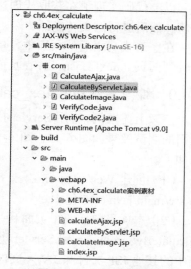

图 6-18　项目文件列表

6.5　案例 ch6.5_verifyCode（验证码图片）

6.5　案例 ch6.5_verifyCode（验证码图片）

本案例在案例 ch6.4_loginByServlet（用户登录）的基础上，在用户登录页中增加了由 Servlet 生成的验证码图片，单击验证码图片或单击"刷新"链接能更换验证码图片。在两个登录页面中，验证码分别采用 4 位纯数字和 4 位包含数字和字母的形式呈现。页面的测试效果如图 6-19～图 6-21 所示，项目文件列表如图 6-22 所示。

第 6 章　Servlet 应用

图 6-19　登录页

图 6-20　登录时未输入验证码

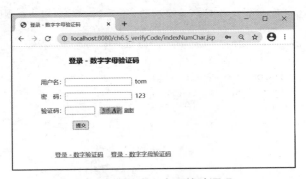

图 6-21　含数字和字母的验证码

图 6-22　项目文件列表

6.5.1　生成数字验证码图片的类 VerifyCode

创建 Web 项目 ch6.5_verifyCode，在项目的 src/main/java 包中，创建名为 com 的包，将素材文件中的 JAVA 文件复制到 com 包中，将 JSP 文件复制到 webapp 目录。

6.5.1　生成数字验证码图片的类 VerifyCode

打开 Servlet 类文件 VerifyCode.java，分析和修改代码，主要代码如下。

```
19   @WebServlet("/VerifyCode")
20   public class VerifyCode extends HttpServlet {
21       private static final long serialVersionUID = 1L;
22
23       protected void doGet(HttpServletRequest request,
     HttpServletResponse response) throws ServletException, IOException {
24
25           response.setContentType("image/gif");           //返回图片文件
26           response.setHeader("Pragma", "No-cache");
27           response.setHeader("Cache-Control", "no-cache");
28           response.setDateHeader("Expires", 0);
29
30           ServletOutputStream out = response.getOutputStream(); //输出流
```

117

```
31
32              Font mFont = new Font("Times New Roman", Font.PLAIN, 18);
                                                                            //设置文字的样式
33              int width = 60, height = 20;                        //设置图片大小
34
35              BufferedImage image = new BufferedImage(width, height,
36                      BufferedImage.TYPE_INT_RGB);                //图像缓冲对象
37              Graphics gra = image.getGraphics();
38
39              Random random = new Random();                       //创建随机对象
40
41              gra.setColor(getRandColor(200, 250));               //设置背景色
42              gra.fillRect(0, 0, width, height);                  //填充长方形
43              gra.setColor(Color.black);                          //设置文字的颜色
44              gra.setFont(mFont);
45              gra.setColor(getRandColor(160, 200));               //设置线条颜色
46
47              for (int i = 0; i < 100; i++) {    //随机产生100条干扰线
48                  int x = random.nextInt(width);
49                  int y = random.nextInt(height);
50                  int x1 = random.nextInt(12);
51                  int y1 = random.nextInt(12);
52                  gra.drawLine(x, y, x + x1, y + y1);     //画线
53              }
54
55              String code = "";                                   //验证码
56
57              for (int i = 0; i < 4; i++) {          //随机产生4位数字的验证码
58                  String rand = String.valueOf(random.nextInt(10));
                                                                    //0~9的随机数字
59                  code += rand;
60
61                  gra.setColor(new Color(20 + random.nextInt(110),
62                          20 + random.nextInt(110), 20 +
                                    random.nextInt(110)));  //设置颜色
63                  gra.drawString(rand, 13 * i + 6, 16);   //将验证码合成到图片中
64              }
65
66              gra.setColor(getRandColor(160, 200));               //设置线条颜色
67
68              for (int i = 0; i < 20; i++) {         //再随机产生20条干扰线,
                                                        使图片中的验证码不易被其他程序探测到
69                  int x = random.nextInt(width);
70                  int y = random.nextInt(height);
71                  int x1 = random.nextInt(12);
72                  int y1 = random.nextInt(12);
73                  gra.drawLine(x, y, x + x1, y + y1);     //画线
74              }
75
```

```
76                HttpSession session = request.getSession(true); //其作用等同于
                                                          request.getSession();
77                session.setAttribute("code", code); //验证码保存到 session 对象中
78                session.setMaxInactiveInterval(20);//设置多少秒后 session 对象
                                                                         过期
79
80                ImageIO.write(image, "gif", out); //将图片缓冲对象写入图片实体
81                out.close();
82            }
83
84        static Color getRandColor(int fc, int bc) { //在给定范围内随机获取颜色
85            Random random = new Random();
86            if (fc > 255)
87                    fc = 255;
88            if (bc > 255)
89                    bc = 255;
90            int r = fc + random.nextInt(bc - fc);
91            int g = fc + random.nextInt(bc - fc);
92            int b = fc + random.nextInt(bc - fc);
93            return new Color(r, g, b);
94        }
95
96        protected void doPost(HttpServletRequest request,
    HttpServletResponse response) throws ServletException, IOException {
97                doGet(request, response);
98        }
99    }
```

此 Servlet 能自动随机生成包含 4 位数字的验证码图片，以上代码的第 76～78 行将 4 位验证码保存到 session 对象中，且设置 session 对象的有效时长为 20 秒。

可根据需要自行修改代码，如更改图片的大小、更改数字的字体和颜色范围、更改干扰线条的数量和颜色等。

运行并测试此 Servlet，在页面中将能看到包含 4 个数字的验证码图片，如图 6-23 所示。

图 6-23 验证码图片

可尝试将 VerifyCode.java 另存为 VerifyCode2.java，然后更改其中的文字内容、干扰线条数量、图片大小等，然后再测试、查看输出的验证码图片效果。

6.5.2 登录页 indexEL.jsp

打开登录页文件 indexEL.jsp，在第 17 行插入如下代码。

6.5.2 登录页 indexEL.jsp

```
17    验证码：<input type="text" name="code" maxlength="4"
                                    style="width:80px;"> 
18    <img src="VerifyCode" id="imgCode" style="vertical-align:middle;">
19    <br>
```

第 17 行的代码用于增加一个文本框，该文本框用于输入验证码。第 18 行的代码用于新添一张图片，图片的来源 src 是生成图片的名为 VerifyCode 的 Servlet。为使图片与文字、文本框上下居中对齐，使用了 CSS 样式 "vertical-align:middle;"。

indexEL.jsp 的测试效果如图 6-24 所示。

图 6-24 有验证码的登录页

6.5.3 登录验证 JavaBean 类 Check

将 JavaBean 类文件 Check.java 打开，修改其中第 35 行之后的代码，代码如下。

```
35    //---------------判断输入的验证码是否正确
36    String code = request.getParameter("code"); //获取输入的验证码
37
38    if (code == null || code.trim().length() != 4) {
39        msg = "请输入 4 位验证码！";
40        break;
41    }
42
43    HttpSession session = request.getSession(); //获取或创建 session 对象
44
45    if (session.getAttribute("code") == null) { //session 对象中保存的验证码
46        msg = "验证码已过期。请重新输入。";
47        break;
48    }
49
50    String codeOfSession = session.getAttribute("code").toString();
```

```
51      session.removeAttribute("code");           //移除 session 对象，让旧验证码失效
52
53      if (codeOfSession.toLowerCase().equals(code.toLowerCase()) == false) {
54          msg = "请输入正确的验证码！";    //将验证码转换为小写字母后再进行比对。输入
                                                                                  验证码时不区分大小写
55          break;
56      }
57
58      msg = "登录成功！";
59      request.setAttribute("msg", msg);          //将 msg 存入 request 对象中，用于
                                                                                  以 EL 表达式输出
60
61      //HttpSession session = request.getSession();  //获取或创建 session 对象
62      session.setAttribute("username", username);   //设置键值
63      session.setMaxInactiveInterval(20 * 60);      //设置 session 对象的有效
                                                                             时长为 20 分钟
64      return true;
```

以上代码用于获取输入的验证码，并与 session 对象中保存的验证码进行比对。

生成验证码的 Servlet 类 VerifyCode 的第 78 行代码设置了 session 对象的有效时长是 20 秒。在登录验证通过时，需要将 session 对象的有效时长延长，Check.java 的第 63 行代码将 session 对象的有效时长设置为 20 分钟。

至此，在登录页 indexEL.jsp 中输入用户名、密码和验证码并提交，如果都正确，登录成功后将转向到用户功能页 mainEL.jsp。

6.5.4 在登录页 indexEL.jsp 中实现验证码刷新功能

在登录页 indexEL.jsp 代码的最后一行，即在标签<html>之前，添加如下代码，以创建一个页面装载事件 onload，声明一个刷新验证码的 JavaScript 方法 changeCode()。

6.5.4 在登录页 indexEL.jsp 中实现验证码刷新功能

```
29      </body>
30      <script type="text/javascript">
31
32          window.onload = changeCode();  //网页装载（打开、刷新、前进、后退）时执行
33
34          function changeCode() {        //刷新验证码图片
35              var t = (new Date()).getTime();  //将当前时间转换为从 1970 年
                                                                         1 月 1 日至今的毫秒数
36              document.getElementById("imgCode").src = "VerifyCode?t=" + t;
                                                                         //添加时间参数是为了能刷新图片
37              document.getElementsByName("code")[0].value = "";  //清空
                                                                                 文本框
38              document.getElementsByName("code")[0].focus();     //获得焦点，
                                                                            将光标定位在文本框中
39          }
40      </script>
41      </html>
```

在实际应用中，验证码图片本身是一个链接，验证码图片右边通常有一个"刷新"链

接，单击这两个链接，都能刷新验证码图片。

将验证码图片所在的第 18 行代码更改为如下代码，增添链接和 onclick 事件。

```
17  验证码：<input type="text" name="code" maxlength="4"
                                         style="width:80px;"> 
18  <a href="#" onclick="changeCode();"><img id="imgCode"
                                style="vertical-align:middle;"></a>
19  <a href="#" onclick="changeCode();" style="font-size:small;">刷新</a>
20  <br>
```

在两个链接中都增加了 onclick 事件，单击时将调用 JavaScript 方法 changeCode()，以刷新验证码。

注意，在以上代码中，已经将 <img> 标签中的 src 属性删除了。如果不删除它，每次刷新页面，验证码图片会生成两次，一次由 src 属性生成，另一次由 window.onload 调用 changeCode() 生成。

测试登录页 indexEL.jsp，刷新页面、对页面进行后退或前进操作、单击"刷新"链接，验证码图片都会更新。

6.5.5 生成数字和字母验证码的类 VerifyCodeNumChar

6.5.5 生成数字和字母验证码的类 VerifyCodeNumChar

Servlet 类 VerifyCode 生成的是 4 位随机数字，如果想要随机生成数字加字母的 4 位字符图片，应如何实现呢？

其实不难，只需更改 Servlet 类 VerifyCode 第 58 行的生成随机数字的代码即可。

将类 VerifyCode 另存为 VerifyCodeNumChar，然后将第 19 行的映射路径和第 20 行的类名 VerifyCode 相应地都更改为 VerifyCodeNumChar，接着将第 58 行代码注释掉，最后添加以下第 59~62 行代码。

```
58  //String rand = String.valueOf(random.nextInt(10));    //0~9 的随机数字
59  String[] str = {"2", "3", "4", "5", "6", "7", "8", "9", "A", "B", "C",
    "D", "E", "F", "G", "H", "J", "K", "L", "M", "N", "P", "Q", "R", "S",
    "T", "U", "V", "W", "X", "Y", "Z"};
60  int index = random.nextInt(str.length);       //生成随机数：0≤index < 数组
                                                                   元素的个数
61  String rand = str[index];    //数组中的元素。无易混淆的字符 0、O、1、I
62      code += rand;             //从数组中随机抽取一个元素（数字或字母）
```

第 59 行代码创建了一个字符数组，其中包含供选择的数字和字母。第 60 行代码实现了生成一个能作为数组下标的随机数。第 62 行代码实现了从数组中根据随机下标选出这个数字或字母。

6.5.6 登录页 indexNumChar.jsp

6.5.6 登录页 indexNumChar.jsp

为了应用生成数字和字母验证码的 Servlet 类 VerifyCodeNumChar，首先将网页 indexEL.jsp 另存为 indexNumChar.jsp。将 indexNumChar.jsp 的页面标题和其中的 h3 标题都更改为"登录 - 数字字母验证码"。

将第 12 行代码中 action 的值 LoginEL 更改为 LoginNumChar（LoginNumChar.java 在素材文件夹中已提供）。

第 6 章　Servlet 应用

将页面代码中的 VerifyCode 替换为 VerifyCodeNumChar。具体来说，就是将 changeCode() 中的 VerifyCode 替换为 VerifyCodeNumChar。

重新测试页面，登录页 indexNumChar.jsp 将显示数字和字母组合的验证码，如图 6-21 所示。

注意，此时输入验证码中的字符，无须区分字母的大小写，是因为 Check.java 的第 53 行代码 if(numberRandSession.toLowerCase().equals(numberRand.toLowerCase())==false) 已将输入的字符和 session 对象中的字符都转换为小写字母，然后进行比对，判断二者是否一致。

6.5.7　练习案例 ch6.4ex_calculate（加法口算）——应用数字图片

参考案例 ch6.5_verifyCode（验证码图片），应用 Servlet 技术和 EL 表达式，完成本练习案例中应用数字图片的功能，页面的测试效果如图 6-25～图 6-27 所示。本练习案例的要求如下。

（1）本练习案例的项目包括 1 个页面和 3 个 Servlet 类文件，即加法口算页 calculateImage.jsp 和 Servlet 类文件 CalculateImage.java、VerifyCode.java、VerifyCode2.java。

（2）Servlet 类 VerifyCode 和 VerifyCode2 用于随机生成 0～50 内的整数，并将其分别保存到 session 对象中，生成对应的数字图片，以在页面中显示。注意，图片宽度要改小一点，只生成一个 0～50 内的整数。请将 VerifyCode.java 另存为 VerifyCode2.java，并做适当修改。

（3）Servlet 类 CalculateImage 负责在提交口算结果后判断计算结果是否正确。最后，无论计算结果是否正确，都将消息转发到页面 calculateImage.jsp。CalculateImage.java 的代码可参考已经完成的 CalculateByServlet.java。因为 VerifyCode 类已生成随机整数，所以 CalculateImage 类中不需要生成随机整数的 randomNumberToSession() 函数。每次刷新页面或提交页面，随机数图片都会自动更换。

（4）在加法口算页 calculateImage.jsp 中，应用<img>标签显示由 VerifyCode 和 VerifyCode2 生成的数字图片，应用 EL 表达式显示由 Servlet 类 CalculateImage 保存在 request 对象中的消息 msg。

图 6-25　初始页面

图 6-26　计算错误

图 6-27　计算正确

6.6 案例 AJAX 技术的应用

6.6 案例 ch6.6_Ajax（AJAX 技术的应用）

本案例应用 AJAX 技术，在电脑版页面中实现用户登录验证，在应用 jQuery Mobile 组件的移动版页面中实现用户登录验证。页面的测试效果如图 6-28～图 6-30 所示，项目文件列表如图 6-31 所示。

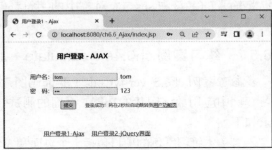

图 6-28 登录失败　　　　　　　图 6-29 登录成功（1）

图 6-30 登录成功（2）

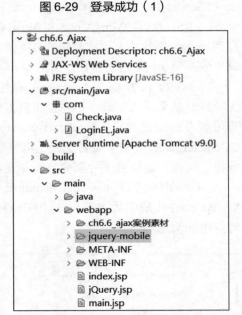

图 6-31 项目文件列表

6.6.1 AJAX 简介

6.6.1 AJAX 简介

AJAX 是 Asynchronous JavaScript and XML 的缩写，意为异步 JavaScript 和 XML 技术，常称为异步刷新。AJAX 是一种创建交互式、快速动态网页应用的网页开发技术，能够在无须重新加载整个网页的情况下，更新网页的部分内容。而传统的网页（不使用 AJAX 技术或内联框架技术），如果需要更新内容，必须重新加载整个网页。

AJAX 的工作流程如图 6-32 所示。网页中的 JavaScript 脚本向服务器发起请求，服务器接收请求后由相应程序生成结果信息,再反馈给网页,由网页中的 JavaScript 脚本更新网页指定区域中的内容。

应用 AJAX 技术,浏览器在后台通过与服务器进行少量数据交换,就可以异步更新页面指定区域中的内容,这有助于减少网页的更新时间,提升用户的体验。

AJAX 不是新的编程语言,而是一种使用现有标准的新方法。AJAX 不需要任何浏览器插件,但需要浏览器允许执行 JavaScript。

XMLHttpRequest 对象是 AJAX 的基础,用于在后台与服务器交换数据。目前所有主流的浏览器均支持 XMLHttpRequest 对象。

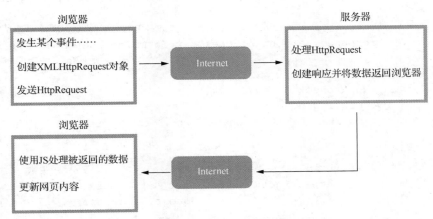

图 6-32 AJAX 的工作流程

在 JSP 页面中应用 AJAX 技术,通常依赖于服务器端的 Servlet,由 Servlet 接收请求,进行业务处理,生成响应信息并返回给页面。

6.6.2 应用 AJAX 技术实现用户登录

本案例应用 AJAX 技术实现用户登录。案例中的网页 index.jsp 及相关的 main.jsp、Check.java、LoginEL.java 都来自于案例 ch6.4_loginByServlet(用户登录),登录页 index.jsp 与 ch6.4_loginByServlet 中的 indexEL.jsp 非常类似。

6.6.2 应用 AJAX 技术实现用户登录 操作 1~操作 3

操作 1: 创建 Web 项目 ch6.6_Ajax

创建 Web 项目 ch6.6_Ajax,然后在 src/main/java 包中创建 com 包。将素材文件夹中的 JAVA 文件复制到 com 包中,将 JSP 文件和 jquery-mobile 文件夹复制到 src/main/webapp 文件夹中。

操作 2: 修改登录验证类 Check

打开 Check.java,修改代码,主要代码如下。在文字"登录成功!"之后添加网页将自动跳转的提示文字和链接。

```
35    msg = "登录成功!将在 2 秒后自动跳转到<a href='main.jsp'>用户功能页</a>";
```

操作 3: 修改登录控制器 LoginEL

打开 LoginEL.java,修改代码,主要代码如下。

```
12      @WebServlet("/LoginEL")           //访问本Servlet的URL映射名(访问地址或虚拟路径)
13      public class LoginEL extends HttpServlet {
14          private static final long serialVersionUID = 1L;
15
16          protected void doGet(HttpServletRequest request,
        HttpServletResponse response) throws ServletException, IOException {
17              response.sendRedirect("index.jsp");                //网页转向
18          }
19
20          protected void doPost(HttpServletRequest request,
        HttpServletResponse response) throws ServletException, IOException {
21
22              request.setCharacterEncoding("UTF-8"); //设置从请求获取值时的编码
23              response.setContentType("text/html;charset=UTF-8");  //设置
                                                            响应的文件类型和字符编码
24
25              Check check = new Check();                //创建JavaBean对象
26              check.loginCheck(request);
27              //boolean result = check.loginCheck(request);   //检查输入的内容
                                                                        是否正确
28
29              //if (result == false) {                       //登录失败
30              //    request.getRequestDispatcher("index.jsp").forward
                            (request, response);                //转发网页
31              //    return;
32              //}
33
34              //request.getRequestDispatcher("main.jsp").forward
                    (request, response);       //转发网页(当登录成功时)
35              //return;
36
37              PrintWriter out = response.getWriter();  //获取输出句柄
38              String msg = "";
39
40              msg = request.getAttribute("msg").toString(); //获取request
                                                                    对象中msg的值
41              out.print(msg);                               //输出到页面
42              //----注意：在应用AJAX技术时,不能在控制器Servlet类中跳转(重定向
                                                                    或转发)到其他网页,
43              //需由应用AJAX技术的页面中的JavaScript代码实现页面跳转
44          }
45      }
```

6.6.2 应用
AJAX技术实现
用户登录 操作4

因为不需要在服务器端根据登录验证结果实现页面的转发,所以需要添加第26行代码,注释掉第27～35行代码。

第40～41行代码获取msg的内容(该内容在Check类中通过request对象赋值传递),并将其输出到页面,由AJAX对象显示在页面中。

操作4：修改用户登录页index.jsp

打开网页index.jsp,修改代码,主要代码如下。

```
 9   <body onkeyup="keyup(event)">                    <!--按回车键时提交表单-->
10      <div style="width:600px; margin:20px auto; line-height:40px;">
11           <h3>    用户登录 - AJAX</h3>
12           <!-- <form action="LoginEL" method="post"> -->
                                               <!--在应用 AJAX 技术时无须使用表单-->
13           用户名:<input type="text" name="username"> tom
                                              <!--应用 AJAX 时无须使用 EL 表达式-->
14           <br>
15           密 码:<input type="password" name="password"> 123
16           <br>     
17           <input type="button" value="提交" onclick="login()">
18            
19           <span id="msg" style="color:red; font-size:small;"></span>
20           <br>
21           <br>  
22           <a href="index.jsp">用户登录 1-AJAX</a> 
23           <a href="jQuery.jsp">用户登录 2-jQuery 界面</a>
24           <!-- </form> -->
25      </div>
26   </body>
27 <script type="text/javascript">
28      function login() {                              //用户登录
29          var username = document.getElementsByName('username')[0].value;
                                                   //根据 user name 获取输入的值
30          var password = document.getElementsByName('password')[0].value;
31          username = encodeURIComponent(username);  //通常需进行 URI 编码
32          password = encodeURIComponent(password);
33
34          var url = "LoginEL";    //URL 中的目标程序 (Servlet 的虚拟路径)
35          url += "?username=" + username;     //URL 参数。注意符号?和=
36          url += "&password=" + password;     //注意符号&和=
37
38          var xhr = new XMLHttpRequest();      //创建对象
39          xhr.open("post", url, true);//打开链接,参数: post 方法、网址、异步
40          xhr.send();                          //发送
41
42          xhr.onreadystatechange = function () { //如果预备完毕且状态有改变
43              if (xhr.readyState == 4 && xhr.status == 200) {
                                            //能建立与服务器的连接,且成功接收到信息
44                  setMsg(xhr.responseText);   //输出返回的信息
45              } else {
46                  //setMsg("对象创建失败!");   //当 URL 中的 Servlet
                                                                    运行出错时
47              }
48          };
49      }
50
51      function setMsg(result) {
52          if (result.indexOf("登录成功") >= 0) {
```

```
53                        setTimeout("window.location.href = 'main.jsp'", 2000);
                                                              //网页在 2 秒后自动跳转
54                  }
55
56                  document.getElementById("msg").innerHTML = result; //通过 msg
                                                              显示 result 中的内容
57              }
58
59              function keyup(event){              //执行键盘按键命令
60                  if (event.keyCode == 13) {      //回车键是 13
61                      login();                    //提交输入
62                  }
63              }
64      </script>
65  </html>
```

将以上代码的第 12 行、第 24 行的表单 form 注释掉,AJAX 不需要表单。

第 17 行代码为按钮添加 onclick 事件。

第 29~36 行代码根据控件名获取输入的值,并进行 URI 编码(类似于 URL 编码,尤其是旧版本的浏览器,如果不进行编码,可能不兼容非 ASCII 字符),然后生成 URL。

第 34~48 行的代码是应用原生 JavaScript 实现 AJAX 的典型代码。如果在其他网页中使用 AJAX,可以直接复制这些代码,只需更改 URL 中的 Servlet 名称及参数。

在第 52~54 行代码中,如果 AJAX 接收到的消息中含有"登录成功"的内容,则在 2 秒之后自动跳转到用户功能页 main.jsp。

第 9 行代码为 body 标签添加了键盘事件,第 59~63 行的函数实现了按下回车键后登录,向服务器提交输入的用户名和密码(类似于提交表单)。

浏览 index.jsp,进行用户登录测试,登录失败和成功的效果分别如图 6-28、图 6-29 所示。可以看到,在使用 AJAX 之后,登录验证时,整个页面没有刷新或转向,只是在 ID 为 msg 的标签处显示登录成功或失败的消息。若登录成功,网页将在 2 秒之后自动跳转到用户功能页 main.jsp。在登录成功的 2 秒内,用户也可以点击出现的链接实现跳转。

6.6.3 应用 jQuery 组件中的 AJAX 技术实现用户登录

6.6.3 应用 jQuery 组件中的 AJAX 技术实现用户登录

页面 jQuery.jsp 应用了 jQuery Mobile 组件,使页面外观适配移动端浏览器。网页中还应用了 jQuery 组件,jQuery 提供的 AJAX 技术将会使开发十分便捷。

素材文件夹 jquery-mobile 中有使用 jQuery 和 jQuery Mobile 组件过程中所需的 JavaScript 文件、CSS 文件和图片文件。

有关 jQuery 和 jQuery Mobile 组件的更详细的知识,请参考相关资料。

打开 src/main/webapp 文件夹下的 jQuery.jsp,修改代码,主要代码如下。

```
5   <head>
6       <title>Ajax, jQuery Mobile</title>
7       <script type="text/javascript" src="jquery-mobile/
                                    jquery-1.11.1.min.js"></script>
8       <script type="text/javascript" src="jquery-mobile
```

```
9       <link rel="stylesheet" type ="text/css" href="jquery-mobile/
                                            jquery.mobile-1.3.0.min.css"/>
10      <meta name="viewport" content="width=device-width,
                                            initial-scale=1.0" />
11    </head>
12
13    <body onkeyup="keyup(event)">      <!--按回车键时提交表单-->
14      <div data-role="page" id="page1">
15        <div data-role="header">
16            <h1>AJAX, jQuery Mobile</h1>
17        </div>
18
19        <div class="ui-content" role="main">
20            <div data-role="fieldcontain">
21                <label for="userName">用户名:</label>
22                <input type="text" name="username" value="tom"
                                            maxlength="50" />
23            </div>
24            <div data-role="fieldcontain">
25                <label for="password">密  码:</label>
26                <input type="password" name="password" value="123" />
27            </div>
28            <div data-role="fieldcontain" style="text-align:center;">
29                <input type="submit" value="提交" data-inline="true"
                                            onClick="login();">
30                <br><br>
31                <span id="msg" style="color:red; font-size:small;">
                                            </span>
32                <br><br>
33                <a href="index.jsp" data-ajax="false">用户登录</a>
                             <!-- 应加上 data-ajax="false" -->
34                <a href="jQuery.jsp" data-ajax="false">jQuery 界面</a>
35            </div>
36        </div>
37
38      <div data-role="footer">
39          <h4>版权保护</h4>
40        </div>
41    </div>
42    </body>
43    <script type="text/javascript">
44        function login() {
45            var username = $("[name='username']").val(); //根据控件的属性
                                            name 的值获取输入的值
46            var password = $("[name='password']").val();
47
48            var url = "LoginEL";
49            var arg = { "username" : username, "password" : password };
```

```
                                            //JSON 格式数据: {key:value, k2:v2}
50
51              $.post(url, arg, function(data) {
52                  $("#msg").html(data);                      //显示内容
53                  if (data.indexOf("登录成功") >= 0) {
54                      setTimeout("window.location.href='main.jsp'",2000);
                                                               //网页在 2 秒后自动跳转
55                  }
56              });
57          }
58
59          function keyup(event){                //执行键盘按键命令
60              if (event.keyCode == 13) {        //回车键是 13
61                  login();                      //提交输入
62              }
63          }
64      </script>
65  </html>
```

以上代码的第 7~9 行引入 jQuery 和 jQuery Mobile 组件。

第 10 行代码声明视口 viewport。声明视口之后，在移动端浏览网页时，网页中的内容将根据屏幕分辨率的不同而相应地自动调整文字的大小。

第 14~41 行代码声明 jQuery Mobile 类型的移动端网页，它由页头 header、页面主体 main 和页脚 footer 这 3 部分组成。

第 49~56 行的代码是应用 jQuery 组件中 AJAX 技术的典型代码，参数列表采用 JSON 格式的键值对。如果要在其他的页面使用这些代码，通常只需要更改网址和参数列表的值。

测试网页 jQuery.jsp，进行登录验证，测试效果如图 6-30 所示。

由代码和测试结果可知，应用 jQuery 组件中的 AJAX 技术，相较于应用原生 JavaScript 中的 AJAX 技术，代码更简洁和整齐，兼容性也更好。也可以看到，这种应用 jQuery Mobile 组件的移动端网页比较美观，jQuery Mobile 组件针对移动端做了很多的美化工作。

6.6.4 练习案例 ch6.4ex_calculate（加法口算）——应用 AJAX

参考案例 ch6.6_Ajax（AJAX 技术的应用），应用 AJAX 技术和 Servlet 技术，完成本练习案例中应用 AJAX 的 2 组口算页面，页面的测试效果如图 6-33~图 6-38 所示。本练习案例的要求如下。

（1）本案例的项目包括 2 组口算功能，每组功能含 1 个页面和 1 个共同的 Servlet 类文件，即加法口算页 calculateAjax.jsp、calculateImage_jQueryAjax.jsp 和共同的 Servlet 类文件 CalculateAjax.java。代码可参考 calculateByServlet.jsp 和 CalculateByServlet.java。

（2）Servlet 类 CalculateAjax 负责随机生成两个 0~50 内的整数并保存到 session 对象中，在提交口算结果后判断计算结果是否正确。如果 session 对象中尚未保存随机整数、未提交结果，则重新生成两个随机整数。最后，CalculateAjax 将消息输出，消息被 calculateAjax.jsp 中的 AJAX 对象获取后在页面中显示。在 CalculateAjax 中新建方法 randomNumberToSession()，负责重新生成两个随机整数 number1、number2 并将其保存到 session 对象中。

（3）在加法口算页 calculateAjax.jsp 中，应用 EL 表达式显示 session 对象中的两个随机整数。输入答案并单击"提交"按钮后,应用原生 JavaScript 中的 AJAX 技术在标签中显示由 CalculateAjax 输出的消息。如果是刚启动浏览器,第一次直接打开网页 calculateAjax.jsp,那么随机数字将不显示。此时如果返回到首页 index.jsp,然后单击第 3 个链接跳转到 calculateAjax.jsp,就会显示随机数字了。

(4)在显示消息时,如果消息中包含"恭喜"两个字,则在 2 秒之后跳转到 CalculateAjax,显示新的随机整数。

(5)读者可以尝试实现在每次显示消息时都将文本框清空,并让文本框获得输入焦点。

(6)读者可以尝试使用 jQuery 组件中的 AJAX 技术在页面 CalculateAjax.jsp 实现加法口算。

(7)读者可以尝试使用 jQuery 组件中的 AJAX 技术,结合验证码图片技术,在页面 calculateImage_jQueryAjax.jsp 中实现加法口算,如图 6-36~图 6-38 所示。

图 6-33　初始页面 1

图 6-34　计算错误 1

图 6-35　计算正确 1

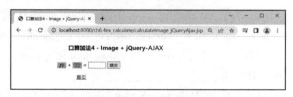

图 6-36　初始页面 2

图 6-37　计算错误 2

图 6-38　计算正确 2

6.7　小结与练习

1. 本章小结

本章介绍了 Servlet 的基本结构、响应流程和编写步骤。在 Servlet 类中,通常需重点关注 HttpServletRequest 接口和 HttpServletResponse 接口的使用方法。JSP 网页可以看作 Servlet 的网页版,Servlet 能在后台完成多种类型的任务,如生成图片并将其输出到客户端等。

本章还通过 ch6.4_inByServlet(用户登录)案例介绍了 Servlet 的基本使用方法,通过 ch6.5_verifyCode(验证码图片)案例介绍了验证码图片的生成、显示和刷新方法,通过 ch6.6_Ajax(AJAX 技术的应用)案例介绍了使用 Servlet 和 AJAX 技术实现页面部分内容异步刷新的方法。

2. 填空题

（1）Servlet 类中常用的两个 doXxx()方法是_____和_____，其两个参数分别默认是 HttpServletRequest_____和 HttpServletResponse_____。

（2）其他程序要访问 Servlet 类，需通过引用 Servlet 的虚拟路径来访问。名为 Login 的 Servlet 类为其声明虚拟路径的语句是_____。

（3）在 Servlet 的 doXxx()方法内，有 4 条常用语句用于设置从请求获取值时的编码、设置响应的文本字类型和编码、获取输出句柄和设置消息变量。这 4 条语句分别是_____、_____、_____和_____。

（4）MVC 编程模式，即 Model-View-Controller（其中文是_____-_____-_____）编程模式，用于应用程序的分层开发。在一般的 JSP 开发中，Model 对应于_____，View 对应于_____，Controller 对应于_____。

（5）采用 MVC 编程模式开发的 JSP 页面，通常用 EL 表达式语句显示_____对象或_____对象中的属性值，而这些属性通常在_____类或_____类中进行赋值。

（6）EL 表达式将相关对象中属性 username 的值输出的语句是_____。

（7）在 JavaScript 语句中设置验证码图片的属性 src 的代码是 document.getElementById("imgCode").src = "VerifyCode?t=" + t，添加时间参数是为了_____。

（8）AJAX 是 Asynchronous JavaScript and XML 的缩写，意为异步 JavaScript 和 XML 技术，常称为_____。

（9）应用原生 JavaScript 中的 AJAX 技术创建请求对象的语句是 var xhr = _____。

（10）应用 jQuery 组件中的 AJAX 技术创建 POST 请求对象的方法是_____。

第 7 章 JSP 数据库编程

【学习要点】

（1）在 MySQL Workbench 中创建数据库、数据表和手动录入数据，导入、导出数据。
（2）用 JDBC 连接 MySQL 数据库，创建对数据进行增、删、改、查的方法。
（3）用 JSP 数据库编程技术开发学生管理系统，对学生记录进行增、删、改、查操作。

动态网站通常会将数据存储到数据库中，在 JSP 开发中，实现对数据库中数据的增、删、改、查操作是非常重要的。

7.1　JDBC 简介

在主流的 JSP Web 应用系统中，通常使用 JDBC 组件连接不同类型的数据库，以实现数据的增、删、改、查功能。

JDBC，即 Java 数据库连接（Java Database Connectivity），是 Java 中用来规范程序如何访问数据库的应用程序接口，提供了如查询和更新数据库中数据等方法。在 JDBC 中，查询数据用 executeQuery(sql) 方法；增加、修改和删除数据都是更新操作，调用的是同一个方法 executeUpdate(sql)。

7.1　JDBC 简介

JDBC 的类库包含在 JDBC 驱动程序包中，JDBC 驱动程序包在 MySQL 官方网站中称为 Connector/J，读者可前往 MySQL 官网下载。在学习本书 1.3.4 小节安装 MySQL 时，安装程序会在 C:\Program Files (x86)\MySQL\ConnectorJ 8.0 文件夹中放置与 MySQL 版本对应的 JDBC 驱动程序包 mysql-connector-java-8.0.26.jar。

JDBC API 主要位于 JDK 的 java.sql 包中（扩展的内容位于 javax.sql 包中），其主要包含的类如下所示。

（1）Driver（驱动程序）：将自身加载到 DriverManager（驱动管理器）中，处理请求并返回 Connection（数据库连接）。

（2）Connection：负责与数据库进行通信，SQL 语句的执行及事务处理都是在某个特定 Connection 环境中进行的。Connection 可以生成 Statement（SQL 执行接口）。

（3）Statement：用于执行 SQL 查询或更新。执行 executeQuery(sql) 可返回查询得到的 ResultSet（结果集）。执行 executeUpdate(sql) 能更新数据库中的数据，包括插入、修改和删除数据，并返回数据更新的行数。预编译（预处理）的 SQL 执行接口 PrepareStatement 的功能与 SQL 执行接口 Statement 的功能类似，不过使用 PrepareStatement 的情况更常见。

（4）ResultSet：执行 SQL 查询得到的数据的集合。

通过 JDBC 执行数据库操作的五大步骤如下。
（1）加载驱动程序。
（2）建立数据库连接。
（3）执行 SQL 语句。
（4）处理结果集（只在查询数据时有此步骤）。
（5）关闭数据库连接。

有关 JDBC 在 JSP 开发中如何具体实现数据的增、删、改、查操作，将在本章 7.2 节的案例中详细介绍。

7.2 案例 ch7.2_student（学生管理系统）

7.2 案例 ch7.2_student（学生管理系统）

本案例的学生管理系统是典型的简单 Web 应用系统，应用 JSP 进行编程，采用 JDBC 连接方式，对 MySQL 数据库进行数据的增、删、改、查操作。

7.2.1 工作流程图

学生管理系统的主要功能有用户注册、用户登录、数据查询、学生分页、学生管理、班级管理、用户管理等，其工作流程图如图 7-1 所示。项目文件列表如图 7-2 所示。

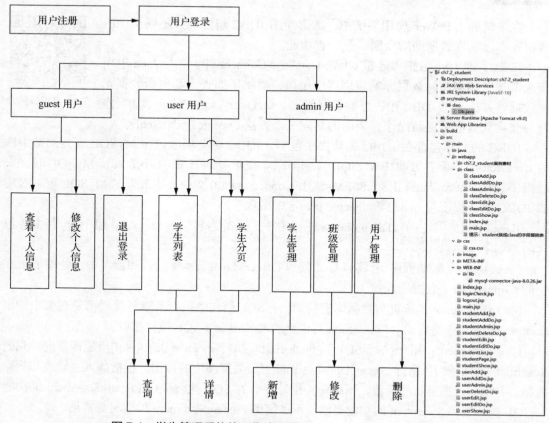

图 7-1 学生管理系统的工作流程图　　图 7-2 项目文件列表

第 7 章　JSP 数据库编程

管理员角色 admin 具有全部管理功能，普通用户角色 user 只能查看学生列表和学生分页。所有用户在登录之后都能查看和修改自己的个人信息。

用户登录部分（index.jsp、loginCheck.jsp、main.jsp 和 logout.jsp）和学生管理部分的页面（以 student 开头的页面），将在本章 7.2.5～7.2.20 小节进行创建。班级管理、用户管理部分的页面（class 文件夹中的，以及以 user 开头的页面）请读者仿照学生管理部分的对应页面自行创建和测试。

7.2.2　创建数据库 db_student

学生管理系统采用的数据库是 MySQL 数据库，连接数据库的客户端工具是 MySQL Workbench。在本案例中，数据库、数据表的创建以手动方式完成。

7.2.2　创建数据库 db_student 操作 1

操作 1：创建数据库 db_student

在 MySQL Workbench 工作界面左边的 SCHEMAS 区域中单击鼠标右键，在快捷菜单中选择"Create Schema"（创建数据库）命令。在工作台打开"new_schema - Schema"选项卡，在选项卡的 Name（数据库名称）文本框中输入数据库名称"db_student"。单击选项卡下方的"Apply"（应用）按钮，弹出"Review SQL Script"（查看 SQL 脚本）对话框，单击对话框中的"Apply"按钮完成数据库 db_student 的创建。最后单击"Finish"按钮关闭对话框。此时，可在 SCHEMAS 区域中看到数据库 db_student。

7.2.2　创建数据库 db_student 操作 2

操作 2：创建数据表 tb_user

数据表 tb_user 用于保存用户登录和用户管理的相关数据，tb_student 用于保存学生管理的相关数据。表 7-1 列出了数据表 tb_user 的字段信息。

表 7-1　数据表 tb_user 的字段信息

字段名	数据类型	字段说明
userId	INT(11)	用户 ID（主键，非空，自增长）
username	VARCHAR(45)	用户名（值唯一）
password	VARCHAR(45)	密码
realName	VARCHAR(45)	真实姓名
role	VARCHAR(5)	用户角色（管理员 admin，普通用户 user，注册用户 guest）
timeRenew	DATETIME	更新时间，默认值为当前系统时间 CURRENT_TIMESTAMP，也可用 now() 获取的时间

要创建数据表 tb_user，在 MySQL Workbench 的 SCHEMAS 区域中双击数据库 db_student，展开该数据库的对象列表，在列表中的 Tables（数据表）上单击鼠标右键，在快捷菜单中选择"Create Table"（创建表）命令。在工作台打开"new_table - Table"选项卡，在选项卡的"Table Name"（数据表名称）文本框中输入数据表名称"tb_user"，在下方的字段列表中输入所需的字段名（Colum Name）、数据类型（Datatype）并勾选相应复选框。注意，所有字段都是非空的（Not Null），即勾选"NN"复选框；字段 userId 设置为主键（Primary Key）和自动增长（Auto Increment），即勾选"PK"和"AI"复选框；字段 username

设置为值唯一（Unique），即勾选"UQ"复选框。在字段 timeRenew 的"Default/Expression"（默认值）文本框中输入获取系统当前时间的函数"now()"或常量"CURRENT_TIMESTAMP"，如图 7-3 所示。单击选项卡下方的"Apply"按钮依照向导完成数据表 tb_user 的创建。

在数据库 db_student 的 Tables 列表中，在数据表 tb_user 上单击鼠标右键，在快捷菜单中选择"Select Rows - Limit 1000"（查询前 1000 行数据）命令，打开 tb_user 的数据列表，在 username、password、realName 和 role 这 4 个字段中新添一些内容，最后单击下方的"Apply"按钮，依照向导完成数据的添加（userId 和 timeRenew 这两个字段的值无须手动输入，会由程序自动生成）。用类似的方法添加两条以上数据，如图 7-4 所示。

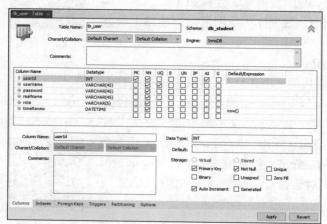

图 7-3　表 tb_user 的字段

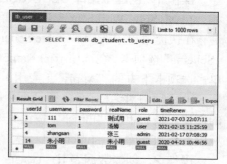

图 7-4　表 tb_user 中的数据

7.2.2　创建数据库 db_student　操作 3

操作 3：创建数据表 tb_student

请读者依照表 7-2 中的字段信息创建数据表 tb_student，并在其中新添几条数据，如图 7-5、图 7-6 所示。

表 7-2　数据表 tb_student 的字段信息

字段名	数据类型	说明
studentId	INT(11)	学生 ID（主键，非空，自增长）
studentNo	VARCHAR(45)	学号（值唯一）
studentName	VARCHAR(45)	姓名
sex	VARCHAR(5)	性别
age	SMALLINT(6)	年龄，默认值为 0
className	VARCHAR(45)	班级名称
timeRenew	DATETIME	更新时间，默认值为当前时间 CURRENT_TIMESTAMP

第 7 章　JSP 数据库编程

操作 4：导出数据库 db_student

如果需要将数据库从一台计算机复制到另外一台计算机，或者想对数据库进行备份，可以使用 MySQL Workbench 的数据库导出功能。

在 MySQL Workbench 的菜单栏中选择"Server"→"Data Export"（数据导出）命令，打开"Administration - Data Export"选项卡。在"Tables to Export"列表中勾选需要导出的数据库 db_student 及其数据表，在下拉列表中选中"Dump Structure and Data"（导出结构和数据）和"Export to self - Contained File"（导出到独立的文件）单选按钮。在单选按钮右边的文本框中输入保存的文件名，如"D:/db_student.sql"或"D:/db_student.txt"，勾选"Include Create Schema"（包括创建数据库）复选框，如图 7-7 所示。最后单击"Start Export"（开始导出）按钮，就可以将数据库 db_student 中的数据表的结构及数据都导出到 D:/db_student.sql 或 D:/db_student.txt 文件中。

7.2.2　创建数据库 db_student 操作 4~操作 5

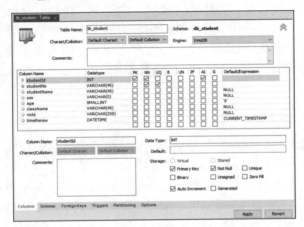

图 7-5　表 tb_student 的字段

图 7-6　表 tb_student 中的数据

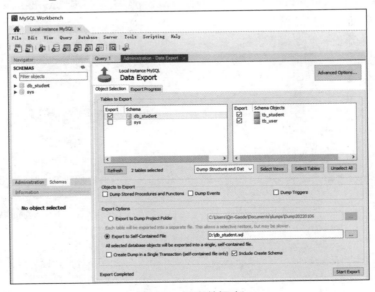

图 7-7　导出数据库

137

用记事本打开 db_student.sql 或 D:/db_student.txt 文件，可看到创建数据库、创建数据表和插入数据的 SQL 语句。在 SQL 语句中，将数据库名包围起来的符号"`"不是单引号"'"，而是键盘中数字 1 左边那个键对应的符号，称为重音符或抑音符，在编程中常称为反引号。在 MySQL 数据库的 SQL 语句中，为了做区分，有时需要用反引号将数据库名、数据表名或字段名包围起来。

操作 5：导入数据库 db_student

如果需要通过 db_student.txt 导入数据或恢复数据库，只需在 MySQL Workbench 中点击工具栏上最左边的"新 SQL 选项卡"按钮，打开一个新的 SQL 选项卡，复制 db_student.txt 中的所有语句到该选项卡窗口中，然后点击运行按钮执行这些语句，就可以完成数据库 db_student 的创建、将其设置为当前数据库、创建表和插入数据等操作。（本案例的素材文件夹"data_数据导入导出"中有文件 db_student.txt。）

也可以在 MySQL Workbench 的菜单栏中选择"Server"→"Data Import"（数据导入）命令，打开"Administration - Data Import"选项卡。在打开的选项卡中选中"Import from self - Contained File"（从独立的文件导入）单选按钮，在单选按钮右边的文本框中输入要导入的文件名，如"D:/db_student.sql"或"D:/db_student.txt"，或者单击浏览按钮选择要导入的文件。最后单击"Start Import"（开始导入）按钮，就可以将数据库 db_student 导入 MySQL 数据库服务器。

7.2.3 外部样式文件 css.css

7.2.3　外部样式文件 css.css

在学生管理系统中创建一个外部样式文件 css.css，在每个页面中都可引用该外部样式，用于统一页面的外观和减少页面中的代码量。

创建 Web 项目 ch7.2_student，然后创建包 src/main/java/dao。将本案例的素材文件复制到相应文件夹中：将 mysql-connector-java-8.0.26.jar 复制到库文件夹 src/main/webapp/WEB-INF/lib 中，Db.java 复制到 src/main/java/dao 中，其余的文件夹和网页文件都复制到 src/main/webapp 中。打开 src/main/webapp/css 文件夹中的样式文件 css.css，代码如下。

```css
@charset "UTF-8";

body {
    padding:        0px;
    text-align:     center;              /*文字水平居中*/
    line-height:40px;
}
table {
    border-collapse:collapse;            /*边框折叠*/
}
td, th {                                 /*设置 td 和 th 的默认样式*/
    height:         40px;
    padding:        5px;                 /*设置内边距*/
    border:         none;                /*设置无边框，默认无背景色*/
    text-align:         center;
}
```

```
17      .tr_header {                              /*表头所在的行*/
18          background: #4488BB !important; /*如果不用!important 声明为
                                              最优先，则会被奇数行的背景色取代*/
19          color:      #FFF      !important;
20          font-size:   small;
21      }
22      .table_border td, th {       /*针对 table_border 的子元素
                                        td、th（所有层次的子元素）*/
23          border:     1px solid #DDE;
24      }
25      .table_padding10 td, th {  /*针对 table_padding10 的子元素
                                       td、th（所有层次的子元素）*/
26          padding:    10px;    /*设置内边距*/
27      }
28      .table_border_bg tr:nth-child(odd) {  /*奇数子元素，nth 即第 n 个*/
29          background:  #FFF;
30      }
31      .table_border_bg tr:nth-child(even) {  /*偶数子元素*/
32          background:  #F6F6F6;
33      }
34      .table_hover tr:hover {          /*鼠标指针悬停时的样式。冒号表示伪类选择器。
                                            针对 table_hover 的子元素 tr*/
35          background:  #FDC;
36      }
37
38      .left {
39          text-align:     left;   /*文字水平靠左*/
40      }
41      .center {
42          text-align:     center; /*文字水平居中*/
43      }
44      .right {
45          text-align:     right;  /*文字水平靠右*/
46      }
47
48      .msg {                           /*起强调作用的文字样式*/
49          font-size:   small;
50          color:       red;
51      }
52      .note {                          /*起提示作用的文字样式*/
53          font-size:   small;
54          color:       gray;
55      }
```

以上代码的第 18～19 行使用了!important 修饰符，以设置此处样式的应用级别为最高，不会被其他的样式替换。

第 28～33 行代码定义了表格奇数行与偶数行的背景色样式。

7.2.4 数据库操作类 Db

在本案例中，大部分的页面都需要对数据进行增、删、改、查操作。为了方便操作数据库，将连接数据库、创建 SQL 执行接口对象、执行 SQL 语句、关闭连接等常用操作的相关代码写在 JavaBean 类文件 Db.java 中。文件 Db.java 放在 src/main/java/dao 包中，dao 包用于存放与数据库访问有关的 JavaBean 类文件。dao 是 Data Access Object 的缩写，意为数据访问对象，是一个面向对象的数据访问接口，位于业务逻辑与数据库资源中间。

打开 Db.java，修改代码，主要代码如下。

```java
package dao;

import java.sql.*;

public class Db {

    //--------------------- 需将mysql-connector-java-8.0.26.jar 复制
    //                     到src/main/webapp/WEB-INF/lib 文件夹中
    private static String driver    = "com.mysql.cj.jdbc.Driver";
                                                //JAR 库中的驱动程序
    private static String connString = "jdbc:mysql://localhost:3306
            /db_student?useSSL=false&serverTimezone=Asia/Shanghai
            &useUnicode=true&characterEncoding=utf-8";
            //设置 IP、端口、数据库名、不使用 SSL 安全连接、时区、编码
    private static String username = "root";   //连接数据库时的用户名
    private static String password = "123456"; //连接数据库时的密码

    private Connection    conn;                //数据库连接
    private Statement     stmt;                //SQL 执行接口对象
    private ResultSet     rs;                  //结果集，即数据集

    private PreparedStatement pstmt;           //预编译的SQL执行接口对象
    private boolean canShowSql = false;        //是否输出最终执行的 SQL
                                                //语句到控制台
    private String msg = "";                   //消息

    /**
     * 创建数据库连接
     */
    private Connection getConnection() {       //此方法是 private 类型，
                                                //只能在类内部调用
        Connection myConn = null;

        try {
            Class.forName(driver);             //加载驱动程序
            myConn = DriverManager.getConnection(connString,
```

```
32                                     username, password);        //创建数据库连接
33              } catch (Exception e) {
34                  msg = "\n创建数据库连接失败: " + e.getMessage() + "\n";
35                  System.err.println(msg);              //实时输出错误信息到控制台
36              //转义符: \r 是回车符, \n 是换行符, 前者使光标回到行首 (return),
                                                            后者使光标下移一行 (next)
37              }
38
39              return myConn;             //返回 null, 表示创建数据库连接失败
40          }
41
42          /**
43           * 查询数据。需要调用 db.close(), 除非查询时报错, 即 rs=null 时, 才不需要
                                                                    调用 db.close()
44           * @param sql - 参数 sql 是需要执行的 SQL 语句
45           *              样例: select('select * from tb_student where
                                                                    studentId='888')
46           * @return ResultSet - 结果集
47           */
48          public ResultSet select (String sql) {      //如果只有一个参数,则优先
                                                          执行此方法 (已明确了参数的个数)
49              rs = null;
50
51          try {
52              if (conn == null || conn.isClosed()) {   //如果尚未创建数据库连接,
                                                           或数据库连接已关闭
53                  conn = getConnection();             //连接数据库
54
55          stmt = conn.createStatement(ResultSet.TYPE_FORWARD_ONLY,
                                        ResultSet.CONCUR_READ_ONLY);
56                                                //创建 SQL 执行接口 stmt, 数据
                                        游标只能向前移动, 只能进行只读操作, 这样效率更高
57              //stmt = conn.createStatement();    //以默认方式
                                                创建 SQL 执行接口 stmt, 这样效率稍低
58
59          } else if (stmt == null || stmt.isClosed()) { //如果
                                            尚未创建 SQL 执行接口, 或 SQL 执行接口已被关闭
60          stmt = conn.createStatement(ResultSet.TYPE_FORWARD_ONLY,
                                        ResultSet.CONCUR_READ_ONLY);
61          }
62
63          rs = stmt.executeQuery(sql); //执行 SQL 查询语句
64
65          if (canShowSql) {                //是否输出最终执行的 SQL 语句
66              System.out.println("查询: " + sql);
67          }
68
```

```java
69         } catch (Exception e) {
70             close();                        //查询出错则关闭数据库连接
71             msg = "\n查询数据失败: " + e.getMessage() + "（单参数）\n";
72             System.err.println(msg);
73         }
74 
75         return rs; //返回结果集。即使没查到数据，结果集也不是null。当查询出错时结果集才会是null
76     }
77 
78     /**
79      * 关闭数据库连接。在页面代码中，当执行了select()且rs != null时，才需要
                                                                调用方法db.close()。
80      */
81     public void close() {
82         if (rs != null) {             //注意关闭顺序: rs、stmt/pstmt、conn
83             try {
84                 if (rs.isClosed() == false) {    //如果尚未关闭
85                     rs.close();
86                 }
87             } catch (Exception e) {
88                 msg = "\n关闭结果集rs失败: " + e.getMessage() + "\n";
89                 System.err.println(msg);
90             }
91         }
92         if (stmt != null) {
93             try {
94                 if (stmt.isClosed() == false) {
95                     stmt.close();
96                 }
97             } catch (Exception e) {
98                 msg = "\n关闭SQL执行接口stmt失败: " + e.getMessage()
                                                                + "\n";
99                 System.err.println(msg);
100            }
101        }
102        if (pstmt != null) {
103            try {
104                if (pstmt.isClosed() == false) {
105                    pstmt.close();
106                }
107            } catch (Exception e) {
108                msg = "\n关闭预编译的SQL执行接口pstmt失败: " +
                                                    e.getMessage() + "\n";
109                System.err.println(msg);
110            }
111        }
112        if (conn != null) {
113            try {
```

```
114                            if (conn.isClosed() == false) {
115                                conn.close();
116                            }
117                        } catch (Exception e) {
118                            msg = "\n关闭数据库连接conn失败: " +
                                                e.getMessage() + "\n";
119                            System.err.println(msg);
120                        }
121                    }
122                }
123
124        public void setCanShowSql (boolean canShowSql) { //更改canShowSql 的
                                        值为true后, 能输出最终执行的 SQL 语句
125            this.canShowSql = canShowSql;
126        }
127    }
```

第 124～126 行代码给出了变量 canShowSql 的 setter 方法，在有些页面中会调用此方法，在模糊查询中输出 SQL 语句到控制台以供查看。

代码中的 System.err.println(msg)将信息实时输出到控制台。System.err.println()称为标准出错输出，它与 System.out.println()（标准输出）的作用类似。后者往往是先缓存后输出，如果程序出错中断执行，缓存的内容可能不会输出，而前者默认不进行缓存而直接输出。

由以上代码可知，通过 JDBC 执行数据库操作的五大步骤对应的关键代码如下。

（1）加载驱动程序：第 30 行的代码 Class.forName(driver)。

（2）建立数据库连接：第 31 行的代码 myConn = DriverManager.getConnection(connString, username, password)。

（3）执行 SQL 语句：第 55 行或第 57 行的代码 stmt = conn.createStatement()创建 SQL 执行接口对象，第 63 行的代码 rs = stmt.executeQuery(sql)执行数据查询。也可以执行 count= stmt.executeUpdate(sql)，实现数据更新（插入、更改或删除数据），返回被影响的数据条数。有关数据更新的实现代码将在本章 7.2.14 小节介绍。

（4）处理结果集：例如 rs.next()、rs.getString("userId")等（在用户登录验证页 loginCheck.jsp 的数据查询的代码中会用到）。JDBC 在执行数据查询时会处理结果集，在执行数据插入、更新或修改时，不需要处理结果集。

（5）关闭数据库连接：第 115 行的代码 conn.close()。

作为编写代码的常用规范，在每个方法的前面，通常用方法备注格式添加注释，用于说明方法的功能、参数和返回值等，如代码第 42～47 行。当鼠标指针在方法名上悬停时（尤其当调用此方法时），会浮现相应的注释内容，这有助于用户了解方法的相关信息。

7.2.5 用户登录页 index.jsp

用户登录页的测试效果如图 7-8 所示。

7.2.5 用户登录页 index.jsp

图7-8 用户登录页

打开网页 index.jsp，修改代码，主要代码如下。

```
5    <head>
6      <title>用户登录</title>
7      <link rel="stylesheet" type="text/css" href="css/css.css">
8    </head>
9
10   <body>
11     <div style="width:600px; margin:30px auto;">
12       <h3>用户登录</h3>
13         <form action="loginCheck.jsp" method="post">
14           用户名: <input type="text" name="username"
                               value="${ username }" style="width:150px;">
15           <br>
16           密 码: <input type="password" name="password"
                               value="${ password }" style="width:150px;">
17           <div style="text-align:left; padding-left:275px;
                                           box-sizing:border-size;">
18             <input type="submit" value="提交"> 
19             <span class="msg">${ msg }</span>
20           </div>
21           <br>
22           <a href="userAdd.jsp">用户注册</a>
23           <br>
24           <span class="note">
25               普通用户角色 user 登录: tom, 1  管理员角色 admin
                                                        登录: zhangsan, 1
26           </span>
27         </form>
28     </div>
29   </body>
```

第 7 行代码引用了外部样式文件 css.css。本案例中的每个页面都可以引用该 CSS 文件。

用户名文本框、密码文本框和消息显示标签中，都使用了 EL 表达式，可以将 request 对象中保存的相关信息显示出来。

7.2.6 用户登录验证页 loginCheck.jsp

打开 loginCheck.jsp，修改代码，主要代码如下。

```jsp
1   <%@page import="java.sql.ResultSet"%>
2   <%@page import="dao.Db"%>
3   <%@ page language="java" import="java.util.*" pageEncoding="UTF-8"%>
4   
5   <!DOCTYPE html>
6   <html lang="zh">
7     <head>
8       <title>登录验证</title>
9       <link rel="stylesheet" type="text/css" href="css/css.css">
10    </head>
11  
12    <body>
13      <div style="width:600px; margin:30px auto;">
14      <h3>登录验证</h3>
15      <span class="msg">
16      <%
17          request.setCharacterEncoding("UTF-8");
18          String msg = "";
19  
20          String username = request.getParameter("username");
21          String password = request.getParameter("password");
22  
23          for (int f = 0; f < 1; f++) {     //方便随时退出循环，输出出错消息
24              if (username == null || password == null) {
25                  username = "";
26                  password = "";
27                  break;
28              }
29  
30              if (username.trim().equals("")) {
31                  msg = "请输入用户名！ ";
32                  break;
33              }
34              username = username.trim();
35  
36              if (password.equals("")) {
37                  msg = "请输入密码！ ";
38                  break;
39              }
40  
41              Db db = new Db(); //新建实例（该实例用于实现数据的增、删、改、查）
42              String sql = "";                   //SQL 语句
43              ResultSet rs = null;               //结果集
44  
45              //select userId, role from tb_user where username='tom'
                                        and password='1'          //样例
46              sql = "select userId, role from tb_user where username='"
```

7.2.6 用户登录验证页 loginCheck.jsp

```
47                        + username + "' and
                                        password='" + password + "'";
48              rs = db.select(sql);  //执行查询 SQL 语句。请理解 SQL 语句中的
                                        空格、逗号、加号、双引号、单引号的作用
49              //以上 SQL 语句容易受到 SQL 注入式攻击，例如：在 password
                                        密码框中输入 "0' or '1'='1"
50              if (rs == null) {
51                  msg = "数据库操作发生错误！";
52                  break;
53              }
54
55              if (rs.next() == false) {  //尝试读取下一条数据，如果没读取到数据
56                  db.close();            //用完之后需及时关闭与数据库的连接
57                  msg = "登录失败！输入的用户名或者密码不正确。";
58                  break;
59              }
60              //---------往下：能查询到数据
61
62              String userId = "", role = "";
63
64              userId   = rs.getString(1);       //获取第 1 列的字段值。其获取
                                        值的效率最高，相当于 rs.getString("userId")
65              role = rs.getString("role");  //获取字段名为 role 的值。其获取
                                        值的效率稍低
66              db.close();                       //用完需及时关闭与数据库的连接
67
68              session.setAttribute("myUserId", userId);  //用户 ID，将其
                                        添加到 session 对象中
69              session.setAttribute("myUsername", username);  //用户名
70              session.setAttribute("myRole", role);     //用户角色（权限）
71
72              response.sendRedirect("main.jsp");        //用户登录成功后，
                                        重定向到下一个网页
73              return;
74          }
75
76          request.setAttribute("username", username);  //用户名，将在
                                        index.jsp 中通过 EL 表达式显示出来
77          request.setAttribute("password", password);
78          request.setAttribute("msg", msg);
79          request.getRequestDispatcher("index.jsp").forward(request,
                                        response);  //转发到下一个网页
80          //return;  //此处不能有 return 语句（它会使其后的语句无法执行）。但在 if、
                                        循环等内部语句中可以有 return 语句
81      %>
82          </span>
83        </div>
84    </body>
85 </html>
```

以上代码的第 23～74 行为单层 for 循环语句，业务逻辑的代码都放在此循环体内。一

旦登录验证失败，应用 break 语句退出循环，然后执行循环体之后的 request 赋值语句并以转发的形式跳转到登录页 index.jsp。如果登录验证成功，则在为 session 对象赋值后以重定向的方式跳转到到用户功能页 main.jsp。

第 41 行代码创建数据操作类 Db 的实例 db，在输入完字符"Db"之后，按快捷键"Alt+/"引入 dao.Db。第 48 行代码调用查询数据的方法 select()，查询数据，并将查询得到的结果集赋值给 rs。

第 55 行代码用 rs.next()读取下一条数据，如果读取失败，即无数据，则返回 false。

代码的第 64、65 行分别采用两种方式获取字段的值。以 rs.getString(1)读取数据中的第 1 个字段的值，以 rs.getString("role")读取字段 role 的值。相对而言，第 1 种方式的效率稍高，但第 2 种方式因写明了字段名，代码更容易读懂，即使 SQL 语句或数据表 tb_user 中的字段顺序有变，也不必更改程序，所以第 2 种方式应用得非常广泛。

第 68～70 行代码将用户 ID userId、用户名 username 和用户角色 role 保存在 session 对象中，用来保持用户的登录状态。

7.2.7 用户功能页 main.jsp

用户登录成功之后，网页将跳转到用户功能页 main.jsp。

用户功能页 main.jsp 根据用户角色的不同，显示不同数量的功能链接，网页的测试效果如图 7-9、图 7-10 所示。

7.2.7 用户功能页 main.jsp

图 7-9 管理员 zhangsan 的功能列表　　图 7-10 注册用户 111 的功能列表

打开 main.jsp，修改代码，主要代码如下。

```
10    <body>
11        <div style="width:600px; margin:30px auto;">
12        <h3>用户功能</h3>
13        <span class="msg">
14            <%
15                request.setCharacterEncoding("UTF-8");
16                String msg = "";
17                String label = "</span></div></body></html>";
18
19                if (session.getAttribute("myRole") == null) {    //如果
```

```
20                      msg = "<br>您的登录已失效！请重新登录。";   session对象的属性不存在或已经失效
21                      msg += " <a href='index.jsp'>用户登录</a>" +
                                                                    label;
22                      out.print(msg);
23                      return;
24                  }
25
26                  String myRole = session.getAttribute("myRole").toString();
                                                //用户角色：admin、user、guest
27              %>
28              </span>
29
30              <div style="margin:-25px 0px 40px; font-size:small;">
31                  欢迎：${ myUsername } (${ myRole }) 
                                    <a href="logout.jsp">注销登录</a>
32              </div>
33
34              <table style="width:580px;"
                        class="table_border table_border_bg table_hover">
35                  <tr height="50" class="tr_header">
36                      <th colspan="2">
37                          用户功能列表
38                      </th>
39                  </tr>
40                  <tr height="50">
41                      <td width="30%">
42                          登录相关
43                      </td>
44                      <td class="left"> 
45                          <a href="userAdd.jsp">注册新用户</a>  
46                          <a href="userShow.jsp?userId=${ myUserId }">
                                            个人信息</a>  
47                          <a href="logout.jsp">注销登录</a>  
48                      </td>
49                  </tr>
50                  <%
51                      if (myRole.equals("user") || myRole.equals("admin")) {
52                  %>
53                  <tr height="50">
54                      <td>
55                          学生数据
56                      </td>
57                      <td class="left"> 
58                          <a href="studentList.jsp">列表/查询</a> 
                                                                     
59                          <a href="studentPage.jsp">学生分页</a> 
                                                                     
60                      </td>
```

```
61                </tr>
62            <%
63                }
64
65                if (myRole.equals("admin")) {
66            %>
67                <tr height="50">
68                    <td>
69                        学生管理
70                    </td>
71                    <td class="left"> 
72                        <a href="studentAdmin.jsp">管理</a>  
73                        <a href="studentAdd.jsp">新添</a>  
74                    </td>
75                </tr>
76                <tr height="50">
77                    <td>
78                        用户管理
79                    </td>
80                    <td class="left"> 
81                        <a href="userAdmin.jsp">管理</a>  
82                        <a href="userAdd.jsp">新添/注册</a>  
83                    </td>
84                </tr>
85                <tr height="50">
86                    <td>
87                        班级管理
88                    </td>
89                    <td class="left"> 
90                        <a href="class/classAdmin.jsp">管理</a> 
                                                                   
91                        <a href="class/classAdd.jsp">新添</a> 
                                                                   
92                    </td>
93                </tr>
94            <%
95                }
96            %>
97        </table>
98        <%
99            if (myRole.equals("guest")) {
100       %>
101       <br>
102       <span class="msg">
103           *注册之后，新用户（guest）还需获得管理员的授权，才能查看、管理学生
                                                         和用户的信息。
104       </span>
105       <%
106           }
```

```
107                %>
108            </div>
109        </body>
```

以上代码的业务逻辑是先检查 session 对象中是否保存有用户角色 myRole 的键值，以判断用户的登录是否有效，然后根据 myRole 的值在页面中显示相应数量的功能链接。所有的用户都能看到与登录相关的功能链接，普通用户 user 和管理员用户 admin 能看到与学生列表和分页相关的功能链接，只有管理员用户 admin 能看到所有的功能链接和拥有增、删、改、查的管理权限。

在以上第 34 行代码的表格<table>标签中，同时应用了 css.css 样式文件中定义的 3 种 CSS 样式 table_border、table_border_bg 和 table_hover，分别用于修饰单元格边框，设置奇数、偶数行的背景色和鼠标指针悬停效果。

7.2.8 注销登录页 logout.jsp

测试用户登录，当用户登录失败时，将跳转到用户登录页 index.jsp 并显示刚才输入的用户名、密码和错误消息。当用户登录成功时，将跳转到用户功能页 main.jsp。

7.2.8 注销登录页 logout.jsp

将网页 index.jsp 另存为 logout.jsp，将 logout.jsp 的标题更改为"注销登录"。修改注销登录页 logout.jsp 的代码，主要代码如下。

```
10  <body>
11    <%
12        session.invalidate();        //清除本浏览器在此网站中 session 的所有对象
13
14        String msg = "注销登录成功！";
15        String url = "index.jsp";
16
17        request.setAttribute("msg", msg);
18        request.getRequestDispatcher(url).forward(request, response);
19    %>
20  </body>
```

在测试 logout.jsp 时，可以先测试用户登录，登录成功后转向到用户功能页 main.jsp，然后在网页中单击"注销登录"链接，将实现注销登录并跳转到用户登录页 index.jsp 并显示"注销登录成功！"的消息。如果此时单击浏览器的"后退"按钮退回到 main.jsp 并刷新页面，会看到登录已失效需重新登录的提示。

7.2.9 在类 Db 中应用预编译的 SQL 执行接口 PreparedStatement

7.2.9 在类 Db 中应用预编译的 SQL 执行接口 PreparedStatement

在登录验证页 loginCheck.jsp 中，由于没有对变量 username 和 password 中的字符进行安全性检测，SQL 语句 sql = "select userId, role from tb_user where username='" + username + "' and password='" + password + "'"有可能受到 SQL 注入式攻击。例如在 username 文本框中输入任意字符，在 password 文本框中输入 0' or '1'='1，得到的 SQL 语句是 sql="select userId, role from tb_user where username='aaa' and password='0' or '1'='1' "，提交后就会以 tb_user 表中第一条记录对应的用户角色成功

第 7 章　JSP 数据库编程

登录系统。如果这个用户角色为管理员，则是极大的安全隐患。

为了避免 SQL 注入式攻击，除了对输入的内容进行安全检查，另一个重要的措施就是在相关文件中采用预编译的 SQL 执行接口 PreparedStatement。

预编译的 SQL 执行接口 PreparedStatement 包含在 java.sql 包中，作为 SQL 执行接口 Statement 的子类，PreparedStatement 继承了 Statement 的所有功能。它能对 SQL 语句进行预编译（预处理），可提高多次执行或批量处理 SQL 语句的效率。而且，在 PreparedStatement 的 SQL 语句中，为其中的变量使用占位符 "?"，可提高 SQL 语句的可阅读性并有效防止 SQL 注入式攻击。

修改 Db.java 的代码，部分代码如下。

```java
78   /**
79    * 查询数据。需要调用 db.close()，除非查询时报错，即 rs=null 时，才不需要调用
                                                                      db.close()
80    * @param args - args[0]是需要执行的 SQL 语句，后面的参数是参数值列表
81    * 样例: select('select * from tb_student where studentId=?', '888')
82    * @return ResultSet - 结果集
83    */
84   public ResultSet select (String... args) {              //使用了可变参数
                                                           （参数的个数大于等于 0）
85       rs = null;
86
87       try {
88           if (args == null || args.length == 0) { //无参数
89               return rs;
90           }
91
92           String sql = args[0];                  //第 1 个参数是 SQL 语句
93
94           if (conn == null || conn.isClosed()) {//如果尚未创建数据库连接，
                                                              或数据库连接已关闭
95               conn = getConnection();           //连接数据库
96           }
97
98           pstmt = conn.prepareStatement(sql, ResultSet.TYPE_FORWARD_ONLY,
                                            ResultSet.CONCUR_READ_ONLY);
99                             //预编译的 SQL 执行接口，数据游标只能向前移动，只读
100
101          for (int i = 1; i < args.length; i++) { //从第 2 个参数开始
102              pstmt.setObject(i, args[i]); //从第 1 个占位符?开始，
                                                          将占位符?替换成参数值
103          }
104
105          rs = pstmt.executeQuery();   //执行 SQL 查询语句，它已在前面合成
106
107          if (canShowSql) {             //是否输出最终执行的 SQL 语句
108              sql = pstmt.toString().substring(pstmt.toString().
                                                   indexOf(":") + 2);
```

```
109                    System.out.println("查询: " + sql);
110            }
111
112        } catch (Exception e) {
113            close();                                //查询出错则关闭数据库连接
114            msg="\n查询数据失败:"+e.getMessage()+"(可变参数)\n";
115            System.err.println(msg);
116        }
117
118        return rs;              //返回结果集。当查询出错时,结果集才会是null
119    }
```

在select()方法中使用SQL执行接口对象stmt时,先创建stmt(Db类的第55行代码),然后执行SQL语句(Db类的第63行代码)。而在使用预编译的SQL执行接口对象pstmt时,先以SQL语句创建pstmt并进行预编译(Db类的第98行代码),然后用参数值替代占位符"?"(Db类的第101~103行代码),最后执行预编译的SQL执行接口对象pstmt(Db类的第105行代码)。

在使用预编译的SQL执行接口对象pstmt时,通常使用可变参数的查询方法select(String… args)(Db类的第84行代码),参数的个数大于等于0。当参数的个数为1时,会优先调用参数个数固定为1的方法select()(Db类的第48行代码的重载方法)。在本案例中,如果SQL查询条件中没有包含where条件,此时select(String… args)方法的参数个数为1,则会优先调用第48行代码的查询方法select()。

7.2.10 学生列表页 studentList.jsp

7.2.10 学生列表页 studentList.jsp1

学生列表页studentList.jsp就是用户功能页main.jsp中"列表/查询"链接对应的网页。在学生列表页中,列出所有学生的信息,能对数据进行模糊查询,网页的测试效果如图7-11、图7-12所示。

7.2.10 学生列表页 studentList.jsp2

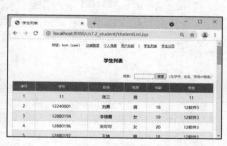

图7-11 学生列表

图7-12 搜索含有字符"李"的记录数据

打开studentList.jsp,修改代码,主要代码如下。

```
12    <body>
13      <div style="width:810px; margin:10px auto;">
14      <span class="msg">
15      <%
16          request.setCharacterEncoding("UTF-8");
17          String msg = "";
18          String label = "</span></div></body></html>";
```

```
19        String back = " <a href='javascript:window.history.
                          back();'>后退</a>" + label;        //后退链接
20
21        if (session.getAttribute("myRole") == null)
22             msg = "<br>您的登录已失效！请重新登录。";
23             msg += " <a href='index.jsp'>用户登录</a>" + label;
24             out.print(msg);
25             return;
26        }
27
28        String myRole = session.getAttribute("myRole").toString();
                                //获取session对象中myRole对象的值
29
30        if (myRole.equals("admin") == false &&
             myRole.equals("user") == false) {//如果是新用户guest
31            msg = "您的权限不足！";
32            msg += " <a href='main.jsp'>用户功能</a>" + label;
33            out.print(msg);
34            return;
35        }
36
37        String linkAdmin = "";                              //管理链接
38
39        if (myRole.equals("admin")) {                       //如果为管理员
40            linkAdmin = "  |  <a href=
                    'studentAdmin.jsp'>学生管理</a>"  
41                "+"<a href='userAdmin.jsp'>用户管理
                                          </a>";   //生成管理链接
42        }
43
44        String search = "";
45          String buttonSearch = request.getParameter("buttonSearch");
                                                    //"搜索"按钮
46
47        if (buttonSearch != null && request.getParameter("search") !=
                                                            null) {
48             search = request.getParameter("search").trim();
                                                    //搜索内容
49        }
50
51        Db db = new Db();                            //新建实例
52        String sql = "";
53        ResultSet rs = null;
54        String sqlWhere = "";
55
56        if (search.equals("") == false) {    //如果有搜索内容
57            //sqlWhere = " where studentName like '%陈%'";//常用的
                                                    模糊查询条件
```

```
58                  sqlWhere = " where concat_ws(',', studentNo, studentName,
                            className) like ?";//多字段模糊查询条件
59                  db.setCanShowSql(true);           //在控制台输出 SQL 语句
60              }
61
62              if (search.equals("")) {              //没进行搜索，或无搜索内容
63                  sql = "select * from tb_student order by studentNo";
                                                      //SQL 查询语句
64                  rs = db.select(sql);              //执行 SQL 查询语句，得到数据集
65              } else {                              //没进行搜索，或无搜索内容
66                  sql = "select * from tb_student " + sqlWhere + " order
                            by studentNo";  //SQL 模糊查询语句
67                  rs = db.select(sql, "%" + search + "%"); //增加含有查询
                                                      内容的参数，进行模糊查询
68              }
69
70              if (rs == null) {
71                  msg = "数据库操作发生错误！ " + back;
72                  out.print(msg);
73                  return;                           //结束页面的执行
74              }
75          %>
76          </span>
77          <form action="" method="post">
78          <table style="width:800px; margin:0px auto;">
79              <tr>
80                  <td>
81                      <div style="margin:0px 0px 40px; font-size:small;">
82                          欢迎：${ myUsername }(${ myRole }) 
83                          <a href="logout.jsp">注销登录</a> 
84                          <a href="userShow.jsp?userId=
                                ${ myUserId }">个人信息</a> 
85                          <a href="main.jsp">用户功能</a>  
                                                      | 
86                          <a href="studentList.jsp">学生列表</a> 
87                          <a href="studentPage.jsp">学生分页</a>
88                          <%= linkAdmin %>
89                      </div>
90                      <h3>学生列表</h3>
91
92                      <div class="right note" style="margin:40px 0px
                                                      5px 0px;">
93                            搜索：
94                          <input type="text" name="search" value="<%=
                                search %>" style="width:80px;">
95                          <input type="submit" name="buttonSearch"
                                                      value="搜索">
96                          <span class="note">（在学号、姓名、班级中搜索）
```

```
 97                        </div>
 98                    </td>
 99                </tr>
100
101                <tr>
102                    <td>
103                        <table class="table_border table_border_bg
                                    table_hover" style="width:100%">
104                            <tr class="tr_header">
105                                <td>序号</td>
106                                <td>学号</td>
107                                <td>姓名</td>
108                                <td>性别</td>
109                                <td>年龄</td>
110                                <td>班级</td>
111                            </tr>
112                            <%
113                                int i = 0;                    //序号
114                                String studentNo, studentName, sex,
                                        age, className;
115
116                                while (rs.next()) { //如果能读取到数据
117                                    i++;
118                                    studentNo   = rs.getString
                                        ("studentNo");       //获取字段的值
119                                    studentName = rs.getString
                                            ("studentName");
120                                    sex   = rs.getString("sex");
121                                    age   = rs.getString("age");
                                    if (age.equals("0")) age = "";
122                                    className   = rs.getString
                                            ("className");
123                            %>
124                                <tr>
125                                    <td><%= i %></td>
126                                    <td><%= studentNo %></td>
127                                    <td><%= studentName %></td>
128                                    <td><%= sex %></td>
129                                    <td><%= age %></td>
130                                    <td><%= className %></td>
131                                </tr>
132                            <%
133                                }
134                                db.close();    //用完立即关闭数据库连接
135
136                                if (i == 0) {
137                                    msg = "（没有数据）";
```

```
138                                         request.setAttribute
                       ("msg", msg);    //为了通过下面的EL表达式显示msg
139                              %>
140                              <tr>
141                                  <td colspan="6" class="note" style=
                                     "text-align:center; height:50px;">
142                                      <span class="msg">${ msg }
                                         </span>  
143                                  </td>
144                              </tr>
145                              <%
146                              }
147                              %>
148                          </table>
149                      </td>
150                  </tr>
151              </table>
152          </form>
153      </div>
154  </body>
```

以上代码的第 21～26 行通过检查 session 对象中的 myRole 键值是否存在，判断用户是否已登录或登录是否已失效。

第 28～42 行代码根据用户角色 role，判断用户是否有权限访问本网页；如果用户角色是管理员，linkAdmin 将生成管理链接，并通过第 88 行代码显示出来。

第 77 行代码将表单 form 的 action 设为空字符串或无 action 属性，表单的内容将提交给本网页进行处理。第 94 行代码的文本框用于输入搜索内容，第 95 行代码的"搜索"按钮为表单提交按钮。

第 44～49 行代码用于实现当单击"搜索"按钮后，buttonSearch 对象不为 null（其值等于"搜索"），获取搜索内容 search 的值。

如果搜索内容 search 的值不为空，则生成多字段模糊查询条件 sqlWhere（第 56～60 行代码）。

如果没有进行搜索或者搜索的内容为空，则变量 search 的值为空。此时，SQL 查询条件语句中无 where 条件，执行单参数查询 select()（第 62～64 行代码）。

如果搜索的内容 search 不为空，则搜索信息有效，执行模糊查询（第 65～68 行代码），该查询调用的是可变参数方法 select(String... args)，第 1 个参数为 SQL 语句，第 2 个参数用于替换模糊查询条件 sqlWhere 中的占位符 "?"。

第 81～89 行代码用于在页面顶端生成一个导航栏，提供主要的功能链接。

第 116～133 行代码通过 while 循环，在结果集 rs 中遍历查询到的学生数据，获取相应字段的值，在表格的一行中显示出来。数据读取完毕后，应立即关闭数据库连接，释放数据库相关资源，如第 134 行代码所示。

如果没有查询到学生数据，则显示没有数据的提示信息，如第 136～146 行代码所示。

测试学生列表页 studentList.jsp 在无搜索内容时的效果如图 7-11 所示。如果输入搜索内容，单击"搜索"按钮后，搜索并显示相应内容，网页的测试效果如图 7-12 所示。

7.2.11 学生分页页面 studentPage.jsp

7.2.11 学生
分页页面
studentPage.jsp
操作 1

学生列表页 studentList.jsp 中显示了所有的学生数据，如果数据比较多，就有必要进行分页显示。

实现数据分页后的默认页（即第一页）的预览效果如图 7-13 所示。单击页面底部的页码链接，或在页码文本框输入页码后单击"提交"按钮，可显示相应页的数据，"李"的搜索结果第 2 页的效果图如图 7-14 所示。

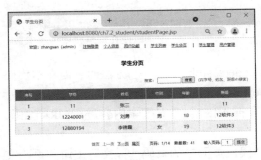

图 7-13 数据分页

图 7-14 搜索"李"的第 2 页

学生分页页面 studentPage.jsp 是在学生列表页 studentList.jsp 的基础上添加分页功能实现的。

数据分页功能的实现是本书的难点之一，请读者根据代码仔细分析实现分页功能的业务逻辑。若要在此基础上，开发出功能更强大、外观更华丽的分页组件，读者可以参考或应用网络中的分页组件。

操作 1：获取搜索内容和页码

打开学生分页页面 studentPage.jsp，修改代码，主要代码如下。

```
45   String search = "";                                //搜索内容
46   String buttonSearch = request.getParameter("buttonSearch"); //"搜索"按钮
47   String buttonPage   = request.getParameter("buttonPage");
                                                        //页码"提交"按钮
48   String pageInput = "1";                            //存储输入的页码
49
50   if (buttonSearch != null && request.getParameter("search") != null)
                                    {   //如果单击"搜索"按钮
51       search = request.getParameter("search").trim();   //搜索内容
52
53   } else if (buttonPage != null && request.getParameter("search") !=
                                    null) {//单击了页码"提交"按钮
54       search = request.getParameter("search").trim(); //搜索内容
55       pageInput = request.getParameter("pageShow");   //页码文本框中的值
56
57   } else {                           //单击页码链接，或者刚打开此页面
58       if (request.getParameter("searchUrl") != null) {
59           search = request.getParameter("searchUrl");    //不需要进行
                                        解码操作，系统会自动解码
```

```
60                  }
61
62              if (request.getParameter("pageUrl") != null) {
63                  pageInput = request.getParameter("pageUrl");//获取地址栏中
                                                                         的页码
64              }
65      }
66
67      String searchUrl = "";
68
69      if (search.equals("") == false) {
70          searchUrl = URLEncoder.encode(search, "UTF-8"); //进行 URL 编码，
                                                          以便在地址栏中传递参数
71      }
```

注意，在应用第 70 行代码的 URLEncoder.encode(search, "UTF-8")方法时，需在本代码的第 1 行引入 URLEncoder 类，即<%@page import="java.net.URLEncoder"%>。

以上代码可实现在 3 种情况下分别获取页码和搜索内容，并对搜索内容进行 URL 编码，以便在 URL 中将其作为参数的值进行传递。

以上代码中的 buttonPage 和 pageShow，分别代表页面中的页码"提交"按钮和页码文本框这两个表单控件的名称（相应的页码链接将在操作 4 中介绍），属于通过页面直接提交的页码信息；而代码中的 searchUrl 和 pageUrl，分别代表 URL 中的参数名，属于通过页码链接中的 URL 参数形式传递的搜索内容和页码信息。

由以上代码可知，获取页码值（pageInput，要显示的页面页码）的方式有两种：一种是单击页码栏中的"提交"按钮，获取页码文本框 pageShow 中的值（第 54~55 行代码）；

7.2.11 学生分页页面 studentPage.jsp 操作 2

第二种方式是单击页码链接或刷新页面后，获取地址栏参数 pageUrl 的值（第 58~64 行代码）。无论使用哪种方式，除了获取页码值，还获取搜索内容，这是为了实现在数据搜索情形下的分页功能。

第 70 行代码对搜索内容 search 进行的 URL 编码很有必要，因为 searchUrl 将通过 URL 参数的形式进行传递。如果不进行编码，查询内容若包含中文等字符，在点击页码链接后，有些浏览器会出现乱码。

操作 2：编写分页功能的核心代码

修改第 83 行之后的代码，代码如下。

```
84      //--->>>--------------查询记录总数
85      if (search.equals("")) {                    //没有搜索，或无搜索内容
86          sql = "select count(*) from tb_student";     //SQL 查询语句
87          rs = db.select(sql);                //执行 SQL 查询语句，得到结果集
88      } else {                                //如果有搜索内容
89          sql = "select count(*) from tb_student " + sqlWhere;
                                                     //SQL 模糊查询语句
90          rs = db.select(sql, "%" + search + "%");    //增加含有查询内容的
                                                      参数，进行模糊查询
91      }
92
93      if (rs == null) {
```

```java
            msg = "数据库操作发生错误！" + back;
            out.print(msg);
            return;
        }

        int countRow = 0;                          //记录的总数

        if(rs.next()) {                            //如果读取下一条记录成功
            countRow = rs.getInt(1);   //读取第 1 个字段的值（整数），获取记录总数
        }
        rs.close();                                //用完立即关闭 rs，但不关闭数据库连接
        //---<<<-------------查询记录总数

        //--->>>-------------进行数据分页
        int pageSize = 3;                          //设置每页显示 3 条记录
        int pageCount = 0;                         //总页数预设为 0

        if (countRow % pageSize == 0) {            //如果余数为 0，即记录总数能被整除
            pageCount = countRow / pageSize;       //总页数
        } else {
            pageCount = countRow / pageSize + 1;   //若记录总数不能被整除，则总页
                                                   //数等于其商加 1
        }

        int pageShow = 1;                          //当前页预设为 1
        try {
            pageShow = Integer.parseInt(pageInput);  //如果页码文本框中输入
                                                     //的是数字，则返回字符串对应的整数
        } catch (Exception e) {
            //showPage = 1;                          //如果抛出异常，则取预设值
        }

        if (pageShow < 1) {                        //如果当前页码小于 1
            pageShow = 1;
        } else if (pageShow > pageCount && pageCount >= 1) {   //如果当前页码
                                                               //大于总页数，且总页数大于等于 1
            pageShow = pageCount;
        }

        int indexStart = 0;                        //查询的起始位置
        indexStart = (pageShow - 1) * pageSize;    //已经显示的记录条数

        if (search.equals("")) {                   //没有进行搜索，或无搜索内容
            sql = "select * from tb_student order by studentNo"
                + " limit " + indexStart + "," + pageSize;//只获取该页面的数据
            rs = db.select(sql);
        } else {                                   //有搜索内容
            sql = "select * from tb_student " + sqlWhere + " order by studentNo"
                + " limit " + indexStart + "," + pageSize;
```

```
140              rs = db.select(sql, "%" + search + "%");        //增加含有
                                                                 查询内容的参数,进行模糊查询
141         }
```

第 84～105 行代码实现通过查询语句获取记录总数 countRow。

第 108 行代码设置每页显示的记录数 pageSize 的默认值为 3。

第 111～115 行代码根据记录总数 countRow 和每页的记录数 pageSize 计算出总页数 pageCount。

第 117～128 行代码根据输入的页码 pageInput,经过转换、判断得到即将显示的页面的页码 pageShow。

第 130～131 行代码根据即将显示的页面的页码 pageShow 和每页的记录数 pageSize,计算查询记录时的起始位置 indexStart,它等于前面已经显示的所有记录的数量总和。

第 133～141 行代码根据起始位置 indexStart 和每页的记录数 pageSize,通过数据查询得到当前页全部数据的结果集。后续代码用于读取并显示这些数据。

7.2.11 学生分页页面 studentPage.jsp 操作 3～操作 4

操作 3：实现列表序号随页码改变

将第 186 行的代码 int i = 0;更改为 int i =indexStart;,序号的变量 i 将根据 indexStart 的值,随页码的改变而改变。

操作 4：添加页码链接

修改第 223 行之后的页码链接代码,得到的代码如下。

```
224     <tr>
225         <td style="font-size:small; text-align:right;">
226             <br>
227             <% if (pageShow <= 1) { %>
228                 <span style="color:gray;">首页 
229                 上一页 </span>
230             <% } else { %>
231         <a href="studentPage.jsp?pageUrl=<%= 1 %>
                            &searchUrl=<%=searchUrl %>">首页</a> 
232         <a href="studentPage.jsp?pageUrl=<%= pageShow - 1 %>
                            &searchUrl=<%= searchUrl%>">上一页</a> 
233             <% } %>
234
235             <% if (pageShow >= pageCount) { %>
236                 <span style="color:gray;">下一页 
237                 尾页</span>
238             <% } else { %>
239         <a href="studentPage.jsp?pageUrl=<%= pageShow + 1 %>
                            &searchUrl=<%= searchUrl%>">下一页</a> 
240         <a href="studentPage.jsp?pageUrl=<%= pageCount %>
                            &searchUrl=<%= searchUrl %>">尾页</a>
241             <% } %>
242               
243             页码：<%= pageShow + "/" + pageCount %> 
244             记录数：<%= countRow %>  
245             输入页码：
```

第 7 章 JSP 数据库编程

```
246        <input type="text" name="pageShow" value="<%= pageShow %>"
                              style="width:40px; text-align:center;">
247            <input type="submit" name="buttonPage" value="提交"> 
248        </td>
249    </tr>
250 </table>
```

　　如果当前页码 pageShow 小于等于 1，"首页"和"上一页"无对应的页码链接；如果当前页码 pageShow 大于等于总页数（最后一页），"下一页"和"尾页"无对应的页码链接。URL 参数列表中有页码和搜索内容，用于传递给分页页面。

　　测试学生分页页面 studentPage.jsp，测试效果如图 7-13 所示。在进行搜索之后，同样能进行分页，单击页码链接之后，搜索内容仍然有效，测试效果如图 7-14 所示。

　　虽然本书中的分页功能比较简单，不过分页代码的行数比较多，代码逻辑也相对复杂。商用的 Web 系统通常将分页功能通过组件实现，并且有多种模板供开发人员和网站管理人员选择，当然，其实现分页功能的代码也更加复杂。

7.2.12　学生管理页 studentAdmin.jsp

　　学生管理页 studentAdmin.jsp 是在学生分页页面 studentPage.jsp 的基础上，增加新添学生、学生详情、修改学生的链接，以及选择复选框和批量删除学生等功能，网页的测试效果如图 7-15 所示。

7.2.12　学生管理页 studentAdmin.jsp 操作 1～操作 3

图 7-15　学生管理页

操作 1：创建学生管理页 studentAdmin.jsp

　　将学生分页页面 studentPage.jsp 另存为 studentAdmin.jsp。将 studentAdmin.jsp 的网页标题和其中的 h3 标题都更改为"学生管理"。

操作 2：更改管理权限要求

　　将第 31 行的代码 if (myRole.equals("admin") == false && myRole.equals("user") == false) {更改为 if (myRole.equals("admin") == false) {，即当用户角色是管理员时才能访问此页面。另外，能对学生班级和用户进行增、删、改操作的用户角色也为管理员。

操作 3：添加链接"新添学生"

　　在原第 166 行代码 " 搜索"：之前插入 3 行代码，代码如下。

```
166    <div style="display:inline-block; padding-right:250px;">
167        (<a href="studentAdd.jsp">新添学生</a>)
168    </div>
169      搜索：
```

7.2.12 学生管理页 studentAdmin.jsp

操作 4

操作 4：在表格中添加单元格

在第 179～224 行代码之间添加和修改代码，如下代码中加粗的部分是新添或修改的。

```
179    <table class="table_border table_border_bg table_hover" style=
                                                         "width:100%">
180        <tr class="tr_header">
181            <td>序号</td>
182            <td>学号</td>
183            <td>姓名</td>
184            <td>性别</td>
185            <td>年龄</td>
186            <td>班级</td>
187            <td>详情/修改</td>
188            <td style="width:46px;">选择</td>
189        </tr>
190        <%
191            int i =indexStart;              //序号
192            String studentNo, studentName, sex, age, className;
193
194            while (rs.next()) {             //如果能读取到数据
195                i++;
196                studentNo   = rs.getString("studentNo"); //获取字段的值
197                studentName = rs.getString("studentName");
198                sex         = rs.getString("sex");
199                age         = rs.getString("age"); if (age.equals
200                                                 ("0")) age = "";
                   className   = rs.getString("className");
201
202                String studentId = rs.getString("studentId"); //获取
                                                  studentId 的值，链接中要用到
203        %>
204        <tr>
205            <td><%= i %></td>
206            <td><%= studentNo %></td>
207            <td><%= studentName %></td>
208            <td><%= sex %></td>
209            <td><%= age %></td>
```

```
210              <td><%= className %></td>
211              <td>
212      <a href="studentShow.jsp?studentId=<%= studentId %>"
                                                  title="显示详情">
213              <img src="image/icon_show.gif" border="0">
                                                      </a> 
214      <a href="studentEdit.jsp?studentId=<%= studentId %>"
                                                      title="编辑">
215              <img src="image/icon_edit.gif" border="0"></a>
216              </td>
217              <td>
218  <input type="checkbox" name="studentId"
219          value="<%= studentId %>" onchange="check()">
220              </td>
221          </tr>
222          <%
223              }
224              db.close();          //用完立即关闭数据库连接
225
226              if (i == 0) {
227                  msg = "（没有数据）";
228                  request.setAttribute("msg", msg);
229              }                           //大括号前移到此处
230          %>
231          <tr>
232              <td colspan="8" class="note" style="text-align:right;
                                                          height:50px;">
233                  <span class="msg">${msg}</span>  
234                  <input type="submit" name="buttonDelete" value="删除"
235                      onclick="return confirm('确认删除所选数据？');">
236                   
237                  <label>全选:<input type="checkbox" name="checkboxAll"
238                      onchange="checkAll()"></label> 
239              </td>
240          </tr>
241  </table>
```

修改后的代码实现了在表格的右边新添两列，用于放置"详情"和"编辑"的图片链接，以及选择复选框，还在表格底部的单元格中新添了"删除"按钮和"全选"复选框。

可用文字"详情""编辑"替代第213行和215行的图片，也可以更换为其他自己喜欢的图片。

注意，在"详情"和"编辑"图标链接的网址中都有参数 studentId，用来将参数值传递给链接对应的页面。因为 studentId 的值是学生数据的主键值，所以需要 studentId 的值来确定要显示或修改的学生数据。另外在第219行代码中，复选框的值（value）也对应学生数据的 studentId 的值。

第219行为学生记录行的复选框添加了 onchange 事件，调用 JavaScript 方法 check()。

7.2.12 学生管理页 studentAdmin.jsp 操作5

应特别注意，代码中的大括号从原处（标签</table>之前）移到第229行。第233行代码的EL表达式${ msg }，除了在无数据时显示提示信息，在本网页中批量删除数据之后，还会显示删除成功的提示信息。

第238行代码为"全选"复选框添加onchange事件，并调用JavaScript方法checkAll()，用于实现复选框的全选或取消全选。

操作5：添加JavaScript代码实现"全选"复选框的勾选联动

在网页最后一行代码</html>之前，插入JavaScript代码。

```
273    <script type="text/javascript">
274    function checkAll() {
275        var checkboxList = document.getElementsByName("studentId");
                                                               //获取复选框列表
276        var checkboxAll = document.getElementsByName("checkboxAll")[0];
                                                               //获取"全选"复选框
277
278        for (var i = 0; i < checkboxList.length; i++) { //对于列表中的
                                                               每一个复选框
279            checkboxList[i].checked = checkboxAll.checked; //每个复选
                                                               框的勾选情况与"全选"复选框一致
280        }
281    }
282
283    function check() {
284        var checkboxList = document.getElementsByName("studentId");
285        var checkboxAll  = document.getElementsByName("checkboxAll")[0];
286        var isChecked = true;
287
288        for (var i = 0; i < checkboxList.length; i++) {
289            if (checkboxList[i].checked == false) { //如果没被勾选
290                isChecked = false;
291                break;
292            }
293        }
294
295        if (isChecked) {
296            checkboxAll.checked = true;          //全选复选框被勾选
297        } else {
298            checkboxAll.checked = false;         //全选复选框被取消勾选
299        }
300    }
301    </script>
302    </html>
```

checkAll()方法实现了在勾选"全选"复选框后，其他的复选框呈被勾选状态；如果取消勾选"全选"复选框，其他复选框也会同步取消勾选。

方法check()实现了当所列学生记录行的复选框全部被勾选时，"全选"复选框呈被勾选状态；否则，"全选"复选框呈取消勾选状态。

第 7 章　JSP 数据库编程

网页效果如图 7-15 所示，查看表格显示是否正常，"全选"复选框是否与学生记录行的复选框进行勾选联动。一次删除多条数据的功能实现将在本章 7.2.16 小节中进行介绍。

练习页面 1：创建用户管理页 userAdmin.jsp

参考学生管理页 studentAdmin.jsp，创建用户管理页 userAdmin.jsp，页面的测试效果如图 7-16、图 7-17 所示。页面的要求如下。

图 7-16　用户管理页　　　　　　　图 7-17　搜索含"张"的记录

（1）只有管理员能访问此页面。

（2）此页面中能显示用户列表，具有多字段搜索、分页功能，提供指向新添用户页、详情页和修改页的链接。批量删除数据的功能在学完本章 7.2.16 小节后再予以实现。

（3）多字段搜索是在用户名、真实姓名、角色级别的数据中搜索。

7.2.13　学生详情页 studentShow.jsp

学生详情页 studentShow.jsp 以表格形式展示学生的详细信息，测试效果如图 7-18 所示。

图 7-18　学生详情页

7.2.13　学生详情页 studentShow.jsp

显示学生详情的业务流程是：判断用户是否已登录，判断用户是否为管理员，获取和校验学生 ID，读取该学生记录，显示学生信息，给出修改、删除等链接。

打开学生详情页 studentShow.jsp，修改代码，主要代码如下。

```
12    <body>
13      <div style="width:600px; margin:30px auto;">
14      <h3>学生信息</h3>
15      <span class="msg">
16      <%
…    ……（判断用户是否登录和判断用户角色是否为管理员的代码，同 studentAdmin.jsp
                                                                中的代码，此处略）
38          String studentId = request.getParameter("studentId");
                                              //获取地址栏参数 studentId 的值
39
40          try {
41              Integer.parseInt(studentId);   //将 studentId 转换为整数
42          } catch (Exception e) {
43              msg = "参数 studentId 错误！" + back;
44              out.print(msg);
45              return;
46          }
47
48          Db db = new Db();
49          String sql = "";
50          ResultSet rs = null;
51
52          sql = "select * from tb_student where studentId=?";
53          rs = db.select(sql, studentId);
54
55          if (rs == null) {
56              msg = "数据库操作发生错误！" + back;
57              out.print(msg);
58              return;
59          }
60
61          if (rs.next() == false) {
62              db.close();
63              msg = "对应的数据已不存在！" + back;
64              out.print(msg);
65              return;
66          }
67
68          String studentNo = "", studentName = "", sex = "", age = "",
                       className = "", note = "", timeRenew = "";
69
70          studentNo = rs.getString("studentNo"); //获取字段的值
71          studentName = rs.getString("studentName");
72          sex = rs.getString("sex");
73          age = rs.getString("age"); if (age.equals("0")) age = "";
74          className = rs.getString("className");
```

```jsp
75              note = rs.getString("note");
76              note = note.replace("\r\n", "<br>").replace(" ", " ");
                                                                //替换换行符和空格
77              timeRenew = rs.getString("timeRenew");
78              db.close();
79      %>
80          </span>
81
82          <table class="table_border table_padding10"
                            style="width:500px; margin:0px auto;">
83              <tr class="tr_header">
84                  <td>项目</td>
85                  <td>内容    </td>
86              </tr>
87              <tr>
88                  <td width="30%">学号</td>
89                  <td class="left"><%= studentNo %></td>
90              </tr>
91              <tr>
92                  <td>姓名</td>
93                  <td class="left"><%= studentName %></td>
94              </tr>
95              <tr>
96                  <td>性别</td>
97                  <td class="left"><%= sex %></td>
98              </tr>
99              <tr>
100                 <td>年龄</td>
101                 <td class="left"><%= age %></td>
102             </tr>
103             <tr>
104                 <td>班级</td>
105                 <td class="left"><%= className %></td>
106             </tr>
107             <tr>
108                 <td>备注</td>
109                 <td class="left"><%= note %></td>
110             </tr>
111             <tr>
112                 <td>更新时间</td>
113                 <td class="left"><%= timeRenew %></td>
114             </tr>
115             <tr>
116                 <td colspan="2">
117                     <a href="studentEdit.jsp?studentId=<%=
                                    studentId %>">修改</a> 
118                     <a href="studentDeleteDo.jsp?studentId=
                                    <%= studentId %>"
```

```
119                             onclick="return confirm('确定要删除吗? ');">删除</a>
120                         </td>
121                     </tr>
122                 </table>
123                 <div class="msg">${ msg }</div>
124                 <br>
125                 <a href="studentAdmin.jsp">返回学生管理页</a>
126             </div>
127         </body>
```

学生数据的 ID，即 studentId，由 URL 参数传递，根据 studentId 查询数据并将其显示在页面中。第 40~46 行代码实现的判断验证 ID 是否为整数的功能是很重要的，能防止 SQL 注入式攻击或避免引起其他异常。

学生的备注内容是在文本域控件 textarea 中输入的，在输入时允许换行和连续输入多个空格。在预览页面时，如果不对换行符和空格进行替换处理，页面的外观可能会与在文本域控件中输入时的外观不一致，即换行符失效、多个空格只显示为一个空格。第 76 行代码将换行符\r\n 替换成能在预览页面时实现换行的 HTML 换行符
，将空格替换成半角空格 ，替换之后就能在页面中显示换行和多空格效果。这两种替换在动态网页编程中是很常见的。

第 123 行代码中的${ msg }用于显示新添或修改学生成功之后的提示信息。

在学生管理页 studentAdmin.jsp 中，单击学生详情图标链接，能转向相应数据的学生详情页，网页测试效果如图 7-18 所示。

练习页面 2：创建用户详情页 userShow.jsp

参考学生详情页 studentShow.jsp，创建用户详情页 userShow.jsp，页面的测试效果如图 7-19、图 7-20 所示。页面的要求如下。

（1）无须进行管理员角色验证，已登录的用户都可以查看个人信息。如果不是管理员，则只能查看自己的信息。（如果非管理员用户从 URL 参数获取的 userId 与从 session 对象中获取的用户 ID 不同，则判定为查看他人的信息，将给出提示信息并中断程序的执行。）

（2）不是管理员的用户在查看自己的信息时，页面会显示"返回用户功能页"和"修改"链接。如果是管理员用户，则显示"返回用户管理页"的链接。如果是管理员用户且不是查看自己的信息，还显示"删除"链接。

图 7-19 用户 111 的详情页

图 7-20 管理员查看其他用户的信息

7.2.14 在类 Db 中增加插入、修改、删除数据的方法

在数据操作类文件 Db.java 中，目前已完成的方法有建立数据库连接、查询数据的方法和关闭数据库连接的方法，插入、修改、删除数据的方法还没有实现。

7.2.14 在类 Db 中增加插入、修改、删除数据的方法

数据查询方法 select()中的核心代码是第 63 行的 rs=stmt.executeQuery(sql)，或第 105 行的 rs=pstmt.executeQuery()。插入、修改、删除数据 3 个操作都涉及更新数据库中的数据，它们的核心代码都是 int count = stmt.executeUpdate(sql)或 int count = pstmt.executeUpdate()。

继续修改 Db.java 的代码，添加插入、修改、删除数据的方法，代码如下。

```
121    /**
122     * 更新数据。已经调用 db.close()
123     * @param args - args[0]是需要执行的 SQL 语句，后面的参数是参数值列表
124     *              样例：update('update tb_student set studentName=?
                                where studentId=?', '张三', '888')
125     * @return int - 更新的数据行数
126     */
127    public int update (String... args) {
128        return executeUpdate(args);            //返回更新的数据行数。
                                                  返回 0 则表示没有数据更新
129    }
130
131    /**
132     * 删除数据。已经调用 db.close()
133     * @param args - args[0]是需要执行的 SQL 语句，后面的参数是参数值列表
134     *              样例：delete('delete from tb_student where
                                studentId=?', '888')
135     * @return int - 删除的数据行数
136     */
137    public int delete (String... args) {
138        return executeUpdate(args);            //返回删除的数据行数。
                                                  返回 0 则表示没有删除数据
139    }
140
141    /**
142     * 执行数据的更新或删除。已经调用 db.close()
143     * @param args - args[0]是需要执行的 SQL 语句，后面的参数是参数值列表
144     * @return int - 更新或删除的数据行数
145     */
146    private int executeUpdate (String... args) {   //此方法是 private 类型，
                                                      只能在类内部调用
147        int count = 0;
148
149        try {
150            if (args == null || args.length == 0) {    //无参数
151                return count;
152            }
```

```java
            String sql = args[0];                       //第1个参数是SQL语句

            if (conn == null || conn.isClosed()) {  //如果尚未创建数据库连接，
                                                       //或数据库连接已关闭
                conn = getConnection();             //连接数据库
            }

            pstmt = conn.prepareStatement(sql);     //预编译的SQL执行接口对象

            for (int i = 1; i < args.length; i++) { //从第2个参数开始
                pstmt.setObject(i, args[i]);        //从第1个占位符?
                                                    //开始，将占位符?替换成参数值
            }

            count = pstmt.executeUpdate();          //执行数据更新或删除，
                                                    //得到被影响的数据行数

            if (canShowSql) {                       //是否输出最终执行的SQL语句
                sql = pstmt.toString().substring(pstmt.toString().
                                                        indexOf(":") + 2);
                System.out.println("更新或删除: " + sql);
            }

        } catch (Exception e) {
            msg = "\n数据更新或删除失败: " + e.getMessage() + "\n";
            System.err.println(msg);
        } finally {
            close();     //无论数据更新或删除成功与否，都关闭数据库连接
        }

        return count;    //返回被影响的数据行数。如果没有数据更新或删除，则返回0
    }

    /**
     * 插入数据。已经调用db.close()
     * @param args - args[0]是需要执行的SQL语句，后面的参数是参数值列表
     * 样例: insert('insert into tb_student set (studentNo, studentName)
     *                                  values (?, ?)', '006', '张三')
     * @return String - 新添数据的ID。如果返回0，则表示新添数据失败
     */
    public String insert (String... args) {
        String id = "0";
        int count = 0;

        try {
            if (args == null || args.length == 0) {     //无参数
                return id;
            }
```

```
197                String sql = args[0];                    //第1个参数是SQL语句
198
199
200                if (conn == null || conn.isClosed()) {   //如果尚未创建数据库连接，
                                                            或数据库连接已关闭
201                    conn = getConnection();              //连接数据库
202                }
203
204                pstmt = conn.prepareStatement(sql, Statement.RETURN_
                                                            GENERATED_KEYS);
205                                                         //预编译的SQL执行接口对象。
                                                            添加第2个参数是为了获取新数据的ID
206
207                for (int i = 1; i < args.length; i++) {  //从第2个参数开始
208                    pstmt.setObject(i, args[i]);         //从第1个占位符?开始，
                                                            将占位符?替换成参数值
209                }
210
211                count = pstmt.executeUpdate();           //执行数据插入，得到被影响的
                                                            数据行数
212
213                if (canShowSql) {                        //是否输出最终执行的SQL语句
214                    sql = pstmt.toString().substring(pstmt.toString().
                                                            indexOf(":") + 2);
215                    System.out.println("数据插入: " + sql);
216                }
217
218                if (count == 0) {                        //新添数据失败
219                    return id;                           //返回0
220                }
221
222                rs = pstmt.getGeneratedKeys();           //获取新添数据的ID列
                                                            （ID列的值需自动增加，且用同一个pstmt）
223
224                if (rs == null) {
225                    return id;                           //返回0
226                }
227
228                if (rs.next()) {                         //如果读取下一条数据成功
229                    id = rs.getString(1);                //获取第1个查询字段的值，
                                                            即新添数据的ID
230                }
231
232            } catch (Exception e) {
233                msg = "\n数据新添失败: " + e.getMessage() + "\n";
234                System.err.println(msg);
235            } finally {
236                close();                                 //无论数据新添成功与否，都关闭数据库连接
237            }
```

```
238
239                    return id;                    //返回新添数据的ID
240        }
```

为了便于通过方法名知道方法的作用，更新数据的方法名用 update(String... args)，删除数据的方法名用 delete(String... args)，这两个方法都调用同一个方法 executeUpdate(String... args)，返回被修改或删除的数据行数。

插入数据的方法名用 insert(String... args)，返回新添数据的 ID 值（新记录的主键值）。在第 204 行代码中，添加第 2 个参数 Statement.RETURN_GENERATED_KEYS 是为了能够在第 222~230 行代码获取新数据的 ID 值。

插入、修改、删除数据的方法都使用预编译的执行接口 PrepareStatement（第 160、204 行代码），核心代码都是 count = pstmt.executeUpdate()（第 166、211 行代码）。相比 Statement 对象 stmt，预编译的执行接口 PrepareStatement 的 SQL 语句常常会使用占位符"?"。在执行 SQL 语句之前用传递进来的变量替换占位符"?"，变量的值将会被看成是字符串。这样在占位符的位置将不会产生 SQL 关键字，所以能有效防止 SQL 注入式攻击。另外，由于在 SQL 语句中使用了占位符"?"，将使得 SQL 语句易于书写、阅读和理解，尤其在插入和更新 SQL 语句时尤其明显。

在下面要介绍的新添、修改、删除学生的执行页中，将分别调用以上代码中的 3 个方法。

7.2.15 删除学生页 studentDeleteDo.jsp

7.2.15　删除学生页 studentDeleteDo.jsp

删除学生的业务流程是：判断用户是否已登录，判断用户是否拥有删除权限，获取和校验学生 ID，判断 ID 对应的学生记录是否存在，调用类 DB 中的删除方法 delete()删除学生 ID 对应的学生记录，最后显示删除是否成功的消息。

删除学生页 studentDeleteDo.jsp 可以借用学生信息页 studentShow.jsp 的部分代码，如登录判断、权限判断、获取和验证 ID、查询数据等代码，还需再添加一些代码实现删除数据和显示删除是否成功的消息。

将学生信息页 studentShow.jsp 另存为 studentDeleteDo.jsp，将 studentDeleteDo.jsp 的网页标题和其中的 h3 标题都更改为"删除学生"。

请按以下步骤整理代码。

（1）将第 123 行代码<div class="msg">${ msg }</div>删除，添加代码
。

（2）将第 82~122 行有关表格的代码<table class="...</table>删除。

（3）将第 68~78 行有关读取字段值的代码 String studentNo = ""，... db.close();删除。

（4）为了方便在遇到无须继续执行代码的情况时能输出相关信息，为业务逻辑代码区域添加单次 for 循环，即在第 38 行代码 String studentId = request.getParameter("studentId")；之前插入一行代码 for (int f = 0; f < 1; f++) {，在修改后的代码的第 67 行"}"之后插入一行代码"}"作为 for 循环的结束符。选择 for 循环内部的全部语句，即修改后的代码的第 39~67 行，按键盘上的"Tab"键，使这些语句向右缩进一个制表符位。如果需要向左缩回一个制表符位，可按快捷键"Shift + Tab"。

在第 68 行代码 for 循环的结束大括号"}"之前和之后，插入一些代码，实现删除数据功能，studentDeleteDo.jsp 的部分代码如下。请特别注意加粗的代码。

```jsp
            for (int f = 0; f < 1; f++) {
                String studentId = request.getParameter("studentId");
                                                //获取地址栏参数 studentId 的值

                try {
                        Integer.parseInt(studentId);    // 将 studentId 转换为整数
                } catch (Exception e) {
                        msg = "参数 studentId 错误！";
                        break;
                }

                Db db = new Db();                       //新建实例
                String sql = "";
                ResultSet rs = null;

                sql = "select * from tb_student where studentId=?";
                rs = db.select(sql, studentId);

                if (rs == null) {
                        msg = "数据库操作发生错误！";
                        break;
                }

                if (rs.next() == false) {
                        db.close();
                        msg = "对应的数据已不存在！";
                        break;
                }
                rs.close();                             //只关闭结果集 rs

                sql = "delete from tb_student where studentId=?";
                                                //SQL 删除语句
                int count = db.delete(sql, studentId);  //得到删除的记录行数

                if (count == 0) {
                        msg = "学生信息删除失败！请重试。";
                        break;
                }

                msg = "学生信息删除成功！";
            }                                           //for 循环的结束大括号

            if (msg.indexOf("成功") <= 0) {             //如果 msg 中无"成功"
                msg += back;                            //添加"后退"按钮
            }
            out.print(msg);
%>
        </span>
        <br><br>
        <a href="studentAdmin.jsp">返回学生管理页</a>
```

以上代码中数据的 ID，即 studentId，由 URL 参数传递，在获取 studentId 的值之后，先进行验证，然后判断 ID 对应的数据是否存在，最后根据 ID 将数据从数据表 tb_student 中删除。如果删除成功，则只显示删除成功的消息；如果删除失败，则显示删除失败的消息和"后退"链接。

代码编写完成之后，从学生管理页打开某位学生的详情页，单击"删除"链接，删除这位学生的相关数据，数据被删除后，网页效果如图 7-21 所示。

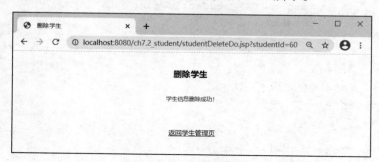

图 7-21　学生信息删除成功

练习页面 3：创建删除用户页 userDeleteDo.jsp

参考删除学生页 studentDeleteDo.jsp，创建删除用户页 userDeleteDo.jsp，页面的测试效果如图 7-22 所示。页面的要求如下。

（1）只有管理员才能访问 userDeleteDo.jsp。

（2）在用户详情页 userShow.jsp 中单击"删除"链接，会跳转到删除用户页 userDeleteDo.jsp 并进行删除用户的操作。

（3）在 userDeleteDo.jsp 中，如果从 URL 参数获取的 userId 与从 session 对象中获取的用户 ID 相同，提示用户不允许删除自己的信息。

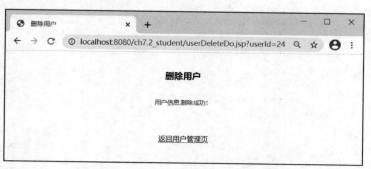

图 7-22　用户信息删除成功

7.2.16 批量删除学生功能的实现

7.2.16　批量删除学生功能的实现

在删除学生页 studentDeleteDo.jsp 中一次只能删除一条记录，如果需要一次删除多条记录，应该怎么办呢？

在学生管理页 studentAdmin.jsp，勾选欲删除记录所对应的复选框，单击"删除"按钮，将删除这些记录。

批量删除学生的业务流程是：获取所勾选的复选框的值，得到一个字符串数组,通过 for 循环逐个验证数组中的值是否为整数并使用逗号","将值连接起来,然后调用类 DB 中的删除方法 delete()进行批量删除,生成删除成功的消息,最后继续运行 studentAdmin.jsp 中的代码显示剩余的学生列表。

打开学生管理页 studentAdmin.jsp,在第 45 行代码 String search = "";之前插入如下代码。

```
45  if (request.getParameter("buttonDelete") != null) {   //如果单击"删除"按钮
46      String[] studentIdList = request.getParameterValues("studentId");
                                                            //获取 studentId 的值数组
47
48      if (studentIdList != null) {
49          String studentIdAll = "";
50
51          for (int i = 0; i < studentIdList.length; i++) {
52              try {
53                  Integer.parseInt(studentIdList[i]);
                            //尝试将其转换为整数,用于判断其是否为整数
54              } catch (Exception e) {
55                  continue;   //如果转换失败,即不是整数,则略过相应的记录
56              }
57
58              studentIdAll += "," + studentIdList[i];
59          }
60
61          if (studentIdAll.isEmpty() == false) {
                                                        //如果 studentIdAll 不为空
62              studentIdAll = studentIdAll.substring(1);
                                                        //去除最前面的逗号
63
64              Db db2 = new Db();           //新建实例
65              //String sql2 = "delete from tb_student where
                                                studentId in (3,6,8)";
66              String sql2 = "delete from tb_student where studentId
                                                in (" + studentIdAll + ")";
67              db2.delete(sql2);            //批量删除记录
68
69              msg = "学生删除成功!";
70              request.setAttribute("msg", msg);
71          }
72      }
73  }
```

以上代码的第 46 行用于获取已被勾选的那些复选框的值,即对应记录的 studentId 值,得到一个数组。代码的第 51~59 行对 studenetId 值进行验证。如果值为整数,则将这些值收集起来并存放到 studentIdAll 中。

第 61~70 行代码实现如果 studentIdAll 不为空,则去除最前面的逗号,然后进行批量删除操作,最后在页面中显示删除成功的消息。

测试网页,勾选多位学生对应的复选框后,单击"删除"按钮,能一次删除这些学生,

测试效果如图7-23所示；如果只勾选一位学生对应的复选框，将只删除这一位学生，应用的仍然是批量删除的模式。

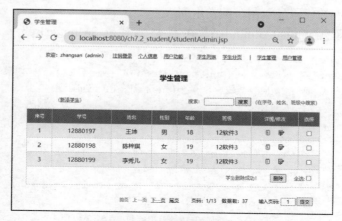

图 7-23　批量删除学生成功

练习页面 4：批量删除在用户管理页 userAdmin.jsp 中的实现

参考学生管理页 studentAdmin.jsp，修改用户管理页 userAdmin.jsp，实现批量删除用户，页面的测试效果如图 7-24 所示。页面的要求如下。

（1）勾选若干用户对应的复选框之后，单击"删除"按钮，实现用户的批量删除。

（2）批量删除用户时，如果用户 ID 列表中包含用户自己的 ID，则应忽略自己，不予删除。提示：从 session 对象中获取用户自己的 ID。

图 7-24　删除用户成功

7.2.17 修改学生的输入页 studentEdit.jsp

7.2.17　修改学生的输入页 studentEdit.jsp

在学生详情页单击"修改"链接，或在学生管理页单击"修改"图标链接，可跳转到修改学生的输入页 studentEdit.jsp，网页的预览效果如图 7-25 所示。

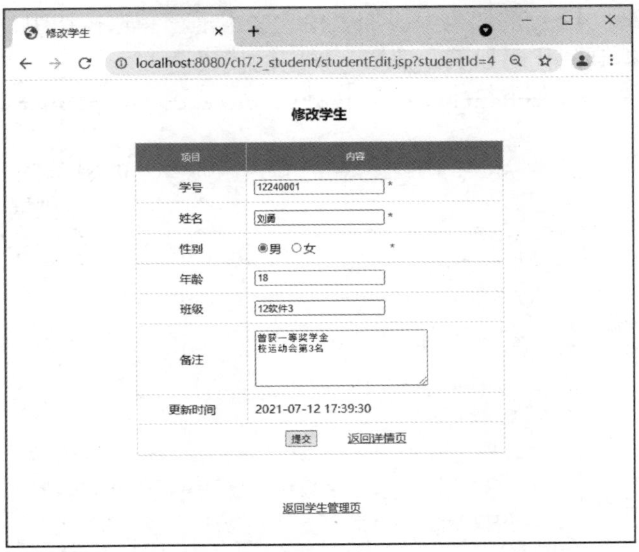

第 7 章　JSP 数据库编程

图 7-25　修改学生的输入页

修改学生的输入页 studentEdit.jsp，指的是修改学生信息时输入内容的网页，提交表单后执行更新数据库的网页是修改学生的执行页 studentEditDo.jsp。

修改学生的输入页 studentEdit.jsp 可以使用学生信息页 studentShow.jsp 中的很多代码，另外还需要添加表单、文本框、单选按钮组、文本域和"提交"按钮等。

按以下步骤整理代码：

（1）打开 studentEdit.jsp 和 studentShow.jsp，将 studentShow.jsp 页中第 17~78 行的代码复制并粘贴到 studentEdit.jsp 的第 17 行。

（2）在已得到的代码的第 78 行之后还需插入如下第 80~86 行代码，以下代码中的粗体文字是已有的代码。

```
76              //note = note.replace("\r\n", "<br>").replace(" ", " ");
                                                                //替换换行符和空格
77              timeRenew = rs.getString("timeRenew");
78              db.close();
79
80              String checkedMale = "", checkedFemale = "";
81
82              if (sex.equals("男")) {
83                      checkedMale = "checked='checked'";
84              } else if (sex.equals("女")) {
85                      checkedFemale = "checked='checked'";
86              }
87      %>
```

值得注意的是，备注的内容显示在文本区域（文本域）的输入区中。而以上代码的第 76 行是为了让备注内容在预览页面时正常显示，所以这里需将此行代码注释掉。

第 80~86 行的代码根据性别 sex 的值"男"或"女"，对 checkedMale 或 checkedFemale 进行赋值"checked='checked'"，以让"男"或"女"单选按钮呈选中状态。

（3）修改第 90~149 行的代码，添加表单、文本框、单选按钮组、文本输入区和"提交"按钮等控件，得到的代码如下，请留意加粗的代码。

```
90      <form action="studentEditDo.jsp?studentId=<%= studentId %>"
                                                            method="post">
91      <table class="table_border table_padding10" style="width:500px;
                                                        margin:0px auto;">
92          <tr class="tr_header">
93              <td>项目</td>
94              <td>内容    </td>
95          </tr>
96          <tr>
97              <td width="30%">学号</td>
98              <td class="left">
99                  <input type="text" name="studentNo"
                            value="<%=studentNo %>" maxlength="8">
100                 <span style="color:red;">*</span>
101             </td>
102         </tr>
103         <tr>
104             <td>姓名</td>
105             <td class="left">
106                 <input type="text" name="studentName"
                            value="<%=studentName %>" maxlength="45">
107                 <span style="color:red;">*</span>
108             </td>
109         </tr>
110         <tr>
111             <td>性别</td>
112             <td class="left">
113                 <label><input type="radio" name="sex" value="男"
                            <%=checkedMale %>>男</label> 
114                 <label><input type="radio" name="sex" value="女"
                            <%=checkedFemale %>>女</label>
115                       
                            <span tyle="color:red;">*</span>
116             </td>
117         </tr>
118         <tr>
119             <td>年龄</td>
120             <td class="left">
121                 <input type="text" name="age" value="<%= age %>"
                                                        maxlength="3">
122             </td>
123         </tr>
124         <tr>
125             <td>班级</td>
126             <td class="left">
127                 <input type="text" name="className"
```

```
128                </td>
129            </tr>
130            <tr>
131                <td>备注</td>
132                <td class="left">
133                    <textarea name="note" rows="5" cols="30"><%= note %>
                                                                </textarea>
134                </td>
135            </tr>
136            <tr>
137                <td>更新时间</td>
138                <td class="left"><%= timeRenew %></td>
139            </tr>
140            <tr>
141                <td colspan="2">
142                        
143                    <input type="submit" value="提交">
144                      
145                    <a href="studentShow.jsp?studentId=<%= studentId %>">
返回详情页</a>
146                </td>
147            </tr>
148        </table>
149    </form>
150    <br>
151    <a href="studentAdmin.jsp">返回学生管理页</a>
```

修改代码时，请别忘了添加表单标签，即代码第 90 行和第 149 行的<form></form>标签。

为每个文本框都设置默认值 value 和允许输入的最多字符数 maxlength 这两个属性。

在第 133 行代码中，备注内容通过文本域控件 textarea 输入，其使用方法与文本框有些区别。前者能输入多行文字，在提交表单时，会将所输入的回车换行符一起提交给服务器。所以在学生详情页中显示备注时，需要将换行符\r\n 替换成
。而在修改学生的输入页中，为了在文本域控件中显示原始信息，不需要将换行符\r\n 替换成
。

至此，修改学生的输入页 studentEdit.jsp 已创建完成，测试该页面，看看表单控件能否显示学生的信息，测试效果如图 7-25 所示。

练习页面 5：创建修改用户的输入页 userEdit.jsp

参考修改学生的输入页 studentEdit.jsp，创建修改用户的输入页 userEdit.jsp，页面的测试效果如图 7-26、图 7-27 所示。页面的要求如下。

（1）在用户详情页 userShow.jsp 中单击"修改"链接，或在用户管理页 userAdmin.jsp 中单击"修改"图标链接，将跳转到修改用户的输入页 userEdit.jsp。

（2）已登录的用户都可以修改自己的信息。

（3）不是管理员的用户在修改自己的信息时，页面底部显示"返回用户功能页"链接。如果是管理员用户，则页面中显示"返回用户管理页"链接。

（4）密码文本框和密码确认文本框的控件类型是 password，在密码框右边有"不修改请留空"的提示。

图 7-26　普通用户的信息修改页

图 7-27　管理员用户的信息修改页

7.2.18　修改学生的执行页 studentEditDo.jsp

7.2.18 修改学生的执行页 studentEditDo.jsp

修改学生信息的整个流程是：在修改学生的输入页 studentEdit.jsp 中修改信息并提交表单，将输入的信息提交给修改学生的执行页 studentEditDo.jsp 处理，修改失败时 studentEditDo.jsp 页会显示相关提示信息，修改成功后则跳转到学生详情页 studentShow.jsp 显示学生最新信息。

修改学生的执行页 studentEditDo.jsp 的业务流程是：判断用户是否已登录，判断用户是否拥有修改权限，获取和校验所输入的学生信息，获取和校验学生 ID，判断 ID 对应的学生记录是否存在，判断输入的学号是否与其他学生的学号相同，更新数据库中该学生的记录。修改失败时在 studentEditDo.jsp 页显示相关提示信息，修改成功后将修改成功的消息保存到 request 对象，并以转发形式跳转到学生详情页 studentShow.jsp。

修改学生的执行页 studentEditDo.jsp 与删除学生页 studentDeleteDo.jsp 中实现用户登录判断、权限判断、获取和校验学生 ID、判断 ID 对应的学生数据是否存在等功能的代码是相同的，在该页面中可以使用这部分代码。

打开 studentEditDo.jsp，修改代码，部分代码如下。（判断用户是否已登录和是否拥有修改权限、获取和校验输入的学生信息的相关代码在此处略去，素材文件中已提供。）

```
97      String studentId = request.getParameter("studentId");    //获取地址
                                                                  栏参数 studentId 的值
98
99      try {
100         Integer.parseInt(studentId);     //如果 studentId 的值不能转换为整数
101     } catch (Exception e) {
102         msg = "参数 studentId 错误！";
103         break;
104     }
105
```

```
106        Db db = new Db();                              //新建实例
107        String sql = "";
108        ResultSet rs = null;
109
110        sql = "select * from tb_student where studentId = ?";
111        rs = db.select(sql, studentId);
112
113        if (rs == null) {
114              msg = "数据库操作发生错误！";
115              break;
116        }
117
118        if (rs.next() == false) {
119              db.close();
120              msg = "对应的记录已不存在！";
121              break;
122        }
123        rs.close();                                     //只关闭结果集rs
124
125        //----------------- 由于学号是唯一的，故需要判断输入的学号是否与其他学号相同
126        sql = "select * from tb_student where studentNo = ? and studentId <> ?";
127        rs = db.select(sql, studentNo, studentId);      //查询是否已经存在输入的学号
128
129        if (rs == null) {
130              msg = "数据库操作发生错误！";
131              break;
132        }
133
134        if (rs.next() == true) {
135              db.close();
136              msg = "您输入的学号已经存在，请重新输入！";
137              break;
138        }
139        rs.close();                                     //只关闭结果集rs
140
141        //----------------- 更新数据
142        sql = "update tb_student set studentNo = ?, studentName = ?, sex = ?, age = ?"
143             + ", className = ?, note = ?, timeRenew = (now()) where studentId = ?";
144        int count = db.update(sql, studentNo, studentName, sex, age,
                                className, note, studentId);
145                                                        //执行SQL语句，得到修改数据的行数
146
147        if (count == 0) {
148              msg = "学生信息修改失败！请重试。";
149              break;
150        }
151
152        msg = "学生信息修改成功！";
```

```
153            String url = "studentShow.jsp?studentId=" + studentId;
154
155            request.setAttribute("msg", msg);
156            request.getRequestDispatcher(url).forward(request, response);
157            return;
158        }
159
160        msg += back;                //修改失败。添加"后退"按钮
161        out.print(msg);
162   %>
```

在第 126～127 行代码中，在查询是否存在相同学号时，studentId 需要不同，即排除该学生自己。studentId 不能与其他学生的学号相同，因为学号是唯一的。

在第 142～144 行代码中，第 144 行的参数列表应与第 142 行和 143 行代码中的占位符 "?" 按顺序一一对应。在更新数据时，几乎更新数据表中所有的字段，没有考虑各个字段的值是否都有修改。为了提高更新效率，可以考虑在判断学生数据是否存在时获取相应字段的值，然后与输入的值进行比对，只更新值有更改的字段。如果所有的字段值都没更改，则无须执行更新语句。这样在更新数据库中的数据时能提高效率，但也增加了代码的复杂度。对于编程初学者，可更多地考虑使用简单的代码实现所需功能，不建议过多考虑效率问题。

在更新数据或插入数据的 SQL 语句中，如果使用了多个占位符 "?"，应特别注意将占位符与 db.update() 方法中的参数变量一一对应。

测试修改学生信息功能，修改失败时的网页效果如图 7-28 所示，修改成功时的网页效果如图 7-29 所示。

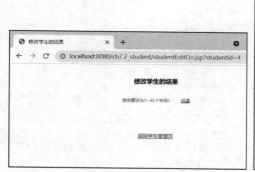

图 7-28 学生信息修改失败

图 7-29 学生信息修改成功

练习页面 6：创建修改用户的执行页 userEditDo.jsp

参考修改学生的执行页 studentEditDo.jsp，创建修改用户的执行页 userEditDo.jsp，页面的测试效果如图 7-30、图 7-31 所示。页面的要求如下。

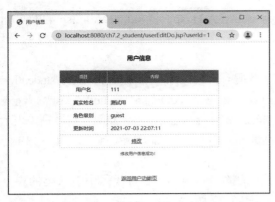

图 7-30　用户修改成功

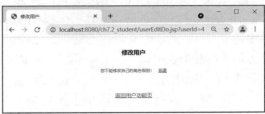

图 7-31　不允许修改角色级别

（1）任何用户登录后都可以修改自己的信息，但不允许修改自己的角色级别。管理员可以修改非管理员用户的角色级别。

（2）所有输入的内容都需进行有效性验证。

（3）如果密码不为空，则要求密码和密码确认的值相同，并且将新密码更新到数据库中。提示：密码非空时，更新的 SQL 语句可以添加更新密码的字段，或者另外创建一个包含全部更新字段的 SQL 语句。

（4）当不是管理员的用户修改自己的信息时，页面底部显示“返回用户功能页”链接；如果是管理员用户，则显示“返回用户管理页”链接。

7.2.19　新添学生的输入页 studentAdd.jsp

7.2.19　新添学生的输入页 studentAdd.jsp

新添学生的输入页 studentAdd.jsp 与修改学生的输入页 studentEdit.jsp 类似，但不需要读取学生信息，所以其代码相对简单，网页的测试效果如图 7-32 所示。

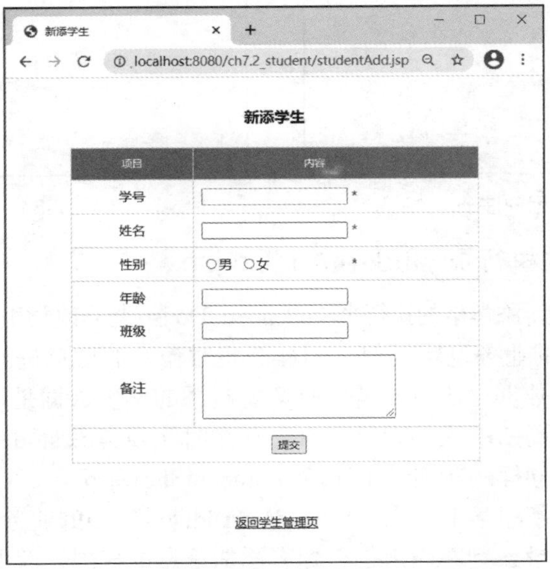

图 7-32　新添学生的输入页

将修改学生的输入页 studentEdit.jsp 另存为 studentAdd.jsp,将 studentAdd.jsp 的网页标题和其中的 h3 标题都更改为"新添学生"。

将第 145 行代码的"返回详情页"链接删除。

更改表单 form 的 action 属性,即把第 90 行的代码<form action="studentEditDo.jsp?studentId=<%= studentId %> method="post">更改为<form action="studentAddDo.jsp" method="post">。将表单中各文本框的默认值 value 全部删除,例如将 value="<%= studentNo %>"删除。将性别中表示是否勾选的两个表达式<%=…%>删除。将备注的默认值<%= note %>删除。将第 136~139 行代码中与更新时间有关的<tr>…</tr>删除。

将第 38~86 行中与读取学生信息相关的代码删除。将第 1~2 行代码中引入类的指令元素删除。至此,网页修改完成,测试的效果如图 7-32 所示。

练习页面 7:创建注册/新添用户的输入页 userAdd.jsp

参考新添学生的输入页 studentAdd.jsp,创建注册/新添用户的输入页 userAdd.jsp,页面的测试效果如图 7-33、图 7-34 所示。页面的要求如下。

(1)如果用户未登录或登录后的用户角色不是管理员,则标题显示"用户注册",在页面底部显示"用户登录"链接。如果用户已登录且用户角色是管理员,则标题显示"新添用户",在页面底部显示"返回用户管理页"链接。

(2)表单动作指向新添用户的执行页 userAddDo.jsp。密码文本框的控件类型是 password。

图 7-33 用户注册　　　　　　　　图 7-34 新添用户

7.2.20 新添学生的执行页 studentAddDo.jsp

7.2.20 新添学生的执行页 studentAddDo.jsp

新添学生的执行页 studentAddDo.jsp 与修改学生的执行页 studentEditDo.jsp 的业务逻辑类似,同样需要对输入的信息进行数据校验,但因为是新添数据,所以不需要验证要新添的学生数据是否在数据库中已存在,且判断所输入的学号是否已存在时无须考虑 studentId 的值。数据新添成功后同样跳转到学生详情页 studentShow.jsp。

新添学生的执行页 studentAddDo.jsp 中的业务流程是:判断用户是否已登录,判断用户是否拥有添加信息的权限,获取并校验输入信息,判断输入学号是否已存在于数据表中,将输入的信息插入数据表,得到新添的学生记录的 ID,

第 7 章　JSP 数据库编程

生成新添是否成功的消息并存入 request 对象，实现网页跳转。

将修改学生的执行页 studentEditDo.jsp 另存为 studentAddDo.jsp，将 studentAddDo.jsp 的页面标题和其中的 h3 标题都更改为"新添学生的结果"。

修改代码，部分代码如下。

```
97    Db db = new Db();
98    String sql = "";
99    ResultSet rs = null;
100
101   //----------------- 由于学号是唯一的，故需要判断输入的学号是否已经存在
102   sql = "select * from tb_student where studentNo = ?";   //查询输入的学号
                                                               是否已经存在
103   rs = db.select(sql, studentNo);
104
105   if (rs == null) {
106       msg = "数据库操作发生错误！";
107       break;
108   }
109
110   if (rs.next()) {
111       db.close();
112       msg = "您输入的学号已经存在，请重新输入！";
113       break;
114   }
115   rs.close();                              //只关闭结果集 rs，因为下面还要插入数据
116
117   //----------------- 插入数据
118   sql = "insert into tb_student (studentNo, studentName, sex, age, "+
                          "className, note) values (?, ?, ?, ?, ?, ?)";
119   String studentId = db.insert(sql, studentNo, studentName, sex, ""+ age,
120                       className, note);
                                              //执行 SQL 语句，得到新添数据的 ID
121
122   if (studentId.equals("0")){
123       msg = "学生信息新添失败！请重试。";
124       break;
125   }
126
127   msg = "学生信息新添成功！ ";
128                String url = "studentShow.jsp?studentId=" + studentId;
129
130       request.setAttribute("msg", msg);
131       request.getRequestDispatcher(url).forward(request, response);
132                                                                   //转发
      return;
133   }
134
135   msg += back;                    //新添失败。加上后退按钮
136   out.print(msg);
```

测试新添学生信息，新添成功时的网页效果如图 7-35 所示。

图 7-35　学生信息新添成功

至此，学生管理系统已创建完成。在本系统的创建过程中，创建了 MySQL 数据库和数据表，通过 JDBC 连接数据库，实现了对数据的增、删、改、查操作，还实现了对数据进行模糊查询和分页。

练习页面 8：创建用户注册/新添用户的执行页 userAddDo.jsp

参考新添学生的执行页 studentAddDo.jsp，创建用户注册/新添用户的执行页 userAddDo.jsp，该页面的测试效果如图 7-36、图 7-37 所示。该页面的要求如下。

（1）无须用户登录即可执行 userAddDo.jsp。

（2）如果用户未登录或登录后的用户角色不是管理员，则标题显示"用户注册的结果"，注册成功后跳转到用户登录页 index.jsp，且显示用户注册成功的消息，如图 7-36 所示。如果用户已登录且用户角色是管理员，则标题显示"新添用户的结果"，用户新添成功后跳转到新添用户详情页 userShow.jsp，且显示新添用户成功的消息，如图 7-37 所示。

（3）在 userAddDo.jsp 中，对输入的值进行有效性验证，还要求输入的用户名不能与数据表 tb_user 中已存在的用户名相同。

（4）新添用户的角色级别是 guest。

图 7-36　用户注册成功

图 7-37　用户新添成功

第 7 章 JSP 数据库编程

7.3 小结与练习

1. 本章小结

本章介绍了 JSP 中的数据库编程知识。为了应用 JDBC 组件实现对数据库数据的增、删、改、查操作,需要相继执行五大步骤。不过,通常将其中的加载驱动程序、创建数据库连接、执行 SQL 语句和关闭数据库连接这些步骤的代码封装在一个 JavaBean 类当中。相对于 SQL 执行接口 Statement,通常使用预编译的 SQL 执行接口 PrepareStatement 来执行 SQL 语句,以增强 SQL 语句的安全性和可读性,通常也能提高 SQL 语句的执行效率。

本章通过案例 ch7.2_student(学生管理系统),详细介绍了如何实现学生数据的增、删、改、查操作。

2. 填空题

(1)通过 JDBC 组件执行数据库操作的五大步骤是:加载驱动程序、＿＿＿＿＿＿＿＿＿＿、＿＿＿＿＿＿＿＿＿＿、处理结果集(只在查询数据时有此步骤)、＿＿＿＿＿＿＿＿＿＿。

(2)通常使用 SQL 执行接口 Statement 来执行 SQL 语句,执行 SQL 执行接口的＿＿＿＿＿＿＿＿＿＿方法返回查询得到的结果集(ResultSet)。执行 SQL 执行接口的＿＿＿＿＿＿＿＿＿＿方法能更新数据,包括插入、更新和删除数据操作,返回被影响的数据行数。预编译的执行接口 PrepareStatement 的功能与 SQL 执行接口 Statement 的功能类似。

(3)显示学生详情时链接的 URL 中,根据参数＿＿＿＿＿＿＿＿＿＿传递的值,确定显示的是哪位学生的信息。

(4)查询表 tb_student 中的所有数据,且将其按学号升序排序的 SQL 语句是＿＿＿＿＿＿＿＿＿＿＿＿＿＿＿＿＿＿＿＿＿＿＿＿＿＿＿。

(5)查询表 tb_student 的数据总数的 SQL 语句是＿＿＿＿＿＿＿＿＿＿＿＿＿＿＿＿＿＿＿＿＿。

(6)从表 tb_student 中批量删除变量 studentIdAll 中包含的 studentId 列表的 SQL 语句是＿＿＿＿＿＿＿＿＿＿＿＿＿＿＿＿＿＿＿＿＿＿＿＿＿＿＿。

(7)从表 tb_student 中删除字段 studentId 的值为占位符"?"的 SQL 语句是＿＿＿＿＿＿＿＿＿＿＿＿＿＿＿＿＿＿＿＿＿＿＿＿＿＿＿。

(8)从表 tb_student 中查询字段 studentId 的值为占位符"?"的 SQL 语句是＿＿＿＿＿＿＿＿＿＿＿＿＿＿＿＿＿＿＿＿＿＿＿＿＿＿＿。

(9)在表 tb_student 中插入一条记录,字段 studentNo、studentName、sex、age、className 和 note 的值都为占位符"?"的 SQL 语句是＿＿＿＿＿＿＿＿＿＿＿＿＿＿＿＿＿＿＿＿＿。

(10)要在表 tb_student 中更新一条记录,可用这两条语句实现:sql = "＿＿＿＿＿＿＿ set studentNo=?, studentName=?, sex=?, age=?, className=?, note=?, timeRenew=＿＿＿＿＿＿ where studentId=?"; int count = db.update(＿＿＿＿＿＿, ＿＿＿＿＿＿, ＿＿＿＿＿＿, ＿＿＿＿＿＿, ＿＿＿＿＿＿, ＿＿＿＿＿＿, ＿＿＿＿＿＿)。

第 8 章 JSP MVC 编程

【学习要点】
（1）采用 MVC 编程模式开发 JSP 网站，对数据进行增、删、改、查操作。
（2）MD5 加密、验证码图片、AJAX、文件上传组件以及富文本编辑器 UEditor 的综合应用。

MVC 编程模式用于程序的分层开发，是应用非常普遍的一种编程模式。在 JSP 开发中，学会使用 MVC 分层模式开发 Web 应用程序是必要的，这样能从更全面、更宏观的角度去审视和建设网站。

8.1　MVC 编程模式简介

MVC 编程模式不仅在 JSP 开发中有应用，在多种应用程序、编程语言的开发中也普遍应用。

8.1.1　MVC 编程模式概述

MVC 编程模式，即 Model-View-Controller（模型-视图-控制器）编程模式，用于应用程序的分层开发，其运行模式如图 8-1 所示。

8.1.1 MVC 编程模式概述

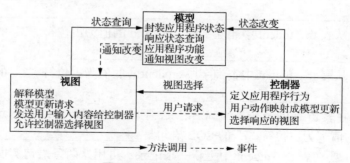

图 8-1　MVC 的运行模式

模型（Model）代表数据对象和业务规则。它通常带有业务逻辑，可以在数据变化时能通知视图进行更新。

视图（View）代表模型所包含数据的可视化。

控制器（Controller）作用于模型和视图，用于接收视图提交的请求，使数据流向模型对象，并在数据变化时可选择相应视图。它可使视图与模型实现代码分离。

MVC 早期是用于开发桌面程序的。使用 MVC 的目的是实现模型和视图的代码分离，从而使同一个程序可以有不同的表现形式。例如同一批统计数据可以分别用柱状图或饼图来展示。控制器的作用是确保模型和视图的同步，一旦模型改变，视图应该同步更新。

8.1.2 MVC 编程模式的优点

MVC 编程模式有以下优点。

8.1.2 MVC 编程模式的优点

1. 低耦合性

MVC 编程模式可实现视图层和业务层分离，这样就可以只更改视图层代码而不用重新编译模型层和控制层的代码。同样，更改一个应用的业务流程或者业务规则，通常只需改变 MVC 的模型层即可。

2. 高重用性和可适用性

MVC 实现使用不同的方式来访问相同的应用程序。如用计算机端浏览器访问网上商城购买某商品和用移动端浏览器访问该网上商城购买同一商品，虽然订购界面有差异，但订购产品的处理方式是一样的。这些差异通常只体现在视图层，而控制层和模型层通常不需要改变。

3. 较低的生命周期成本

MVC 使应用程序开发和维护用户接口的技术含量降低。

4. 快速的部署

MVC 便于实现分组开发，不同的开发人员可分别开发视图层、控制层逻辑和业务层逻辑，也让应用程序的测试更加容易。这样可以提升开发效率，减少开发时间。

5. 可维护性

MVC 编程模式分离了视图层和业务逻辑层，使 Web 应用更易维护和升级。

6. 有利于软件工程化管理

由于不同的层、不同的文件发挥各自的作用，每一层的中不同的应用具有某些相同的特征，这样有利于工程化、工具化地管理程序代码。

8.1.3 MVC 编程模式在 JSP 中的体现

JSP 开发中的 MVC 可简单理解成模型 M 对应 JavaBean、视图 V 对应 JSP 页面、控制器 C 对应 Servlet。典型 Web 应用系统中，三者之间的层次关系如图 8-2 所示。

8.1.3 MVC 编程模式在 JSP 中的体现

模型的角色通常由 JavaBean 来充当，实体类、业务逻辑、数据操作等都在模型中实现。

JSP 页面作为表现层，负责收集用户请求参数，将应用的处理结果、消息等呈现给用户。

Servlet 充当控制器角色，它类似于调度员：将用户请求发送给模型来处理，并调用 JSP 页面来呈现处理结果。

MVC 编程模式通常在开发中型以上的项目或网站时才会体现其优势，小项目或网站可以不必严格按照 MVC 编程模式进行编程，如案例 ch7.2_student（学生管理系统）就是在 JSP 页面中完成业务逻辑、数据操作和结果呈现的。

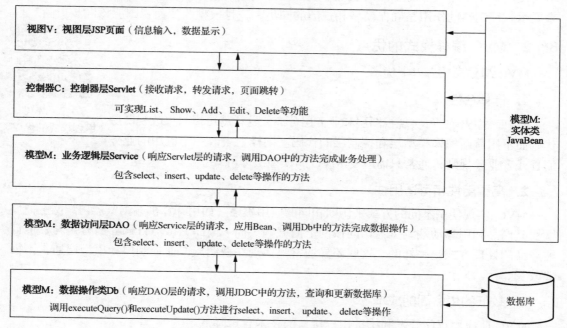

图 8-2　MVC 中的层次关系

8.2　案例 ch8.2_goods（商品管理系统）

8.2　案例 ch8.2_goods（商品管理系统）

本案例中商品管理系统的业务功能、业务逻辑和数据结构与案例 ch7.2_student（学生管理系统）类似，是典型的 Web 应用系统，采用 JDBC 连接方式，对 MySQL 数据库进行数据的、删、改、查操作。不同的是，本案例采用 MVC 编程模式分层开发。另外，本案例还应用 MD5 加密、验证码图片、AJAX、文件上传组件以及富文本编辑器 UEditor 等常用的网站技术，使系统更安全，功能更强大。

8.2.1　工作流程图

商品管理系统的主要功能有用户登录、用户管理、商品管理、分类管理等，其工作流程图如图 8-3 所示。

其中管理员角色 admin 拥有全部管理功能，普通用户角色 user 只能进行商品管理和分类管理。包括访客角色 guest 在内的所有用户，在登录之后都能注销登录、查看和修改自己的信息。另外，无论是否登录，都可以浏览商品平铺式列表页和商品详情页。

页头文件 header.jsp、页脚文件 footer.jsp、用户登录和商品管理相关文件的创建或修改，将在本章后面分别进行介绍。分类管理和用户管理相关文件的创建，请读者仿照商品管理部分的对应代码认真完成，以加深对 MVC 分层开发的理解和提高编程能力。

相关文件列表如图 8-4~图 8-6 所示，从中可以看到，type、user 的文件与 goods 的文件类似。

第 8 章　JSP MVC 编程

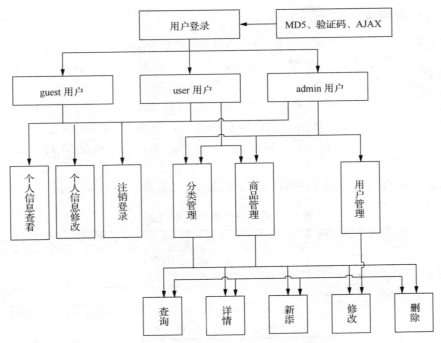

图 8-3　商品管理系统的工作流程图

图 8-4　项目文件列表

图 8-5　src/main/java 包中的文件列表

图 8-6　JSP 等文件的列表

8.2.2 创建数据库 db_goods

8.2.2 创建数据库 db_goods

请读者参照本书 7.2.2 小节的操作步骤，依照下列的字段和数据，完成商品管理系统中数据库（db_goods）、3 个数据表（tb_user、tb_type、tb_goods）的创建和数据录入工作，也可在 MySQL Workbench 中运行素材文件夹下 db_goods.txt 文件中的 SQL 语句完成数据库 db_goods 的导入。

用户表 tb_user 的字段和数据与案例 ch7.2_student（学生管理系统）中的 tb_user 表一致，只是 password 字段的值采用的是 MD5"加密"后的值（为 32 个字符）。

商品分类表 tb_type 的字段和数据情况如表 8-1、图 8-7 和图 8-8 所示。

表 8-1 商品分类表 tb_type 的字段

字段名	数据类型	字段说明
typeId	INT	分类 ID，主键、非空、自增长
typeName	VARCHAR(45)	分类名称，值唯一
note	VARCHAR(2000)	备注
timeRenew	DATETIME	更新时间，默认值为当前系统时间 CURRENT_TIMESTAMP，即通过函数 now()获取的时间

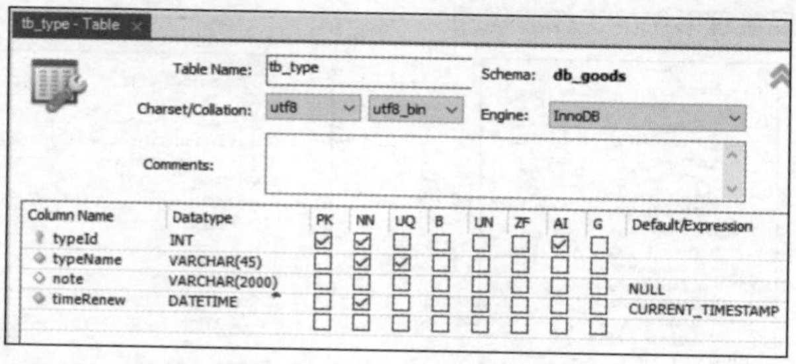

图 8-7 商品分类表 tb_type 的字段 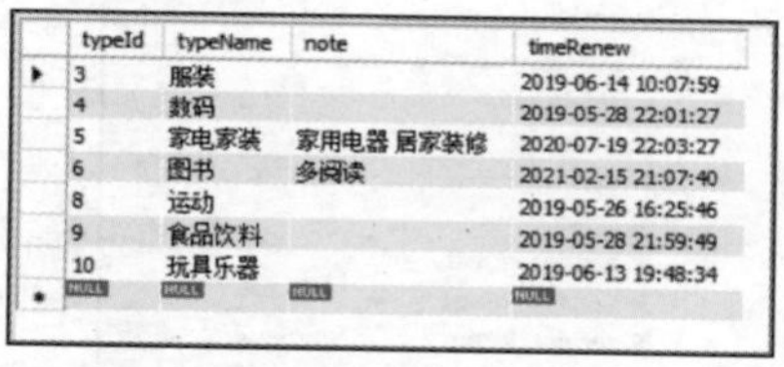   图 8-8 商品分类表 tb_type 中的数据

商品表 tb_goods 中的字段和数据情况如表 8-2、图 8-9 和图 8-10 所示。其中字段 typeId 和 typeName 的值源于表 tb_type。

表 8-2 商品表 tb_goods 的字段

字段名	数据类型	字段说明
goodsId	INT	商品 ID，主键、非空、自增长
goodsNo	VARCHAR(45)	商品编码，值唯一
goodsName	VARCHAR(45)	商品名称
typeId	INT	分类 ID
typeName	VARCHAR(45)	分类名称
price	FLOAT	价格
stock	INT	库存数量
timeSale	DATETIME	开始销售的时间
image	VARCHAR(45)	商品图片的文件名
detail	VARCHAR(10000)	商品简介
timeRenew	DATETIME	更新时间，默认值为当前系统时间 CURRENT_TIMESTAMP

第 8 章　JSP MVC 编程

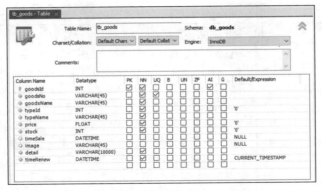

图 8-9　商品表 tb_goods 的字段

图 8-10　商品表 tb_goods 中的数据

8.2.3　包和文件夹的功能说明

8.2.3　包和文件夹的功能说明

导入素材文件 Web 项目 ch8.2_goods_Ex。由于本案例中的类和网页等文件比较多，业务流程比较复杂，为了让读者掌握 MVC 分层开发的核心思想和主要步骤，读者可在素材文件中获取到一些已经完成的类和网页，也有一些类和网页已经完成大半，等待读者去修改、完缮，还有一些类和网页需要读者去创建。

src/main/java 包中有 10 个子包：bean、dao、service、servlet_*（6 个）和 util，这些包按照用途存放相应 JavaBean 类或 Servlet 类的 JAVA 文件，如图 8-5 所示。这些包的用途和所包含的类如表 8-3 所示。

表 8-3　src/main/java 包中的子包

包名	类的用途	包含的类及功能说明
bean	实体类	3 个实体类 Goods、Type 和 User：在 DAO 层、Service 层、Servlet 层和 JSP 页面中有应用
dao	数据访问层：实现数据的增、删、改、查操作	（1）数据操作类 Db：响应 DAO 层的调用，对数据库中的数据进行查询和更新操作，返回操作结果给 DAO 层。 （2）3 个数据访问类 GoodsDao、TypeDao 和 UserDao：响应 Service 层的请求，调用 Db 类中的方法，进行数据的增、删、改、查操作，返回结果给 Service 层
service	业务层/业务逻辑层：实现业务处理	5 个业务处理类 GoodsImageService、GoodsService、LoginService、TypeService 和 UserService：获取并校验 Servlet 层传递来的表单数据或 URL 参数，调用 DAO 层的方法实现相应的数据的处理，完成业务处理后将实体类对象、消息存入 request，将结果反馈给 Servlet 层

续表

包名	类的用途	包含的类及功能说明
servlet_*	控制层：转发页面请求给业务逻辑层，根据反馈结果进行页面跳转	servlet_*包总共有6个，每个包中有若干Servlet类。 （1）servlet_goods、servlet_type和servlet_user中的Servlet类，大部分都是先进行用户权限验证，然后将页面请求转发给Service层，根据Service层处理的结果重定向或转发到相应JSP页面。 （2）servlet_image中的3个Servlet类：调用GoodsImageService中的方法实现商品图片的显示、上传、更换或删除。 （3）servlet_login中的2个Servlet类：调用LoginService中的方法，实现登录验证和注销登录。 （4）servlet_verifyCode中的Servlet类，直接生成图片验证码
util	权限检查，MD5加密	（1）用户权限检查类LoginCheck中的3个静态方法：判断用户是否登录，检查用户的角色级别。 （2）MD5类中的静态方法getMd5()：根据请求的字符串参数，生成32位摘要值（32个字符）并返回

src/main/webapp文件夹及其子文件夹用于按照用途存放相应页面的JSP文件、CSS文件和图片文件等，这些子文件夹的用途和所包含的文件如表8-4所示。

表8-4 src/main/webapp文件夹中的子文件夹

子文件夹	子文件夹的说明	存放的文件
根目录	系统基础功能的相关页面	首页index.jsp、登录页login.jsp、用户功能页main.jsp、页头header.jsp和页脚footer.jsp
goods	商品管理的相关页面文件	列表、详情、新添和修改 商品图片上传页goodsImageUpload.jsp 商品平铺式列表页goodsListLayout.jsp 能管理商品图片的商品详情页goodsShowImageRenew.jsp
type	分类管理的相关页面文件	列表、详情、新添和修改
user	用户管理的相关页面文件	列表、详情、新添和修改 用户注册页register.jsp
css	页面的外部样式文件	css.css用于常规页面 cssGoodsListLayout.css用于平铺式列表页goodsListLayout.jsp cssHeaderFooter.css用于页头header.jsp、页脚footer.jsp
fileUpload	上传的文件	fileUpload/goodsImage文件夹用于存放上传的商品图片
image	图片文件	页面Logo图片，详情和修改链接的图标等
UEditor	富文本编辑器的文件	包含*.js、*.html、*.css和图片等文件，在商品新添的输入页goodsAdd.jsp和修改的输入页goodsEditor.jsp中有应用
data_数据导入导出	导入数据库的SQL脚本文件 导入导出数据库的说明文件	db_goods.txt 导入导出数据.txt
WEB-INF/lib	jar库文件	文件上传组件，JDBC驱动程序，JSTL标签库

第 8 章 JSP MVC 编程

8.2.4 外部样式文件 css.css

8.2.4 外部样式文件 css.css

本案例中的页面应用了 3 个外部样式文件。

（1）本案例的样式文件 css/css.css 与案例 ch7.2_student（学生管理系统）中的样式文件 css/css.css 基本相同，只是增加了 2 个样式，代码如下。本案例中的常规页面都引用此样式文件。

```
 8    .divGrid {
 9        width:              900px;
10        margin:             15px auto;
11        padding:            0px;
12        text-align:         center;
13    }
14    input, select {
15        vertical-align:     middle;          /* 控件上下居中 */
16    }
```

（2）样式文件 css/cssHeaderFooter.css 只应用于页头从文件 header.jsp 和页脚从文件 footer.jsp，读者请在素材文件夹中查看 cssHeaderFooter.css 的源代码。

（3）样式文件 css/cssGoodsListLayout.css 只应用于商品平铺式列表页 goodsListLayout.jsp，请读者在素材文件夹中查看 cssGoodsListLayout.css 的源代码。

8.2.5 JSP 标准标签库 JSTL 简介

8.2.5 JSP 标准标签库 JSTL 简介

本案例 ch8.2_goods 的绝大部分页面的代码都使用了 JSTL 标签库。

JSTL 标签库，即 JSP 标准标签库（JavaServer Pages Standarded Tag Library），是由 JCP（Java Community Process）所制定的标准规范，它主要为 Java Web 开发人员提供一个标准、通用的标签库，开发人员可以利用这些标签取代 JSP 页面中的一些简单、常用的 Java 代码，使 Java 代码与 HTML 代码分离，让网页开发更符合 MVC 设计理念，从而提高程序的可读性、降低程序的维护难度。

在 Web 项目中需要使用 JSTL 标签库时，需手动将 taglibs-standard-impl-1.2.5.jar 和 taglibs-standard-spec-1.2.5.jar 库文件添加到 src/main/webapp/WEB-INF/lib 文件夹中。这两个库文件可在 Apache 官方网站下载，本案例的素材文件夹中已提供。

在网页中使用 JSTL 标签库时，需在页面开头位置添加 taglib 标签库指令<%@ taglib prefix="c" uri="http://java.sun.com/jsp/jstl/core" %>声明引入该标签库。JSTL 标签库的前缀 prefix 通常声明为 c，并需指明标签库的格式规范 URI。在网页代码中使用的 JSTL 标签是类似<c:*>…</c:*>的标签，常见的标签有条件判断标签<c:if>、循环标签<c:forEach>和赋值标签<c:set>等。

8.2.6 页头文件 header.jsp 和页脚文件 footer.jsp

8.2.6 页头文件 header.jsp 和页脚文件 footer.jsp

本案例的 JSP 网页采用包含页头从文件 header.jsp 和页脚从文件 footer.jsp 的拼接方式进行构建，项目中的常规 JSP 页面都通过类似的页面指令 <%@ include file="../header.jsp" %>和<%@ include file="../footer.jsp" %>包

含这两个从文件。

打开页头文件 header.jsp，修改代码，代码如下。

```jsp
1   <%@ page language="java" import="java.util.*" pageEncoding="UTF-8"%>
2   <%@ taglib prefix="c" uri="http://java.sun.com/jsp/jstl/core" %>
3
4   <link rel="stylesheet" type="text/css" href="css/cssHeaderFooter.css" />
5
6   <div class="header">
7       <div style="width:900px; margin:0 auto;">
8           <div class="headerTitle">
9               <img src="image/logoGoods1.png" style="width:245px;
                                                      height:62px;">
10              <img src="image/logoGoods2.png" style="width:206px;
                                                      height:35px;">
11              <!-- 上网搜索并访问"在线生成艺术字"网站，生成艺术字图片时建议
                                                        设置为透明背景，
12              将图片另存到本地后，再复制到 Word，然后在 Word 中裁剪、缩放图片，
13              最后将其另存为网页（*.htm;*.html），所需的艺术字图片保存在
                                该网页的文件夹"网页名.files"中 -->
14          </div>
15
16          <c:if test="${ myUser.role == null }">        <!-- 未登录 -->
17              <div class="headerUsername">
18                  <br><br><br>  
19                  <a href="GoodsListLayout">商品列表</a>  
20                  <a href="login.jsp">用户登录</a>  
21                  <a href="Register">用户注册</a>
22              </div>
23          </c:if>
24
25          <c:if test="${ myUser.role == 'guest' }">    <!-- 无管理权限
                                                的注册用户，角色为 guest -->
26              <div class="headerUsername">
27                  <br><br><br>
28                  用户：<span style="color:#800;">${ myUser.
                                        username }</span>  
29                  <a href='GoodsListLayout'>商品列表</a> 
30                  购物车 
31                  订单 
32                  <a href="main.jsp">用户功能</a> 
33                  <a href="Logout">退出</a>
34              </div>
35          </c:if>
36
37          <c:if test="${ myUser.role == 'admin' || myUser.role ==
                'user'}">      <!-- 有管理权限的注册用户，角色为 admin -->
38              <div class="headerUsername">
39                  <br><br><br>
```

```
40                         用户: <span style="color:#800;">${ myUser.
                                                username }</span>  
41                         管理:  <a href='GoodsList'>商品</a> 
42                         <a href='TypeList'>分类</a> 
43                         <a href="main.jsp">用户功能</a> 
44                         <a href="Logout">退出</a>
45                    </div>
46               </c:if>
47          </div>
48     </div>
```

header.jsp 使用的 Logo 图片由在线生成艺术字网站生成,生成时建议将其设置为背景透明,将生成的艺术字图片直接复制到 Word 文档,或将其保存到磁盘后从磁盘复制到 Word 文档。然后用 Word 文档对图片进行裁剪和调整大小等操作,最后将文件另存为网页,例如 goods.htm,在保存网页的文件夹中将会生成子文件夹 goods.files,在子文件夹 goods.files 中能看到所需的艺术字图片。当然也可以用 Photoshop 等专业图片处理软件调整或制作所需的 Logo 图片。

header.jsp 引入了 JSTL 标签库,应用条件判断标签<c:if>根据用户的角色级别,在导航栏显示不同的链接。其中,EL 表达式中的对象 myUser 是用户登录成功时保存在 session 对象中的 user 对象,myUser 对象有三个属性:用户 ID userId、用户名 username 和角色级别 role。

页脚文件 footer.jsp 的代码可以无须修改,代码如下。

```
1    <%@ page language="java" import="java.util.*" pageEncoding="UTF-8"%>
2
3    <div class="footer">
4         <div style="height:15px; border-top: 1px solid #ace;"> </div>
5         <div style="width:900px; margin:0px auto;">
6              <a href="index.jsp" target="_top">商城首页</a>
7                |  
8              秦高德开发维护
9                |  
10             版权所有
11        </div>
12   </div>
```

8.2.7 用户登录

商品管理系统中用户登录页面使用了图片验证码、AJAX 技术和 JavaScript 代码实现网页跳转,登录页的预览效果如图 8-11 所示。

处理用户登录的业务流程:用户输入用户名和密码后提交登录信息,登录页 Javascript 代码中的 AJAX 将登录信息提交给服务器验证程序,登录验证程序接收到输入的用户名和密码后,使用 MD5 算法根据"用户名+密码+附加字符串"生成 32 位摘要值字符串作为"新"的密码,再将用户名和"新"密码与 tb_user 表中的 username 和 password 字段值进行比对。若比对失败,即输入的用户名或密码错误,则后台登录验证程序会将登录失败的消息发送给登录页,登录页中的 AJAX 接收消息,后由 JavaScript 代码将消息显示到登录页中;如果比对成功,即登录成功,则后台登录验证程序会将包含网页跳转的消息发送给登录页,登录页中的 AJAX 接收消息,后由 JavaScript 代码根据消息中的网址跳转到用户功能页 main.jsp。

8.2.7 用户登录

图 8-11　用户登录页

以 MVC 分层开发模式实现用户登录功能，涉及 7 个类和 2 个网页：servlet_verifyCode.VerifyCodeNumChar、util.Md5、bean.User、dao.Db、dao.UserDao、service.LoginService、servlet_login.LoginDo、login.jsp 和 main.jsp。

操作 1：备好图片验证码 Servlet 类 VerifyCodeNumChar

8.2.7　用户登录
操作 1～操作 2

Servlet 类文件 VerifyCodeNumChar.java 存放在 servlet_verifyCode 包中，此文件与本书 6.5.5 小节创建的类文件相同，能直接生成由数字和大写字母组成的 4 位验证码图片。

操作 2：备好字符加密类 Md5

字符加密类 Md5 用于用户登录验证、用户注册、新添用户和修改用户密码。

实现 MD5 加密的 Java 源代码在网上能轻松搜索到，读者可以自行选用一种搜索到的源代码。

在包 util 中打开类文件 Md5.java，其代码如下。

```
 3      import java.security.MessageDigest;
 4
 5      public class Md5 {
 6
 7          /**
 8           * 返回 32 位加密后的字符串。可在网上搜索"java md5"，查找实现 MD5 加密的源代码。
 9           * @param  str  为需加密的字符串
10           * @return 32 位的 MD5 字符串
11           */
12          public final static String getMd5(String str)
                                                          //静态类型，可直接调用
13          {
14              try {
15                  str += "cc856skdskgf";               //添加自定义的字符串
16
17                  byte[] btInput = str.getBytes();     //输入的字符串转换成字节数组
18                  MessageDigest mdInst = MessageDigest.getInstance("MD5");
                                                          //获得 MD5 摘要算法的对象
19                  mdInst.update(btInput);              //使用指定的字节更新摘要
```

```
20                byte[] md = mdInst.digest();        //获得密文
21
22                int  length = md.length;
23                char result[] = new char[length * 2];
24                char hexDigits[] = { '0', '1', '2', '3', '4', '5', '6',
                         '7', '8', '9', 'A', 'B', 'C', 'D', 'E', 'F' };
25                byte b;
26                int  k = 0;
27
28                for (int i = 0; i < length; i++) {  //把密文转换成十六进制的
                                                        字符数组
29                    b = md[i];
30                    result[k++] = hexDigits[b >>> 4 & 0xf];
31                    result[k++] = hexDigits[b & 0xf];
32                }
33
34                return (new String(result));        //将字符数组转换成一个32位
                                                         字符串并返回
35
36            } catch (Exception e) {
37                e.printStackTrace();
38                return null;
39            }
40        }
41    }
```

以上代码中的加密方法 getMd5(String str)能将传入的字符串参数 str 加密并返回 32 位（有些 MD5 算法返回 16 位）字符串。由于该方法是公共的静态类型，所以可在其他类中直接调用而无须先创建对象。

特别要说明的是，平常应用 MD5 算法加密某些字符或文件，并不是真正的加密，其实是 MD5 算法获取 32 位摘要字符串，"加密"后的内容是无法还原的。而普通的加密软件对内容进行加密后，是可以还原的。MD5 算法在开发中通常用于核验输入的密码是否与设置的密码一致，也常用来检验下载的文件是否与原始文件一致。

8.2.7 用户登录操作 3

操作 3：修改登录页面 login.jsp

在网站根目录中打开用户登录页 login.jsp，修改代码，主要代码如下。

```
5   <head>
6     <title>用户登录</title>
7     <link rel="stylesheet" type="text/css" href="css/css.css">
8     <script type="text/javascript" src="UEditor/third-party/
                            jquery-1.10.2.min.js"></script>
9   </head>
10
11   <body onkeyup="submitInput(event)">   <!-- 实现按回车键提交输入的信息 -->
12      <%
13          //生成加密后的密码
14          //String username = "zhangsan";                  //登录用户名
```

```
15              //String password = "1";
16              //String salt     = "login_fdsfj45349fd";        //加盐。此盐应与
                                                                 LoginCheck.java 中加的盐相同
17              //String md5 = util.Md5.getMd5(username + password + salt);
                                                                 //生成 MD5 加密结果
18              //out.print(md5);              //将得到加密后的密码：
                                                7F3E096131569A77E3D63EEE4B79DD30
19          %>
20          <%@ include file="header.jsp" %>
21          <h3>用户登录</h3>
22
23          <div style="width:250px; margin:0 auto; text-align:left;">
24              用户名：<input type="text" name="username" style="width:150px;">
25              <br>
26              密 码：<input type="password" name="password"
                                                        style="width:150px;">
27              <br>
28              验证码：<input type="text" name="code" maxlength="4"
                                                style="width:50px;"> 
29              <a href="#"><img src="" id="imgCode" onclick="changeCode()"
30                      style="vertical-align:middle; border:0;"></a>
31              <a href="#" style="font-size:small;"
                                            onclick="changeCode()">刷新</a>
32              <br>
33                    
34              <input type="submit" value="提交" onclick="ajax()">
35          </div>
36
37          <div id="msg" class="msg">${ msg }</div>
38          <br>
39          <div class="note">
40              普通用户角色 user 登录：tom, 1  管理员角色 admin 登录：
                                                                 zhangsan, 1
41          </div>
42
43          <%@ include file="footer.jsp" %>
44      </body>
45  <script type="text/javascript">
46
47  window.onload = changeCode();          //网页转载、后退时，将刷新验证码图片
48
49  function changeCode() {                //刷新验证码图片
50
51      var t = (new Date()).getTime();    //将当前时间转换为毫秒
52      $("#imgCode").attr("src", "VerifyCodeNumChar?t=" + t);
                                            //【重要】设置属性 src 的值
53      $("[name='code']").val("");        //清空验证码输入框
54      $("[name='code']").focus();        //获得焦点，光标定位在验证码输入框中
55  }
```

```
56
57    function ajax() {                                    //应用 AJAX 技术实现登录
58
59        var username   = $("[name='username']").val();   //根据 name 获取输入的值
60        var password   = $("[name='password']").val();
61        var code       = $("[name='code']").val();
62
63        var url = "LoginDo";                    //【重要】目标地址
64        var arg = {    "username" : username, "password" : password,
65                       "code"     : code };    //JSON 格式数据: {key:value, k2:v2}
66
67        $.post(url, arg, function(data) {//应用 jQuery 中的 AJAX 技术
68            setMsg(data);
69        });
70    }
71
72    function setMsg(msg) {
73
74        var prefix = "@Redirect:";              //前缀
75
76        if (msg.indexOf(prefix) == 0) {         //如果 msg 的前面部分是"@Redirect:"
77            var url = msg.substring(prefix.length);    //截取前缀后面的
                                                         路径名, 得到 main.jsp
78            window.location.href = url;         //网页转向
79            return;
80        }
81
82        prefix = "@RefreshCode:";               //前缀
83
84        if (msg.indexOf(prefix) == 0) {         //如果 msg 的前面部分是"@RefreshCode:"
85            changeCode();                       //刷新验证码
86            msg = msg.substring(prefix.length); //得到前缀后面的消息内容
87        }
88
89        $("#msg").html(msg);                    //显示消息
90    }
91
92    function submitInput(event){                //执行键盘按键命令
93
94        if (event.keyCode == 13) {              //回车键是 13
95            ajax();                             //提交输入
96        }
97    }
98    </script>
```

第 8 行代码引入了 jQuery 框架的 JS 文件。页面底部的 JavaScript 代码中, changeCode() 函数用于刷新图片验证码, ajax()应用 jQuery 中的 AJAX 技术实现提交输入并接收返回的消息, setMsg(msg)用于输出消息或实现网页跳转, submitInput(event)用于实现按回车键提交输入 (第 11 行代码的 body 标签中声明了键盘事件)。

第 20 行代码引入了页头从文件 header.jsp，第 43 行代码引入了页脚从文件 footer.jsp。

如果读者自行录入 tb_user 表中的记录，可取消第 14～18 行代码的注释，预览页面时将得到加密后的 32 位字符串，将此 32 位字符串复制粘贴到 tb_user 表的密码字段中，以便用户"zhangsan"通过登录验证。此加密内容由"用户名+密码+盐"生成。因此，不同的用户即使输入的密码一样，加密后的 32 位字符串也不一样。

第 37 行代码使用 EL 表达式${ msg }输出 request 对象中保存的消息 msg，用于显示注销登录时的消息。

用户登录页 login.jsp 的测试效果如图 8-11 所示。

操作 4：修改用户功能页 main.jsp

用户成功登录后将跳转到用户功能页 main.jsp，该网页根据在 session 对象中保存的对象 myUser 的用户角色级别 role，显示不同的功能链接列表。

打开 main.jsp，修改代码，代码如下。

8.2.7 用户登录
操作 4

```jsp
1   <%@ page language="java" import="java.util.*" pageEncoding="UTF-8"%>
2   <%@ taglib prefix="c" uri="http://java.sun.com/jsp/jstl/core" %>
3   
4   <!DOCTYPE html>
5   <html lang="zh">
6     <head>
7       <title>用户功能</title>
8       <link rel="stylesheet" type="text/css" href="css/css.css">
9     </head>
10  
11    <body>
12      <%@ include file="header.jsp" %>
13      <h3>用户功能</h3>
14  
15      <c:if test="${ myUser == null }">                        <!-- 如果未登录 -->
16          <c:redirect url="login.jsp"></c:redirect> <!-- 网页重定向 -->
17      </c:if>
18  
19      <table style="width:600px; margin:0 auto;"
                    class="table_border table_border_bg table_hover">
20          <tr height="50" class="tr_header">
21              <th colspan="2">
22                  用户功能列表
23              </th>
24          </tr>
25          <tr height="50">
26              <td width="30%">
27                  登录相关
28              </td>
29              <td class="left"> 
30                  <a href="UserShow?userId=${ myUser.userId }">
                            个人信息</a>  
31                  <a href="Logout">退出登录</a>  
32              </td>
```

```
33              </tr>
34
35              <c:if test="${ myUser.role == 'guest'}">
36                  <tr height="50">
37                      <td>
38                              订单管理
39                      </td>
40                      <td class="left"> 
41                          <a href="GoodsListLayout">商品列表</a>  
42                          购物车  
43                          订单列表  
44                      </td>
45                  </tr>
46              </c:if>
47
48              <c:if test="${ myUser.role == 'admin' || myUser.role == 'user'}">
49                  <tr height="50">
50                      <td>
51                              商品管理
52                      </td>
53                      <td class="left"> 
54                          <a href="GoodsList">商品列表</a>  
55                          <a href="GoodsAdd">商品新添</a>  
56                          <a href="GoodsListLayout">商品列表(平铺式)</a>
57                      </td>
58                  </tr>
59                  <tr height="50">
60                      <td>
61                              分类管理
62                      </td>
63                      <td class="left"> 
64                          <a href="TypeList">分类列表</a>  
65                          <a href="TypeAdd">分类新添</a>  
66                      </td>
67                  </tr>
68              </c:if>
69
70              <c:if test="${ myUser.role == 'admin' }">
71                  <tr height="50">
72                      <td>
73                              用户管理
74                      </td>
75                      <td class="left"> 
76                          <a href="UserList">用户列表</a>  
77                          <a href="UserAdd">用户新添</a>  
78                      </td>
79                  </tr>
80              </c:if>
81          </table>
```

```
82
83          <%@ include file="footer.jsp" %>
84      </body>
85  </html>
```

在以上代码中，没有 Java 代码，使用了 JSTL 标签库中的条件判断标签<c:if>来判断是否登录以及根据角色级别显示不同的功能链接。EL 表达式中的对象 myUser 是在用户登录通过验证时保存在 session 对象中的 user 对象。

请读者完成本小节后续的操作 5～操作 9 之后，再来测试用户登录。用户登录成功后，用户功能页 main.jsp 的预览效果如图 8-12 所示。

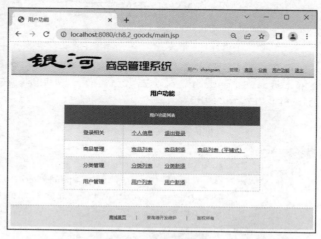

图 8-12　用户功能页

操作 5：备好数据操作类 Db

8.2.7　用户登录
操作 5～操作 7

类文件 Db.java 存放在 dao 包中，此文件与本书第 7 章应用的类文件 Db.java 几乎相同，只是代码第 9 行的数据库名改成了 db_goods。该数据操作类能根据参数中的 SQL 语句和其他参数值，对数据表中记录实现增、删、改、查操作。

操作 6：备好用户实体类 User

用户数据在 MVC 各层之间传递时，是以用户对象 user 或用户对象列表 userList 的形式传递的，所以要实现用户登录和用户管理等功能，需要用到用户实体类 User。

打开商品实体类文件 bean/Goods.java，其主要代码如下。

```
3   public class User {
4
5       private String userId;          //用户 ID
6       private String username;        //用户名
7       private String password;        //密码
8       private String realName;        //真实姓名
9       private String role;            //角色级别: guest、user、admin
10      private String timeRenew;       //更新时间
11
```

```
12          public String getUserId() {
13              return userId;
14          }
    ……（其他 getter 和 setter 方法此处略）
        }
```

User 类的属性与用户表 tb_user 中的字段是一一对应的。

操作 7：修改用户数据访问类 UserDao

登录验证时，需要根据输入的用户名和加密后的密码去查询 tb_user 表，即需要用到数据访问层的 JavaBean 类 UserDao，调用 UserDao 中的数据查询方法 queryByUsernameAndPassword()，以判断输入的用户名和密码是否正确。打开 dao/UserDao.java，修改代码，部分代码如下。

```
9   public class UserDao {
10
11      Db db = new Db();                    //新建实例（该实例实现了数据的增、删、改、查）
12      String sql = "";
13      ResultSet rs = null;
14
15      /**---------------------------- 根据用户名和密码查询用户，用于登录验证 */
16      public User queryByUsernameAndPassword (HttpServletRequest request,
                                String username, String password) {
17
18          User user = null;
19          String msg = "";
20
21          try {
22              sql = "select userId, role from tb_user where userName = ?
                                        and password = ?";
23              rs = db.select(sql, username, password);
24
25              if (rs == null) {
26                  msg += "数据库操作发生错误！";
27                  return user;
28              }
29
30              if (rs.next() == false) {
31                  db.close();
32                  //msg += "用户名或密码错误！";
33                  return user;
34              }
35
36              String userId= rs.getString("userId");      //读取字段
37              String role   = rs.getString("role");
38              db.close();                                 //及时关闭
39
40              user = new User();                          //创建 user 对象
41
42              user.setUserId(userId);                     //给 user 对象的属性赋值
43              user.setUsername(username);
```

```
44                      user.setRole(role);
45                      return user;
46
47              } catch (Exception e) {
48                      msg += "系统发生错误。";
49                      e.printStackTrace();
50              } finally {
51                      if (request.getAttribute("msg") != null) {
52                              msg += request.getAttribute("msg").toString();
53                      }
54                      request.setAttribute("msg", msg);
55              }
56
57              return user;
58      }
```

数据访问类 UserDao 能响应登录业务处理类 LoginService 的请求，调用数据操作类 Db 中的方法完成数据的查询操作，并将生成的 User 类的对象 user 反馈给 LoginService 类。

如果根据传入的参数 username 和 password 未能在数据表 tb_user 中查询到记录，即用户名或密码错误，则返回的 user 对象为 null，并且将相关提示信息保存到 request 对象（代码第 54 行）；如果能查询到记录，则读取 tb_user 表中 userId 和 role 字段的值，并给 user 对象的 userId、username 和 role 属性赋值，最后返回 user 对象。

操作 8：修改用户登录业务处理类 LoginService

用户登录业务处理类 LoginService 能响应控制层 Servlet 类 LoginDo 的请求，处理业务并向 UserDao 类发起数据访问的请求，并将业务处理的执行结果反馈给 Servlet 类 LoginDo。

8.2.7 用户登录 操作 8

打开 service/LoginService.java，修改代码，主要代码如下。

```
6   import bean.User;
7   import dao.UserDao;
8   import util.Md5;
9
10  public class LoginService {
11
12      public boolean loginDo (HttpServletRequest request) {  //登录验证
13
14          String msg = "";
15          HttpSession session = request.getSession();
16
17          try {
18              String username = request.getParameter("username");
19              String password = request.getParameter("password");
20              String code     = request.getParameter("code");
                                                                    //输入的验证码
21
22              if (username == null || username.trim().equals("")) {
23                  msg = "请输入用户名！";
```

```
24                    return false;    //即使这里有return,也会在程序结束之前
                                                        执行finally中的代码
25                }
26                username = username.trim();
27
28                if (password == null || password.equals("")) {
29                    msg = "请输入密码！";
30                    return false;
31                }
32
33                if (code == null || code.trim().equals("")) {
                                                                //校验验证码
34                    msg = "@RefreshCode:请输入验证码！";    //将通过JavaScript
                                                        代码在浏览器端刷新验证码图片
35                    return false;
36                }
37                code = code.trim().toLowerCase();         //转换为小写字母
38
39                if (session.getAttribute("code") == null) {
40                    msg = "@RefreshCode:验证码已过期。请重新输入。";
41                    return false;
42                }
43
44                String codeSession = session.getAttribute("code").
                                                                toString();
45                codeSession = codeSession.toLowerCase();
46
47                if (code.equals(codeSession) == false) {
48                    msg = "@RefreshCode:您输入的验证码错误。请重新输入。";
49                    return false;
50                }
51
52                String salt = "login_fdsfj45349fd";//加点盐。此盐应与
                                                        登录页login.jsp中加的盐相同
53                password = Md5.getMd5(username + password + salt);
                                                //对用户名+密码+料进行MD5加密
54
55                UserDao userDao = new UserDao();
56                User user = userDao.queryByUsernameAndPassword (request,
                                                        username, password);
57
58                if (user == null)    {         //如果未读取到记录
59                    msg = "登录失败！您输入的用户名或者密码不正确。";
60                    return false;
61                }
62
63                //msg = "登录成功！";
64                session.setAttribute("myUser", user);  //将用户对象user
                                                        添加到session对象中
```

```
65                    session.setMaxInactiveInterval(20 * 60); //有效时长20分钟。
                                                                生成验证码的时长为30秒
66                    return true;
67
68              } catch (Exception e) {
69                  msg += "系统发生错误。";
70                  e.printStackTrace();
71              } finally {
72                  if (request.getAttribute("msg") != null) {
73                      msg += request.getAttribute("msg").toString();
74                  }
75                  request.setAttribute("msg", msg);
76              }
77
78              return false;
79          }
80      }
```

第 18～37 行代码获取输入的值并对值进行校验。

第 39～50 行代码判断输入的验证码是否与保存在 session 对象中的图片验证码值相同。如果没有输入验证码、验证码已过期或验证码错误，则相应的消息中会含有 "@RefreshCode:"，并被存入第 75 行代码的 request 对象中。

第 52～66 行代码先调用 Md5 类中的方法 getMd5(username + password + salt)生成 "新" 的密码，然后调用 UserDao 类中的方法判断输入的用户名和密码是否正确。如果 user 对象不为 null，则表示通过登录验证，将 user 对象存入 session 对象中，并返回 true 给 Servlet 类 LoginDo。

8.2.7 用户登录操作 9

操作 9：修改用户登录控制层 Servlet 类 LoginDo

控制层的登录验证 Servlet 类 LoginDo 能响应浏览器的请求，调用业务处理类 LoginService 中的 loginDo()方法，最后根据返回的布尔值，决定返回给登录页 login.jsp 的是要在页面显示的消息（登录失败时），还是包含网页跳转 URL 的信息（登录成功时）。

打开 servlet_login/LoginDo.java，修改代码，主要代码如下。

```
13  @WebServlet("/LoginDo")
14  public class LoginDo extends HttpServlet {
15      private static final long serialVersionUID = 1L;
16
17      protected void doGet(HttpServletRequest request, HttpServletResponse
                response) throws ServletException, IOException {
18          response.sendRedirect("login.jsp");
19      }
20
21      protected void doPost(HttpServletRequest request, HttpServletResponse
                response) throws ServletException, IOException {
22
23          request.setCharacterEncoding("UTF-8");
24          response.setContentType("text/html;charset=UTF-8");
```

第 8 章　JSP MVC 编程

```
25              java.io.PrintWriter out = response.getWriter();
26              String msg = "";
27              String url = "main.jsp";
28
29              try {
30                  LoginService loginService = new LoginService();
31                  boolean result = loginService.loginDo(request);
                                                                              //登录结果
32
33                  if (result == false) {                              //登录失败
34                      url = "";
35                      return;
36                  }
37
38                  //---------------------- 登录成功
39                  url = "@Redirect:" + url;        //增加@Redirect,用于通过
                                              JavaScript 代码实现网页跳转（自创协议）
40
41              } catch (Exception e) {
42                  msg += "系统发生错误。";
43                  e.printStackTrace();
44              } finally {
45                  if (request.getAttribute("msg") != null) {
46                      msg += request.getAttribute("msg").toString();
47                  }
48                  request.setAttribute("msg", msg);
49
//由于页面 login.jsp 中是以 AJAX 方式提交表单，所以无论是在登录页
//输出错误消息，还是登录成功需跳转到用户功能页，这里都是调用 out()输出内容，
//再由 AJAX 根据接收到的内容决定下一步如何处理
53
54                  if (url.equals("")) {                       //如果登录失败
55                      out.print(msg);                         //输出错误消息
56                  } else {
57                      out.print(url);  //网页将转向，通过 JavaScript 代码实现网页
                                                                      跳转（自创协议）
58                  }
59              }
60          }
61      }
```

当登录成功时，Servlet 类 LoginDo 输出给 login.jsp 的信息是 "@Redirect:main.jsp"。由于登录页 login.jsp 采用了 AJAX 技术，所以 login.jsp 第 74~80 行的 JavaScript 代码在 msg 中检测到 "@Redirect:" 时，将让网页跳转到用户功能页 main.jsp。当没有输入验证码、验证码已失效或验证码输入错误时，Servlet 类 LoginDo 输出的信息 msg 中将含有字符串 "@RefreshCode:"（在 LoginService 中存入 request 对象，在以上代码的第 46 行取出），login.jsp 第 82~87 行的 JavaScript 代码在 msg 中检测到 "@RefreshCode:" 时，将刷新验证码。而由于用户名或密码输入错误等原因而登录失败时，login.jsp 将显示相应的消息。

8.2.7 用户登录
操作 10～
操作 11

至此，用户登录功能所涉及的 2 个页面（login.jsp、main.jsp）和 7 个类（VerifyCodeNumChar、LoginDo、LoginService、Md5、UserDao、Db、LoginService）都已准备完成，请读者测试用户登录功能，登录成功后将跳转到用户功能页 main.jsp，如图 8-12 所示。

操作 10：备好用户退出登录 Servlet 类 Logout

servlet_login 包中的 Servlet 类 Logout 用于用户退出登录，其主要代码如下。

```
10  @WebServlet("/Logout")
11  public class Logout extends HttpServlet {
12      private static final long serialVersionUID = 1L;
13
14      protected void doGet(HttpServletRequest request,
    HttpServletResponse response) throws ServletException, IOException {
15
16          request.setCharacterEncoding("UTF-8");
17          response.setContentType("text/html;charset=UTF-8");
18          //java.io.PrintWriter out = response.getWriter();
19          String msg = "";
20          String url = "index.jsp";            //目标网址
21
22          request.getSession().invalidate();    //使 session 对象失效
23
24          msg = "退出登录成功！";
25          request.setAttribute("msg", msg);
26
27          request.getRequestDispatcher(url).forward(request, response);
28      }
29
30      protected void doPost(HttpServletRequest request,
    HttpServletResponse response) throws ServletException, IOException {
31          doGet(request, response);
32      }
33  }
```

用户登录后，单击用户功能页 main.jsp 中的"退出登录"链接或页面导航栏中的"退出"链接，将访问 Logout，实现注销登录，跳转到登录页 login.jsp，并显示退出登录成功的消息。

操作 11：备好用户权限检查的类 LoginCheck

util 包中的 JavaBean 类 LoginCheck 中的 3 个方法分别用于检查用户是否登录，判断用户角色是否为管理员 admin 或用户 user，以及判断查看、修改用户信息是否为管理员或用户自己，其主要代码如下。

```
7   public class LoginCheck {
8
9       /**
10       * 如果用户已登录，将返回 true。<br>
11       * 返回 false 时，出错消息会保存到 request 对象中
```

```java
12          */
13         public static boolean isLogined(HttpServletRequest request) {
                             //公共类型的静态方法,在其他类或网页中可以直接调用
14             String msg = "";
15
16             try {
17                 User myUser = (User) request.getSession().
                                                 getAttribute("myUser");
18
19                 if (myUser == null) {         //如果此session属性不存在
20                     msg = "您的登录已失效!请重新登录。";
21                     return false;
22                 }
23
24             } catch (Exception e) {
25                 msg += "系统发生错误。";
26                 e.printStackTrace();
27             } finally {
28                 if (request.getAttribute("msg") != null) {
29                     msg += request.getAttribute("msg").toString();
30                 }
31                 request.setAttribute("msg", msg);
32             }
33
34             return true;
35         }
36
37         /**
38          * 如果用户已登录,且角色是 admin 或 user, 将返回 true。<br>
39          * 返回 false 时,出错消息会保存到 request 对象中
40          */
41         public static boolean verify(HttpServletRequest request) {
42             String msg = "";
43
44             try {
45                 User myUser = (User) request.getSession().
                                                 getAttribute("myUser");
46
47                 if (myUser == null) {         //如果此session属性不存在
48                     msg = "您的登录已失效!请重新登录。";
49                     return false;
50                 }
51
52                 if (myUser.getRole().equals("guest")) {
53                     msg = "您的权限不足!";
54                     return false;
55                 }
56
```

```
57              } catch (Exception e) {
58                  msg += "系统发生错误。";
59                  e.printStackTrace();
60              } finally {
61                  if (request.getAttribute("msg") != null) {
62                      msg += request.getAttribute("msg").toString();
63                  }
64                  request.setAttribute("msg", msg);
65              }
66
67              return true;
68          }
69
70      /**
71       * 如果是管理员角色 admin,返回 true。<br>
72       * 若参数 isSelf=true,当显示、修改自己的个人信息,或访问 main.jsp 页时,才返回 true。<br>
73       * 返回 false 时,出错消息会保存到 request 对象中
74       */
75          public static boolean verify(HttpServletRequest request, boolean isSelf) {
76              String msg = "";
77
78              try {
79                  User myUser = (User) request.getSession().
                                                getAttribute("myUser");
80
81                  if (myUser == null) {
82                      msg = "您的登录已失效!请重新登录。";
83                      return false;
84                  }
85
86                  if (myUser.getRole().equals("admin")) {  //如果是管理员角色
87                      return true;
88                  }
89
90                  if (isSelf == false) {      //如果不是管理员,且 isSelf 为
                                                  false,却想拥有用户管理等权限时
91                      msg = "程序错误!请与管理员联系。";
92                      return false;
93                  }
94
95                  String servlet = request.getServletPath();   //得到
                                                  "/main.jsp",即当前网页的路径
96                  servlet = servlet.substring(1);   //得到"main.jsp"
97
98                  if (servlet.equals("main.jsp")) { //所有用户都可以访问
                                                        main.jsp 页
99                      return true;
```

```
100                }
101
102            String myUserId = myUser.getUserId(); //session 对象中的值
103            String userId  = (String) request.getParameter("userId");
                                                        //显示或修改用户时地址栏的参数值
104
105            if (myUserId == null || userId == null) {
106                msg = "发生错误！请重新登录。";
107                return false;
108            }
109
110            if (myUserId.equals(userId) == false) {  //显示或修改的
                                                        不是自己的信息时
111                msg = "用户 ID 不匹配！请重新登录。";
112                return false;
113            }
114
115        } catch (Exception e) {
116            msg += "系统发生错误。";
117            e.printStackTrace();
118        } finally {
119            if (request.getAttribute("msg") != null) {
120                msg += request.getAttribute("msg").toString();
121            }
122            request.setAttribute("msg", msg);
123        }
124
125        return true;                    //允许显示或修改自己的信息
126    }
127 }
```

LoginCheck 类包含了 3 个公共类型的静态方法，在其他的类中可直接调用而不需要先创建对象。在本案例中，除了验证码图片 VerifyCodeNumChar、用户登录验证 LoginDo、登录注销 Logout、用户注册页 Register、商品平铺式列表页 GoodsListLayout 和商品详情页 GoodsShow 等少数几个 Servlet 类，其他 Servlet 类都会调用 LoginCheck 类中的方法，以判断是否与用户登录相关或是否有管理权限。

本案例中的商品管理功能，即查看商品列表、查看商品详情、新添商品信息、修改商品信息和删除商品记录，都将以 MVC 编程模式分层开发，每一项功能都涉及若干个类，请读者注意分辨每个类在业务流程中的作用。

8.2.8 商品平铺式列表页

以 MVC 分层开发模式实现商品平铺式列表，涉及的类和网页有：bean.Goods、dao.Db、dao.GoodsDao、service.GoodsService、bean.Type、dao.TypeDao、service.TypeService、servlet_goods.GoodsListLayout 和 goods/goodsListLayout.jsp。商品平铺式列表的测试效果如图 8-13 所示。

8.2.8 商品平铺式列表页

图 8-13 商品平铺式列表

8.2.8 商品平铺式列表页操作 1～操作 2

操作 1：备好商品实体类 Goods

商品数据在 MVC 各层之间传递时，是以商品对象 goods 或商品对象列表 goodsList 的形式传递的，所以要实现商品相关的浏览和管理功能，需要用到商品实体类 Goods。

打开商品实体类文件 bean/Goods.java，其主要代码如下。

```
3    public class Goods {
4    
5        private String goodsId;           //商品 ID
6        private String goodsNo;           //商品编码
7        private String goodsName;         //商品名称
8        private String typeId;            //商品分类 ID
9        private String typeName;          //商品分类名称
10       private String price;             //价格
11       private String stock;             //库存数量
12       private String timeSale;          //起售时间
13       private String image;             //商品图片
14       private String detail;            //商品简介
15       private String timeRenew;         //更新时间
     ……（getter 和 setter 方法此处略）
```

Goods 类的属性与商品表 tb_goods 中的字段是一一对应的。为了方便输入输出，ID、价格、库存数量和时间的数据类型也都是字符串类型，新添或修改商品信息时将会先对输入的值进行数据校验，然后再赋值给商品对象 goods 的各个属性。

操作 2：修改商品数据访问类 GoodsDao

商品数据访问类 GoodsDao 能响应商品业务处理类 GoodsService 的请求，调用数据

第 8 章　JSP MVC 编程

操作类 Db 中的方法进行数据的增、删、改、查操作，并将结果反馈给商品业务处理类 GoodsService。

要实现商品平铺式列表功能，需要获取数据总数和获取商品对象列表。商品数据访问类 GoodsDao 中提供了 2 个对应的方法，即 queryCount()和 queryAll()。这 3 个方法被 GoodsService 类中的方法调用。

打开类文件 dao/GoodsDao.java，修改代码，部分代码如下。

```java
12   public class GoodsDao {
13
14       Db db = new Db();
15       String sql = "";
16       ResultSet rs = null;
17
18       /**------------------------------ 获取数据总数 */
19       public int queryCount (HttpServletRequest request, String
                                                           search) {
20
21           int count = 0;
22           String msg = "";
23
24           try {                      //使用try-catch语句，便于传递消息
25               String sqlWhere = "";
26
27               if (search.equals("") == false) {   //如果有搜索内容
28                   //sqlWhere = " where goodsName like '%陈%'";
                                                              //模糊查询
29                   sqlWhere = " where concat_ws(',', goodsNo,
                       goodsName, typeName) like ?";   //多字段模糊查询
30               }
31
32               if (search.equals("")) {
33                   sql = "select count(*) from tb_goods";
                                                              //查询数据总数
34                   rs = db.select(sql);     //执行查询，得到结果集
35               } else {
36                   sql = "select count(*) from tb_goods " +
                                           sqlWhere;         //模糊查询
37                   rs = db.select(sql, "%" + search + "%");
38               }
39
40               if (rs == null) {
41                   msg += "数据库操作发生错误！";
42                   return count;
43               }
44
45               if (rs.next() == false) {
46                   db.close();
47                   return count;
48               }
```

```java
49                  count = rs.getInt(1);
50                  db.close();
51
52          } catch (Exception e) {
53                  msg += "系统发生错误。";
54                  e.printStackTrace();          //输出异常信息到控制台
55          } finally {
56                  if (request.getAttribute("msg") != null) {
57                          msg += request.getAttribute("msg").toString();
58                  }
59                  request.setAttribute("msg", msg);
60          }
61
62          return count;              //返回数据总数，满足条件的数据总数可能为 0
63      }
64
65      /**----------------------------- 获取满足查询条件的要显示在网页中的
                                                                       数据列表 */
66      public List<Goods> queryAll (HttpServletRequest request, String
                          search, int indexStart, int pageSize) {
67
68          List<Goods> goodsList = new ArrayList<Goods>();
                                                          //创建 goods 对象列表
69          String msg = "";
70
71          try {
72              String goodsId, goodsNo, goodsName, typeId, typeName,
                                  price, stock, timeSale, image;
73
74              String sqlWhere = "";
75
76              if (search.equals("") == false) {
77                  sqlWhere = " where concat_ws(',', goodsNo,
goodsName, typeName) like ?";
78              }
79
80              if (search.equals("")) {
81                  sql = "select * from tb_goods order by goodsName"
82                          + " limit " + indexStart + "," + pageSize;
                                                           //只获取该页面中的数据
83                  rs = db.select(sql);
84              } else {
85                  sql = "select * from tb_goods " + sqlWhere + " order
                                                           by goodsName"
86                          + " limit " + indexStart + "," + pageSize;
87                  rs = db.select(sql, "%" + search + "%");
                                                                       //模糊查询
88              }
89
90              if (rs == null) {
```

```
91                     msg += "数据库操作发生错误！";
92                     return goodsList;
93             }
94
95             Goods goods = null;
96             long time=(new Date()).getTime();
97
98             while (rs.next()) {
99                 goodsId       = rs.getString("goodsId");
100                goodsNo       = rs.getString("goodsNo");
101                goodsName     = rs.getString("goodsName");
102                typeId        = rs.getString("typeId");
103                typeName      = rs.getString("typeName");
104                price         = rs.getString("price");
105                stock         = rs.getString("stock");
106                timeSale      = rs.getString("timeSale");
107                image         = rs.getString("image")+"?t="+time;
108
109            goods = new Goods();
110
111                goods.setGoodsId(goodsId);
112                goods.setGoodsNo(goodsNo);
113                goods.setGoodsName(goodsName);
114                goods.setTypeId(typeId);
115                goods.setTypeName(typeName);
116                goods.setPrice(price);
117                goods.setStock(stock);
118                goods.setTimeSale(timeSale);
119                goods.setImage(image);
120
121                goodsList.add(goods); //将商品信息添加到goods对象列表
122            }
123            db.close();
124
125     } catch (Exception e) {
126         msg += "系统发生错误。";
127         e.printStackTrace();
128     } finally {
129         if (request.getAttribute("msg") != null) {
130             msg += request.getAttribute("msg").toString();
131         }
132         request.setAttribute("msg", msg);
133     }
134
135     return goodsList;              //返回goods对象列表
136 }
```

第98～122行代码每读取一条记录创建一个商品对象 goods，将读取的字段的值赋给 goods 对象的属性，然后将 goods 对象添加到对象列表 goodsList，最后返回 goodsList。

8.2.8 商品平铺式列表页操作3

操作3：修改商品业务处理类 GoodsService

商品业务处理类 GoodsService 能响应控制层 Servlet 类（如 GoodsListLayout、GoodsList）的请求，处理业务并向 GoodsDao 类发起数据访问的请求，将业务处理的执行结果反馈给 Servlet 类。

打开类文件 service/GoodsService.java，修改代码，部分代码如下。

```java
15   public class GoodsService { //业务层、业务逻辑层，作为service层或biz层
16
17       GoodsDao goodsDao = new GoodsDao();    //创建对象
18
19       public boolean queryAll (HttpServletRequest request) {
20
21           List<Goods> goodsList = null; //创建记录列表
22           String search = "";              //搜索的内容
23           int indexStart = 0;              //查询的起始位置
24           int pageShow = 1;                //当前页码
25           String page = "";                //页码链接组
26           String msg = "";
27
28       try {
29           // 此段代码可先忽略
            if (request.getParameter ("buttonDelete") != null) { //若单击了删除按钮
30              String[] goodsIdArray = request.getParameterValues ("goodsId");
                                                                        //获取ID列表
31
32                  if (goodsIdArray != null) {
33                      deleteByGoodsIdLot(request, goodsIdArray);
                                                                        //删除所选
34                  }
35              }
36              //***
37              String buttonSearch= request.getParameter
                                                        ("buttonSearch");
38              String buttonPage   = request.getParameter
                                                        ("buttonPage");
39              String pageInput    = "1";   //输入的页码
40
41              if (buttonSearch != null && request.getParameter
                        ("search") != null) {   //如果按下了搜索按钮
42                  search = request.getParameter("search").trim();
                                                                        //搜索内容
43              } else if (buttonPage != null && request.getParameter
                        ("search") != null){ //若按了页码提交按钮且有搜索内容
44                  search   = request.getParameter("search").trim();
45                  pageInput = request.getParameter("pageShow");
                                                                //页码输入框中的值
```

```
46          } else {                            //点击了页码链接,或者刚打开此页
47              if (request.getParameter("searchUrl") != null) {
48                  search = request.getParameter("searchUrl");
                                                    //URL 中的搜索内容
49              }
50
51              if (request.getParameter("pageUrl") != null) {
                                                    //URL 中的页码
52                  pageInput = request.getParameter("pageUrl");
53              }
54          }
55
56          if (request.getParameter("buttonFilter") != null) {
                                                    //分类筛选按钮
57              String typeName = request.getParameter
                ("typeName");                       //获取分类下拉列表的值
58
59              if (typeName != null && typeName.equals("") ==
                    false) {
60                  search = typeName;      //设分类名称为搜索内容
61              }
62          }
63
64          int countRow = goodsDao.queryCount(request, search);
                                                    //记录总数
65
66          int pageSize  = 6;              //每页有 6 条记录
67          int pageCount = 0;              //预设总页数为 0
68
69          if (countRow % pageSize == 0) {     //如果余数为 0,即
                                                    记录总数能被整除
70              pageCount = countRow / pageSize;    //总页数
71          } else {
72              pageCount = countRow / pageSize + 1;
                                                //若不能整除,则总页数加 1 页
73          }
74
75          try {
76              pageShow = Integer.parseInt(pageInput);
                                                    //转换为对应的整数
77          } catch (Exception e) {
78              //showPage = 1;         //如果抛出异常,则取预设值
79          }
80
81          if (pageShow < 1) {         //如果当前页码小于 1
82              pageShow = 1;
83          } else if (pageShow > pageCount && pageCount >= 1) {
84              pageShow = pageCount;       //如果当前页码大于总页数,
                                                且总页数大于等于 1
```

```
85                    }
86
87                    String searchUrl = "";
88
89                    if (search.equals("") == false) {
90                        searchUrl = URLEncoder.encode(search, "UTF-8");
                                                                            //进行 URL 编码
91                    }
92
93                    String mapName = request.getServletPath();
                                    //当前的请求名称为"/GoodsListLayout"
94                    mapName = mapName.substring(1);        //删除斜杠,为得到
                                                            "GoodsListLayout"
95                    //System.out.println(mapName);
96
97                    if (pageShow <= 1) {
98                        page += "<span style='color:gray;'>首页 ";
99                        page += "上一页 </span>";
100                   } else {
101                       page += "<a href='" + mapName + "?pageUrl=1"
102                               + "&searchUrl=" + searchUrl + "'>首页
                                                                        </a> ";
103                       page += "<a href='" + mapName + "?pageUrl=" +
                                                                    (pageShow - 1)
104                               + "&searchUrl=" + searchUrl + "'>上一页
                                                                        </a> ";
105                   }
106
107                   if (pageShow >= pageCount) {
108                       page += "<span style='color:gray;'>下一页 ";
109                       page += "尾页</span>";
110                   } else {
111                       page += "<a href='" + mapName + "?pageUrl=" +
                                                                    (pageShow + 1)
112                               + "&searchUrl=" + searchUrl + "'>下一页
                                                                        </a> ";
113                       page += "<a href='" + mapName + "?pageUrl=" +
                                                                        pageCount
114                               + "&searchUrl=" + searchUrl + "'>尾页</a>";
115                   }
116
117                   page += "  ";
118                   page += "页码: " + pageShow + "/" + pageCount + " ";
119                   page += "记录数: " + countRow + "  ";
120
121                   page += "输入页码:";
122                   page += "    <input type='text' name='pageShow'
                                                            value='" + pageShow
123                           + "' style='width:40px; text-align:center;'>";
```

```
124                    page += "  <input type='submit' name='buttonPage'
                                                    value='提交'> ";
125
126                if (pageShow > 0) {
127                    indexStart = (pageShow - 1) * pageSize;
                                                            //查询的起始位置
128                }
129
130                goodsList = goodsDao.queryAll(request, search,
                                                    indexStart, pageSize);
131                                                      //获取当前页的记录列表
132                if (goodsList == null || goodsList.size() == 0) {
133                    msg += "（查无记录）";
134                    return false;
135                }
136
137                return true;
138
139            } catch (Exception e) {
140                msg += "系统发生错误。";
141                e.printStackTrace();
142            } finally {
143                if (request.getAttribute("msg") != null) {
144                    msg += request.getAttribute("msg").toString();
145                }
146                request.setAttribute("msg", msg);
147
148                if (request.getSession().getAttribute("msg") != null)
                                    {           //如果 session 对象中有消息
149                    msg += request.getSession().getAttribute(
                            "msg").toString();   //读取 session 对象中的消息
150                    request.getSession().removeAttribute("msg");
                                                //从 session 对象中移除此键值
151                    request.setAttribute("msg", msg);
                                                //赋值给 request 对象
152                }
153
154                request.setAttribute("search", search);      //搜索内容
155                request.setAttribute("indexStart", indexStart);
                                                            //查询的起始位置
156                request.setAttribute("page", page);  //页码相关的链接
157                request.setAttribute("goodsList", goodsList);
                                                            //商品对象列表
158            }
159
160            return false;
161        }
```

第 29～35 行代码是有关批量删除记录的，在 8.2.9 小节才会用到，可以先将其注释掉。

第 148～152 行代码的业务逻辑是：如果 session 对象中有消息 msg，则与 request 对象中的消息 msg 合并，删除 session 对象中的消息 msg，最后将合并后的 msg 保存到 request 对象中。在商品详情页删除商品时，会将消息 msg 保存到 session 对象中，然后以重定向的形式跳转到商品列表页。由于是重定向，所以需要通过 session 对象临时传递消息。

queryAll()方法的业务逻辑是：根据控制层 Servlet 类 GoodsListLayout 的请求，调用 goodsDao.queryCount()方法获得记录总数并生成页码链接，接着调用 goodsDao.queryAll()方法获取该页的记录列表，最后将消息 msg、搜索内容 search、查询的起始位置 indexStart、页码链接 page 和商品对象列表 goodsList 都存入 request 对象，用于在商品平铺式列表页 goodsListLayout.jsp 以 EL 表达式的方式将这些对象在页面中显示出来。

由 queryAll()方法的代码可知，其业务逻辑的实现代码与案例 ch7.2_student（学生管理系统）的学生管理页 studentAdmin.jsp 的 Java 代码类似。

8.2.8 商品平铺式列表页 操作 4

操作 4：修改商品平铺式列表的控制层 Servlet 类 GoodsListLayout

控制层 Servlet 类 GoodsListLayout 能响应浏览器或其他 Servlet 的请求，调用业务处理类 GoodsService 中的 queryAll()方法，最后以转发形式跳转到商品平铺式列表页 goodsListLayout.jsp，在页面显示商品列表等信息。

打开 Servlet 类文件 servlet_goods/GoodsListLayout.java，修改代码，主要代码如下。

```java
13  @WebServlet("/GoodsListLayout")
14  public class GoodsListLayout extends HttpServlet {
15      private static final long serialVersionUID = 1L;
16
17      protected void doGet(HttpServletRequest request,
    HttpServletResponse response) throws ServletException, IOException {
18
19          request.setCharacterEncoding("UTF-8");
20          response.setContentType("text/html;charset=UTF-8");
21          //java.io.PrintWriter out = response.getWriter();
22          String msg = "";
23          String url = "goods/goodsListLayout.jsp";  //商品平铺式列表页
24
25          try {
26
27              GoodsService goodsService = new GoodsService();
28              goodsService.queryAll(request);  //生成该页的记录列表
29
                //-->>>--此段代码可以先暂时忽略
30              TypeService typeService = new TypeService();
31              typeService.queryAllForGOODS(request);  //生成分类列表
32              //--<<<--此段代码可以先暂时忽略
33          } catch (Exception e) {
34              msg += "系统发生错误。";
35              e.printStackTrace();
36          } finally {
37              if (request.getAttribute("msg") != null) {
```

```
38                          msg += request.getAttribute("msg").toString();
39                      }
40                      request.setAttribute("msg", msg);
41
42                      request.getRequestDispatcher(url).forward(request,
                                                            response);          //转发
43              }
44      }
45
46      protected void doPost(HttpServletRequest request,
    HttpServletResponse response) throws ServletException, IOException {
47              doGet(request, response);
48      }
49 }
```

第 27～28 行代码创建商品业务处理对象 goodsService，调用 queryAll(request)方法生成商品对象列表等信息，然后以转发形式跳转到网页 goods/goodsListLayout.jsp，在页面显示商品列表。

第 30～31 行代码用于生成商品分类对象列表，用于显示在页面分类下拉列表控件的选项中。此时先将这两行代码忽略，在操作 6～操作 9 中再来实现商品分类下拉列表控件。

操作 5：修改商品平铺式列表页 goodsListLayout.jsp

商品平铺式列表页 goodsListLayout.jsp 能获取 request 对象中的商品对象列表 goodsList，然后通过循环将商品信息显示在表格中。另外页面还提供了分类下拉列表、内容搜索框和分页栏。页面的测试效果如图 8-13 所示。

8.2.8 商品平铺式列表页操作 5

打开网页 goods/goodsListLayout.jsp，修改代码，代码如下。

```
1  <%@ page language="java" import="java.util.*" pageEncoding="UTF-8"%>
2  <%@ taglib prefix="c" uri="http://java.sun.com/jsp/jstl/core" %>
3
4  <!DOCTYPE html>
5  <html lang="zh">
6    <head>
7      <title>商品平铺式列表</title>
8      <link rel="stylesheet" type="text/css" href="css/css.css" />
9      <link rel="stylesheet" type="text/css" href=
                                        "css/cssGoodsListLayout.css" />
10   </head>
11   <body>
12     <%@ include file="../header.jsp" %>
13
14     <form action="" method="post">        <!--将表单提交给对应的Servlet类
                                                GoodsListLayout -->
15       <div class="divGrid note right" style="margin-top:-25px;">
16             按分类筛选:
17           <select name="typeName">
18               <option value="">< </option>
19               <!-- 此循环可以先忽略 --> <c:forEach var="type" items=
```

```
20                              "${ typeList }">
                    <c:if test="${ type.typeName != search }">
21                      <option value="${ type.typeName }">${ type.
                                                     typeName }</option>
22                    </c:if>
23                    <c:if test="${ type.typeName == search }">
24                      <option value="${ type.typeName }" selected=
                                      "selected">${ type.typeName }</option>
25                    </c:if>
26                  </c:forEach> <!-- 此循环可以先忽略 -->
27              </select> 
28              <input type="submit" name="buttonFilter" value="筛选">
29               
30                搜索：
31              <input type="text" name="search" value="${ search }"
                                                  style="width:80px;">
32              <input type="submit" name="buttonSearch" value="搜索">
33              <span class="note">（在编码、名称、分类中搜索）</span>
34          </div>
35
36          <h3>商品平铺式列表</h3>
37
38          <c:if test="${ goodsList.size() > 0 }"> <%-- 使用了 JSTL 标签 --%>
39              <div class="divGrid">
40                  <div class="list">
41                      <ul>
42
43          <c:forEach var="goods" items="${ goodsList }" varStatus="status">
44              <li>
45                  <div class="imgDiv"><!--商品图片-->
46                      <a href="GoodsShow?goodsId=${ goods.goodsId }"
                                          title="${goods.goodsName }">
47                          <img src="fileUpload/goodsImage/${ goods.image }"
                                          alt="（无图片）" class="img"
48                                  onerror="this.src=
                                      'fileUpload/goodsImage/noImage.png'"></a>
49                  </div>           <!-- 图片不存在时以默认的图片代替 -->
50                  <div class="goodsName"><!--商品名称-->
51  <a href="GoodsShow?goodsId=${ goods.goodsId }" title=
                    "${goods.goodsName }">${goods.goodsName }</a>
52                  </div>
53
54                  <div class="priceDiv"><!--商品价格-->
55                          
56                      <span class="priceCode">¥</span>
57                      <span class="price"> ${goods.price }</span> 
58                      <a href="#" onclick="alert('已添加到购物车。')">
                                <span class="cart">立刻购买</span></a>
59                  </div>
```

```
60                </li>
61            </c:forEach>
62
63                </ul>
64            </div>
65        </div>
66
67        <div class="divGrid note right">
68            ${ page }
69        </div>
70    </c:if>
71    </form>
72
73    <div id="msg" class="msg">${ msg }</div>
74
75    <%@ include file="../footer.jsp" %>
76    </body>
77 </html>
```

第 19~26 行代码，使用 JSTL 循环标签<c:forEach>生成了分类下拉列表的选项，由于 JSTL 标签的友好特性，即使 typeList 对象列表不在 request 对象中，程序也不会报错，只是不会执行此循环。在操作 6~操作 9 中再来实现商品分类下拉列表控件。

第 38 行和第 70 行代码使用了类似于 if 语句的 JSTL 条件判断标签<c:if>，第 43 行和第 61 行代码使用了类似于 foreach 遍历循环语句的 JSTL 循环标签<c:forEach>。

第 48 行代码应用了<img>标签的 onerror 事件，当图片加载失败时，例如图片不存在，则显示默认的"无图片"图片 noImage.png。

第 50 行代码的类样式 goodsName 能在商品名称字符过多时，后面的字符被隐藏并以三个点表示。

至此，可在登录后的用户功能列表中点击"商品列表（平铺式）"链接，或者在没登录的情况下点击页面导航栏中的"商品列表"链接测试商品平铺式列表页，以查看商品平铺式列表，测试效果如图 8-13 所示。该页已实现了记录搜索和分页功能，下面通过操作 6~操作 9 实现商品分类下拉列表的功能。

8.2.8 商品平铺式列表页 操作 6~操作 8

操作 6：备好商品分类实体类 Type

打开商品分类实体类文件 bean/Type.java，其主要代码如下。

```
3   public class Type {
4
5       private String typeId;         //商品分类 ID
6       private String typeName;       //商品分类名称
7       private String note;           //备注
8       private String timeRenew;      //更新时间

        ……（getter 和 setter 方法此处略）
```

Type 类的属性与商品分类表 tb_type 中的字段是一一对应的。

由于商品记录中包含商品分类 ID typeId 和商品分类名称 typeName 这两个字段，所以在商品列表、新添商品、修改商品的功能实现中，都会用到 Type 类，也会用到数据访问类 TypeDao 和业务处理类 TypeService。当然，商品分类管理的各项功能中也会用到 Type 类、TypeDao 类和 TypeService 类。

操作 7：备好商品分类数据访问类 TypeDao

打开商品分类数据访问类文件 dao/TypeDao.java，部分代码如下。

```java
11    public class TypeDao {
12
13        Db db = new Db();              //新建实例（该实例实现了数据的增、删、改、查）
14        String sql = "";
15        ResultSet rs = null;
16
17        /**------------------------------ 获取满足查询条件的页的记录列表 */
18        public List<Type> queryAll (HttpServletRequest request, String
                                search, int indexStart, int pageSize) {
19
20            List<Type> typeList = new ArrayList<Type>();
21            String msg = "";
22
23            try {
24                String typeId, typeName, note, timeRenew;
25
26                String sqlWhere = "";
27
28                if (search.equals("") == false) {        //如果有搜索内容
29                    sqlWhere = " where concat_ws(',', typeName, note)
                                                            like ?";
30                }
31
32                if (search.equals("")) {
33                    sql = "select * from tb_type order by typeName"
34                        + " limit " + indexStart + "," + pageSize;
35                    rs = db.select(sql);
36                } else {
37                    sql = "select * from tb_type " + sqlWhere + " order by
                                                            typeName"
38                        + " limit " + indexStart + "," + pageSize;
39                    rs = db.select(sql, "%" + search + "%");
                                                            //进行模糊查询
40                }
41
42                if (rs == null) {
43                    msg += "数据库操作发生错误！";
44                    return typeList;
45                }
46
47                Type type = null;
48
```

```
49                while (rs.next()) {
50                    typeId   = rs.getString("typeId");
51                    typeName = rs.getString("typeName");
52                    note     = rs.getString("note");
53                    timeRenew = rs.getString("timeRenew");
54
55                    type = new Type();
56
57                    type.setTypeId(typeId);
58                    type.setTypeName(typeName);
59                    type.setNote(note);
60                    type.setTimeRenew(timeRenew);
61
62                    typeList.add(type);
63                }
64                db.close();
65
66            } catch (Exception e) {
67                msg += "系统发生错误。";
68                e.printStackTrace();
69            } finally {
70                if (request.getAttribute("msg") != null) {
71                    msg += request.getAttribute("msg").toString();
72                }
73                request.setAttribute("msg", msg);
74            }
75
76            return typeList;
77       }
```

TypeDao 类中的 queryAll()方法，与 GoodsDao 类中的 queryAll()方法的业务逻辑完全一致。

操作 8：备好商品分类业务处理类 TypeService

打开商品分类业务处理类文件 service/TypeService.java，部分代码如下。

```
12   public class TypeService {
13
14       TypeDao typeDao = new TypeDao();              //创建对象
15
16       //------------------用大写的 GOODS，是为了在查找替换时不被更改
17       public boolean queryAllForGOODS (HttpServletRequest request) {
                                                        //在商品列表、新添、修改时调用
18
19           List<Type> typeList = new ArrayList<Type>();   //记录列表
20           String msg = "";
21
22           try {
23               typeList = typeDao.queryAll(request, "", 0, 9999);
                                                        //获取当前页的记录列表
24                                                      //获取第 0 条之后的 9999 条记录，相当于获取所有记录
```

```
25                  if (typeList.size() == 0) {
26                      msg += "（查无分类记录）";
27                      return false;
28                  }
29
30                  return true;
31
32              } catch (Exception e) {
33                  msg += "系统发生错误。";
34                  e.printStackTrace();
35              } finally {
36                  if (request.getAttribute("msg") != null) {
37                      msg += request.getAttribute("msg").toString();
38                  }
39                  request.setAttribute("msg", msg);
40
41                  request.setAttribute("typeList", typeList);
                                                              //传递记录列表
42              }
43
44              return false;
45          }
```

第 23 行代码的最后两个参数分别代表开始读取的记录的序号和读取的记录总数。分别设为 0 和 9999，即读取前 9999 条记录，由于表 tb_type 中没有 9999 条记录，就相当于读取了所有的记录。

queryAll()方法在 Servlet 类文件 GoodsListLayout.java、GoodsList.java、GoodsAdd.java 和 GoodsEdit.java 中都有调用，用于显示商品分类下拉列表控件。

8.2.8 商品平铺式列表页操作 9

操作 9：实现商品分类下拉列表

将商品分类的 3 个类文件 bean/Type.java、dao/TypeDao.java、service/TypeService 准备好之后，在 servlet_goods/GoodsListLayout.java 中，请留意第 30～31 行有关 TypeService 对象的代码是否存在；然后在 goods/goodsListLayout.jsp 中，请留意第 19～26 行代码 JSTL 循环标签是否存在。此时，再次测试商品平铺式列表页，点击商品分类下拉列表，在下拉列表的中选中某个商品分类，然后单击"筛选"按钮，将能显示相应的商品记录。

至此，商品平铺式列表的功能已开发完成。我们再来分析一下案例 ch7.2_student（学生管理系统）的学生管理页 studentAdmin.jsp 中的实现代码，其获取输入的信息、批量删除记录、读取数据、分页、显示数据等代码都写在一个页面中。这不利于团队合作开发，也不利于后期的升级、维护。而在本案例中，goodsListLayout.jsp 要显示的数据保存在业务逻辑层 GoodsService 的 request 对象中。这种采用前后端代码分离的方式，使数据的生成和显示分离。这非常有利于前端开发人员和后端开发人员的分工与协作，也有利于代码重用和后期升级、维护，体现出了 MVC 分层开发的优越性。

在本案例中，实体类 bean、数据操作类 Db、数据访问层 DAO、业务逻辑层 Service、控制层 Servlet 和视图层网页各司其职，逐层调用，最后将数据显示出来。MVC 分层开发模式在前期开发中也许稍微繁杂，但熟能生巧，且对后期的功能维护和升级，以及团队分工协作会带来很大的便利，尤其在中大型项目开发中，基本都会采用 MVC 分层开发模式。

浏览商品平铺式列表页的网址是 http://localhost:8080/ch8.2_goods/GoodsListLayout，是由 Servlet 类 GoodsListLayout 在调用 GoodsService 中的方法，以转发的方式在 goodsListLayout.jsp 显示商品列表。如果直接预览商品平铺式列表页 goodsListLayout.jsp，由于 request 对象或 session 对象中并无商品对象列表 goodsList、页码等信息；所以页面中不会显示商品列表、页码等信息，且由于路径问题也未能应用 CSS 样式文件和显示 Logo 图片，但由于页面代码使用了 JSTL 标签和 EL 表达式，所以也不会报错，直接预览的效果如图 8-14 所示。

图 8-14　直接预览商品平铺式列表页

8.2.9　商品列表页

上面介绍的商品平铺式列表页主要是方便游客或注册用户（guest 角色）浏览、购买商品，不能对商品进行新添、修改和删除等操作。当角色为 admin 或 user 级别的用户在登录系统后，在用户功能页点击"商品列表"链接，或在导航栏点击"商品"链接，打开的商品列表页，预览效果如图 8-15 所示。商品列表页中提供了商品详情、新添、修改的链接和可批量删除商品的功能。

图 8-15　商品列表页

商品列表页与商品平铺式列表页的业务逻辑和实现流程几乎一致，不同之处主要有两点：
（1）商品列表页的视图层的界面有些变化。
（2）能批量删除记录。

8.2.9 商品
列表页 操作 1

下面分步骤实现商品列表页。

操作 1：修改商品列表的控制层 Servlet 类 GoodsList

控制层的 Servlet 类 GoodsList 与 GoodsListLayout 的业务逻辑基本相同，GoodsList 增加了对用户登录以及访问权限的判断，即用到了权限检查类 util.LoginCheck 中的 verify()方法。

打开 servlet_goods/GoodsList.java，修改代码，主要代码如下。

```
13  @WebServlet("/GoodsList")          //控制层的 Servlet 类
14  public class GoodsList extends HttpServlet {
15      private static final long serialVersionUID = 1L;
16
17      protected void doGet(HttpServletRequest request,
        HttpServletResponse response) throws ServletException, IOException {
18
19          request.setCharacterEncoding("UTF-8");
20          response.setContentType("text/html;charset=UTF-8");
21          //java.io.PrintWriter out = response.getWriter();
22          String msg = "";
23          String url = "goods/goodsList.jsp";        //商品列表（表格式）
24
25          try {
26              if (util.LoginCheck.verify(request) == false) {
27                  url = "login.jsp";//如果用户登录失效，或权限不足
28                  return;
29              }
30
31              GoodsService goodsService = new GoodsService();
32              goodsService.queryAll(request);      //生成该页的记录列表
33
34              TypeService typeService = new TypeService();
35              typeService.queryAllForGOODS(request); //生成分类列表
36
37          } catch (Exception e) {
……（后面的代码同 servlet_goods/GoodsListLayout.java）
```

第 26 行代码的 LoginCheck 类中的 verify()方法是公共静态类型，可以直接调用而无须创建对象。

8.2.9 商品
列表页 操作 2

操作 2：修改商品列表页 goodsList.jsp

相较于商品平铺式列表页 goodsListLayout.jsp，商品列表页 goodsList.jsp 通过 JSTL 的循环标签<c:forEach>将商品记录显示在表格中，另外页面还提供了复选框、全选框、删除按钮，也提供了实现全勾选或全不勾选的 JavaScript 代码。

打开网页 goods/goodsList.jsp，修改代码，主要代码如下。

```jsp
6   <head>
7       <title>商品列表</title>
8       <link rel="stylesheet" type="text/css" href="css/css.css" />
9       <style type="text/css">
10          .goodsName {
11              display:         inline-block;      /*行内块级元素*/
12              width:      350px;
13              vertical-align:    middle;          /*上下居中对齐*/
14              white-space:    nowrap;             /*不换行*/
15              overflow:       hidden;             /*隐藏超出的部分*/
16              text-overflow:     ellipsis;        /*不显示部分以三个点表示*/
17          }
18      </style>
19  </head>
20  <body>
21      <%@ include file="../header.jsp" %>
22
23      <form action="" method="post">   <!--表单提交给对应的 GoodsList -->
24      <div class="divGrid note right" style="margin-top:-25px;">
25            按分类筛选:
26          <select name="typeName">
27              <option value=""> </option>
28              <c:forEach var="type" items="${ typeList }">
29                  <c:if test="${ type.typeName != search }">
30                      <option value="${ type.typeName }">
                                        ${ type.typeName }</option>
31                  </c:if>
32                  <c:if test="${ type.typeName == search }">
33                      <option value="${ type.typeName }"
                            selected="selected">${ type.typeName }</option>
34                  </c:if>
35              </c:forEach>
36          </select> 
37          <input type="submit" name="buttonFilter" value="筛选">
38           
39            搜索:
40          <input type="text" name="search" value="${ search }"
                                                style="width:80px;">
41          <input type="submit" name="buttonSearch" value="搜索">
42          <span class="note">(在编码、名称、分类中搜索)</span>
43      </div>
44
45      <h3>商品列表</h3>
46
47      <c:if test="${ goodsList.size() > 0 }"> <%-- 这里使用了 JSTL 标签 --%>
48          <div class="divGrid">
49          <table style="width:900px; margin:0 auto;"
                        class="table_border table_border_bg table_hover">
50              <tr class="tr_header">
```

```jsp
51                    <td style="width:46px;">序号</td>
52                    <td>名称</td>
53                    <td>编码</td>
54                    <td>价格</td>
55                    <td style="width:95px;">详情/修改</td>
56                    <td style="width:46px;">选择</td>
57                </tr>
58
59                <c:forEach var="goods" items="${ goodsList }" varStatus="status">
60                    <tr title="【库存】${ goods.stock }, 【起售时间】${ goods.timeSale }, 【分类】${ goods.typeName }">
61                        <td class="note">${status.index + indexStart + 1 }</td>
62                        <td style="font-weight:bold; text-align:left;">
63                            <!-- 如果图片加载失败则不显示 -->
                            <a href="GoodsShow?goodsId=${ goods.goodsId }" style="text-decoration:none;">
64                                <img src="fileUpload/goodsImage/${ goods.image }"
65                                    alt="无图" onerror="this.style.display='none'"
66                                    style="width:100px; vertical-align:middle; margin-right:5px;"><!--如果图片加载失败则不显示-->
67                                <span title="${ goods.goodsName }" class="goodsName">
                                    ${ goods.goodsName }
                                </span></a></td>
68                        <td>${ goods.goodsNo }</td>
69                        <td>${ goods.price }</td>
70                        <td>
71                            <a href="GoodsShow?goodsId=${ goods.goodsId }" title="详情">
72                                <img src="image/icon_show.gif" border="0" /></a> 
73                            <a href="GoodsEdit?goodsId=${ goods.goodsId }" title="修改">
74                                <img src="image/icon_edit.gif" border="0" /></a>
75                        </td>
76                        <td>
77                            <input type="checkbox" name="goodsId" value="${ goods.goodsId }" onchange="check()">
78                        </td>
79                    </tr>
80                </c:forEach>
81
82                <tr>
83                    <td colspan="8" class="note" style="text-align:right; height:50px;">
84                        (<a href="GoodsAdd">新添商品</a>)
```

```
85                              
                                    
86                       <input type="submit" name="buttonDelete"
                                                    value="删除"
87                          onclick="return confirm('确认删除所选记录？');"
                                                                    >
88                        
89              <label>全选:<input type="checkbox" name="checkboxAll"
                                onchange="checkAll()"></label> 
90                  </td>
91                </tr>
92            </table>
93          </div>
94
95          <div class="divGrid note right">
96              ${ page }
97          </div>
98      </c:if>
99    </form>
100
101     <div id="msg" class="msg">${ msg }</div>
102
103     <%@ include file="../footer.jsp" %>
104   </body>
105 <script type="text/javascript">
106 function checkAll() {
107      var checkboxList = document.getElementsByName("goodsId");
108      var checkboxAll = document.getElementsByName("checkboxAll")[0];
109
110      for (var i = 0; i < checkboxList.length; i++) { //对于列表中的
                                                              每一个复选框
111          checkboxList[i].checked = checkboxAll.checked;
                                    //此复选框的勾选情况与全选复选框一致
112      }
113 }
114
115 function check() {
116      var checkboxList = document.getElementsByName("goodsId");
117      var checkboxAll = document.getElementsByName("checkboxAll")[0];
118      var isChecked = true;
119
120      for (var i = 0; i < checkboxList.length; i++) { //对于列表中的
                                                              每一个复选框
121          if (checkboxList[i].checked == false) { //如果有复选框没被勾选
122              isChecked = false;
123              break;
124          }
125      }
126
```

```
127            if (isChecked) {
128                checkboxAll.checked = true;        //全选复选框被勾选
129            } else {
130                checkboxAll.checked = false;       //全选复选框被取消勾选
131            }
132        }
133    </script>
134 </html>
```

第 65 行代码使用了 onerror 事件，当图片加载失败时，例如图片不存在时，则隐藏该图片标签，不予显示。第 67 行代码使用的页内样式 goodsName 能在商品名称字符过多时，隐藏后面的字符并以三个点表示。

测试商品列表页，当角色为 admin 或 user 级别的用户在登录系统后，在用户功能页 main.jsp 点击"商品列表"链接，或在导航栏点击"商品"链接，打开商品列表页，查看商品列表，测试效果如图 8-15 所示。批量删除商品记录的功能将通过操作 3～操作 4 予以实现。

8.2.9 商品列表页
操作 3～操作 4

操作 3：修改商品数据访问类 GoodsDao

商品数据访问类 GoodsDao 中的 deleteByGoodsIdLot()方法实现了从数据库中批量删除记录，该方法也会被 GoodsService 中的 deleteByGoodsIdLot()方法调用。

打开类文件 dao/GoodsDao.java，修改代码，部分代码如下。

```
420    /**---------------------------- 删除 ID 列表中的记录 */
421    public boolean deleteByGoodsIdLot (HttpServletRequest request, String goodsIdLot) {
422
423        String msg = "";
424
425        try {
426            sql = "delete from tb_goods where goodsId in (" + goodsIdLot + ")";    //批量删除记录
427            int count = db.delete(sql);
428
429            if (count == 0) {
430                //msg += "商品批量删除失败！";
431                return false;
432            }
433
434            //msg = "商品批量删除成功！";
435            return true;
436
437        } catch (Exception e) {
438            msg += "系统发生错误。";
439            e.printStackTrace();
440        } finally {
441            if (request.getAttribute("msg") != null) {
442                msg += request.getAttribute("msg").toString();
443            }
```

```
444                    request.setAttribute("msg", msg);
445            }
446
447            return false;
448    }
```

第 426 行代码用于批量删除记录。SQL 语句中的参数 goodsIdLot 的值是类似 "1,5,26" 的 goodsId 列表，这里不能使用占位符 "?"，否则在合成的 SQL 语句的 goodsId 列表值前后会自动加上单引号，得到 "delete from tb_goods where goodsId in ('1,5,26')" 这样的 SQL 语句。如果列表中 goodsId 的个数大于 1，执行此 SQL 语句将报错。

操作 4：修改商品业务处理类 GoodsService

在商品业务处理类 GoodsService 中，与商品批量删除有关的代码有两部分。

（1）queryAll()的第 29～35 行的判断语句代码。若其被注释掉了，则请将注释取消，让其能执行。这段代码的业务逻辑是：如果在请求 request 对象中监测到用户按下了删除按钮，则获取被勾选的商品记录复选框的值，得到 goodsId 数组，然后调用本类中第 621～692 行的 deleteByGoodsIdLot()方法，实现商品记录的批量删除。

（2）修改 deleteByGoodsIdLot()方法的代码，代码如下。

```
621    public boolean deleteByGoodsIdLot (HttpServletRequest request,
                                         string[] goodsIdArray) {
622                                                //被本类中的queryAll()方法调用
623        String msg = "";
624
625        try {
626            String path = request.getServletContext().getRealPath("\\") +
                             "\\"; //项目运行时的物理目录
627            String uploadFolder = "fileUpload\\goodsImage\\";
                                                //存放文件的子目录
628            path += uploadFolder;
629            File file = null;
630            Goods goods = null;
631            String goodsId = "";
632
633            String goodsIdLot = "";
634
635            for (int i = 0; i < goodsIdArray.length; i++) {
636                try {
637                    goodsId = String.valueOf(Integer.parseInt
                                              (goodsIdArray[i]));
638                } catch (Exception e) {
639                    continue;   //将 goodsId 数组转换为整数，如果转换失败，
                                    即不是整数，则略过此项
640                }
641
642                goodsIdLot += "," + goodsId;
643
644                /*** 此部分代码可先忽略 goods = goodsDao.queryByGoodsId
                                              (request, goodsId);
```

```
645                    if (goods == null) {        //如果查无记录
646                        continue;
647                    }
648
649                    String image = goods.getImage();
650
651                    if (image == null || image.trim().equals("")) {
652                        continue;                      //如果 image 无效
653                    }
654
655
656                    file = new File(path, image);   //创建 File 对象
657
658                    if (file.exists()) {   //如果已存在同名文件,先删除它
659                        if (file.delete() == false) {  //如果删除失败
660                            msg += "将文件" + image + "删除时失败。";
661                            continue;
662                        }
663                    }
664                }
665
666                if (goodsIdLot.equals("")) {
667                    return false;
668                }
669                goodsIdLot = goodsIdLot.substring(1);   //去除最前面的逗号
670
671                boolean result = goodsDao.deleteByGoodsIdLot(request,
                                                     goodsIdLot);    //删除这些记录
672
673                if (result == false) {
674                    msg += "删除记录失败!请重试。";
675                    return false;
676                }
677
678                msg += "删除记录成功。";
679                return true;
680
681            } catch (Exception e) {
          ……(后面的代码同 GoodsDao.deleteByGoodsIdLot()方法的第 438～448 行代码)
```

在以上代码中,deleteByGoodsIdLot()方法的业务逻辑是:先对参数 goodsIdArray (即 goodsId 数组)的值进行校验,收集 goodsId 的值到 ID 列表 goodsIdLot,并调用 goodsDao. queryByGoodsId()方法逐条检查记录是否存在,如果记录存在则删除对应的商品图片。最后,再调用 goodsDao.deleteByGoodsIdLot()方法实现商品记录的批量删除。由于 goodsDao.queryByGoodsId()方法尚未完成,因此可将此部分的代码先注释掉,注释掉的代码后不会影响商品记录的批量删除操作,商品对应的图片不会从服务器文件夹中删除。

测试商品的批量删除功能。在商品列表页勾选若干商品记录右边的复选框,单击删除按钮,将会批量删除这些商品记录。在记录批量删除之后,仍会停留在此页面,页面的下

方会显示删除成功的消息。

8.2.10 商品图片管理页

8.2.10 商品图片管理页

本案例中的商品图片都是由管理商品信息的用户通过网页上传到服务器文件夹中的，用户还可以更换或删除商品图片。

图片上传功能与本书第 4 章 4.5 节的文件上传功能类似，同样是应用了文件上传组件 Commons FileUpload，组件的库文件 commons-fileupload-1.4.jar 和 commons-io-2.5.jar 存放在 webapp/WEB-INF/lib 文件夹中。商品图片在上传后保存到服务器文件夹 webapp/fileUpload/goodsImage 中。

由于商品图片管理功能的业务逻辑比较复杂，代码量比较大、功能相对比较独立，也不是本章 MVC 开发所要介绍的重点内容，所以本书只作简单介绍。详细的实现方法请查看以下类和网页文件的源代码，这些类和网页文件已经开发完成，可以直接应用。

实现商品图片管理功能涉及的类和网页主要有：service 包中的 GoodsImageService 类，servlet_image 包中的 GoodsImageUpload 类、GoodsImageUploadDo 类、GoodsImageDeleteDo 类，以及网页 goods/goodsImageUpload.jsp。

（1）service 包中的业务逻辑类 GoodsImageService 有 5 个方法。

- getImageTag()方法能生成商品图片的图片标签<img>和图片链接，便于在图片上传页 goodsImageUpload.jsp 中显示图片和打开图片的链接。
- getImageTagAndLink()方法能生成商品图片的图片标签<img>、图片链接和管理链接，便于在图片上传页中显示图片、打开图片的链接和管理图片链接。该方法名有 2 个重载方法。
- imageUploadDo()方法实现上传图片，调用 goodsDao.editImage()方法更新表 tb_goods 中字段 image 的值。
- imageDeleteDo()方法实现删除图片，调用 goodsDao.editImage()方法更新表 tb_goods 中字段 image 的值。

（2）servlet_image 包中有 3 个控制层的 Servlet 类。

- GoodsImageUpload 类的业务流程是：先进行用户权限判断，调用 GoodsImageService 类中的 getImageTagAndLink()方法生成图片标签和图片链接，最后以转发形式跳转到网页 goods/goodsImageUpload.jsp。
- GoodsImageUploadDo 类的业务流程是：先进行用户权限判断，调用 GoodsImageService 类中的 imageUploadDo()方法实现上传图片和更新数据库，最后以转发形式跳转到网页 goods/goodsImageUpload.jsp。
- GoodsImageDeleteDo 类的业务流程是：先进行用户权限判断，调用 GoodsImageService 类中的 imageDeleteDo()方法实现删除图片和更新数据库，最后以重定向形式跳转到网页 goods/goodsImageUpload.jsp。

另外，在更换或删除图片后，需更新数据表 tb_goods 中字段 image 的值，因此在以上后 2 个 Servlet 类中还调用了 GoodsDao 类中的 editImage()方法；管理商品图片时需要判断用户权限，所以在以上 3 个 Servlet 类中都调用了权限检查类 util.LoginCheck 中的 verify()方法。

（3）商品图片管理页 goods/goodsImageUpload.jsp 中有商品图片、管理链接、文件域和提交按钮等内容,能对商品图片进行上传、更换和删除等管理操作。

打开该网页文件,修改代码,主要代码如下。

```
28  <body>
29    <div class="imgText">${ msg }</div>
30
31    <form action="${ action }" enctype="multipart/form-data"
                                        method="post" class="form">
32       <input type="file" name="image" style="width:250px;
                                        border:1px solid #ddd;">
33       <input type="submit" value="上传图片">
34       <span style="color:gray; font-size:small;">
35            (图片支持jpg,jpeg,png,gif,bmp类型,大小不超过2M)
36       </span>
37    </form>
38  </body>
```

商品图片、管理链接以及上传失败的提示消息等内容由 GoodsImageService 类中的方法生成后存放在 request 对象中,由以上第 29 行代码的 EL 表达式显示出来。

该网页以 iframe 内联框架的形式嵌套在商品详情-商品图片管理页、商品新添页或商品修改页中,其被嵌套时的预览效果如图 8-16 所示。如果直接预览网页 goodsImageUpload.jsp,将不会显示图片和管理链接,也不能上传商品图片。

图 8-16　商品图片管理页(在内联框架中)

8.2.11　商品详情页

商品详情页的大致业务流程是:根据 goodsId 到商品表 tb_goods 中查询该商品记录,然后将查询到的数据在商品详情页 goodsShow.jsp 中显示出来,商品详情页的测试效果如图 8-17 所示。

图 8-17　商品详情页

以 MVC 分层开发模式实现查看商品详情功能，涉及的类和网页有：bean.Goods、dao.Db、dao.GoodsDao、service.GoodsService、servlet_goods.GoodsShow 和 goods/goodsShow.jsp。这里需要修改 dao.GoodsDao 类、service.GoodsService 类、servlet_goods.GoodsShow 类和网页 goods/goodsShow.jsp。

8.2.11　商品详情页　操作 1

操作 1：修改商品数据访问类 GoodsDao

打开类文件 dao/GoodsDao.java，修改 queryByGoodsId()方法的代码，代码如下。

```
138    /**----------------------------- 根据 ID 查询商品记录 */
139    public Goods queryByGoodsId (HttpServletRequest request, String goodsId) {
140
141        Goods goods = null;
142        String msg = "";
143
144        try {
145            String goodsNo, goodsName, typeId, typeName, price, stock,
                                    timeSale, image, detail, timeRenew;
146
147            sql = "select * from tb_goods where goodsId = ?";
148            rs = db.select(sql, goodsId);
149
150            if (rs == null) {
151                msg += "数据库操作发生错误！";
152                return goods;
153            }
154
155            if (rs.next() == false) {
156                db.close();
157                //msg += "goodsId 号对应的记录已不存在，请刷新页面后重试！";
158                return goods;
159            }
160
161            goodsNo     = rs.getString("goodsNo");
162            goodsName   = rs.getString("goodsName");
163            typeId      = rs.getString("typeId");
164            typeName    = rs.getString("typeName");
165            price       = rs.getString("price");
166            stock       = rs.getString("stock");
167            timeSale    = rs.getString("timeSale");
168            image       = rs.getString("image");
169            detail      = rs.getString("detail");
170            timeRenew   = rs.getString("timeRenew");
171            db.close();
172
173            goods = new Goods();                      //创建对象
174
175            goods.setGoodsId(goodsId);
176            goods.setGoodsNo(goodsNo);
```

```
177                 goods.setGoodsName(goodsName);
178                 goods.setTypeId(typeId);
179                 goods.setTypeName(typeName);
180                 goods.setPrice(price);
181                 goods.setStock(stock);
182                 goods.setTimeSale(timeSale);
183                 goods.setImage(image);
184                 goods.setDetail(detail);
185                 goods.setTimeRenew(timeRenew);
186             }
187         } catch (Exception e) {
188             msg += "系统发生错误。";
189             e.printStackTrace();
190         } finally {
191             if (request.getAttribute("msg") != null) {
192                 msg += request.getAttribute("msg").toString();
193             }
194             request.setAttribute("msg", msg);
195         }
196
197         return goods;
198     }
```

在以上代码中，根据 goodsId 查询数据表 tb_goods，将所得记录的字段值分别赋值给 goods 对象的各个属性，最后将 goods 对象返回。如果记录不存在则返回的 goods 对象是空值 null。

操作 2：修改商品业务处理类 GoodsService

打开类文件 service/GoodsService.java，修改 queryByGoodsId()方法的代码，代码如下。

8.2.11 商品详情页 操作2

```
163     public boolean queryByGoodsId (HttpServletRequest request) {
164
165         Goods goods = null;
166         String msg = "";
167
168         try {
169             String goodsId = request.getParameter("goodsId");    //获取
                                                              地址栏参数 goodsId 的值
170
171             try {
172                 Integer.parseInt(goodsId);   //转换为整数，即判断其是否为整数
173             } catch (Exception e) {
174                 msg += "参数 goodsId 错误！ ";
175                 return false;
176             }
177
178             goods = goodsDao.queryByGoodsId(request, goodsId);
                                                              //根据 Id 获取记录
179
```

```
180                    if (goods == null) {
181                        msg += "（查无此商品记录）";
182                        return false;
183                    }
184
185                    return true;
186
187            } catch (Exception e) {
188                msg += "系统发生错误。";
189                e.printStackTrace();
190            } finally {
191                if (request.getAttribute("msg") != null) {
192                    msg += request.getAttribute("msg").toString();
193                }
194                request.setAttribute("msg", msg);
195
196                if (request.getSession().getAttribute("msg") != null) {
                                                            //如果 session 对象中有消息
197                    msg += request.getSession().getAttribute("msg").
                                   toString();//读取 session 对象中的消息
198                    request.getSession().removeAttribute("msg");
                                                //从 session 对象中移除此键值
199                    request.setAttribute("msg", msg); //将消息赋值给
                                                                    request 对象
200                }
201
202                request.setAttribute("goods", goods);  //通过 request 对象
                                                                    传递 goods 对象
203            }
204
205            return false;
206    }
```

以上代码的业务流程是，首先从 request 对象中获取由地址栏参数传递的 goodsId，对 goodsId 进行有效性验证，然后调用 GoodsDao 中的 queryByGoodsId()方法获得 Goods 的对象 goods，最后将 goods 对象保存到 request 对象，返回操作是否成功的布尔值。

第 196～200 行代码的业务逻辑是，如果 session 对象中有消息 msg，则将此 msg 与 request 对象中的消息 msg 合并，删除 session 对象中的消息 msg，最后将合并后的 msg 保存到 request 对象。当新添商品和修改商品成功时，会将消息 msg 保存到 session 对象，然后以重定向的形式跳转到商品详情页。由于是重定向，所以需要通过 session 对象临时传递消息。

8.2.11 商品详情页 操作 3

操作 3：修改商品详情的控制层 Servlet 类 GoodsShow

打开类文件 servlet_goods/GoodsShow.java，修改代码，主要代码如下。

```
15    @WebServlet("/GoodsShow")
16    public class GoodsShow extends HttpServlet {
17        private static final long serialVersionUID = 1L;
18
```

```
19      protected void doGet(HttpServletRequest request,
    HttpServletResponse response) throws ServletException, IOException {
20
21          request.setCharacterEncoding("UTF-8");
22          response.setContentType("text/html;charset=UTF-8");
23          //java.io.PrintWriter out = response.getWriter();
24          String msg = "";
25          String url = "goods/goodsShow.jsp";
26
27          try {
28
29              GoodsService goodsService = new GoodsService();
30              goodsService.queryByGoodsId(request);
                                            //根据 goodsId 获取商品记录
31
32              //------------------------- 生成商品图片的标签和链接
33              Goods goods = (Goods) request.getAttribute("goods");
                                //获取在 goodsService 中生成的 goods 对象
34
35              if (goods == null) {
36                  return;
37              }
38
39              String image = goods.getImage();
40
41              GoodsImageService goodsImageService = new
                                                GoodsImageService();
42              image = goodsImageService.getImageTag(request, image);
                                            //生成商品图片标签和图片链接
43
44              goods.setImage(image);
45              request.setAttribute("goods", goods);   //更新 goods 对象
                                                        中的 image 属性值
46
47          } catch (Exception e) {
……（后面的代码同 servlet_goods/GoodsListLayout.java）
```

以上代码的业务流程是，先检查用户权限，接着调用 goodsService.queryByGoodsId() 方法生成 goods 对象，处理 goods 对象的 image 属性的值，最后以转发形式跳转到网页 goods/goodsShow.jsp，以在网页中显示商品详情。

其中，第 32～45 行代码的业务流程是，将 goods 对象的 image 属性值，以参数形式传入 getImageTag() 方法，得到商品图片的标签等信息，然后将信息赋值给 goods 对象的 image 属性，最后将 goods 对象存入 request 对象，用于在商品详情页显示商品图片。此业务处理本应放在业务层 GoodsService 中，但考虑到 goodsService.queryByGoodsId() 方法还被其他的 Servlet 类调用，也为了让开发更简便（不再另外创建方法或给方法添加参数），就将该业务处理放在 Servlet 类 GoodsShow 的代码中了。

操作 4：修改商品详情页 goodsShow.jsp

打开网页 goods/goodsShow.jsp，修改代码，主要代码如下。

8.2.11 商品详情页 操作 4

```jsp
10  <body>
11      <%@ include file="../header.jsp" %>
12      <h3>商品详情</h3>
13
14      <c:if test="${ goods != null }">
15      <table style="width:900px; margin:0 auto;"
                        class="table_border table_padding10">
16          <tr class="tr_header">
17              <td>项目</td>
18              <td>内容    </td>
19          </tr>
20          <tr>
21              <td>商品名称</td>
22              <td class="left" style="font-weight:bold;">
                                    ${ goods.goodsName }</td>
23          </tr>
```
……（商品编码、分类、价格、库存和起售时间的代码与实现商品名称的代码类似，此处省略）
```jsp
44          <tr>
45              <td>商品图片</td>
46              <td class="left"> <!--下一行的样式是为了使内容上下居中、对齐 -->
47                  <div style="height:100px; margin:0; padding:0;
                                        display:flex; align-items:center;">
48                      ${ goods.image }
49                      <c:if test="${ myUser.role == 'admin' ||
                                        myUser.role == 'user' }">
50                          <div style='margin-top:60px; font-size:
                                                        small;'>
51                                    
52                              <c:if test="${ goods.image == '（无图片）' }">
53                                  (<a href="GoodsShowImageRenew?goodsId=
                                        ${ goods.goodsId }">添加图片</a>)
54                              </c:if>
55                              <c:if test="${ goods.image != '（无图片）' }">
56                                  (<a href="GoodsShowImageRenew?goodsId=
                                        ${ goods.goodsId }">管理图片</a>)
57                              </c:if>
58                          </div>
59                      </c:if>
60                  </div>
61              </td>
62          </tr>
```
……（商品简介和更新时间的代码与实现商品名称的代码类似，此处省略）
```jsp
71          <tr>
72              <td colspan="2">
73                  <c:if test="${ myUser.role == 'admin' ||
                                        myUser.role =='user' }">
```

```
74                    <a href="GoodsEdit?goodsId=${ goods.goodsId }">
                                                           修改</a> 
75                    <a href="GoodsDeleteDo?goodsId=${ goods.goodsId }"
76                        onclick="return confirm('确定要删除吗？');">
                                                           删除</a>
77                </c:if>
78                <c:if test="${ myUser.role != 'admin' &&
                                  myUser.role !='user' }">
79                    <a href="#" onclick="alert('已添加到购物车。')">
                                                           立刻购买</a> 
80                </c:if>
81            </td>
82        </tr>
83    </table>
84    </c:if>
85
86    <div id="msg" class="msg">${ msg }</div>
87    <br>
88    <c:if test="${ myUser.role == 'admin' || myUser.role == 'user' }">
89        <a href="GoodsList">返回商品列表</a>
90    </c:if>
91    <c:if test="${ myUser.role != 'admin' && myUser.role != 'user' }">
92        <a href="GoodsListLayout">返回商品列表</a>
93    </c:if>
94
95    <%@ include file="../footer.jsp" %>
96 </body>
```

在以上代码中，多处应用了 JSTL 条件判断标签<c:if>，根据用户的不同角色级别而显示不同的链接。

至此，在商品列表页或商品平铺式列表页中点击某商品，将会跳转到该商品的详情页。如果用户未登录或登录后无管理商品图片的权限，则商品详情页中只显示图片，其测试效果如图 8-17 所示。

如果用户登录后有管理权限，商品详情页中的商品图片右侧会显示"管理图片"链接；如果无商品图片，则会显示文字"（无图片）"，在文字的右侧会显示"添加图片"链接。点击"管理图片"链接或"添加图片"链接，将打开图 8-18 所示的商品详情-商品图片管理页。

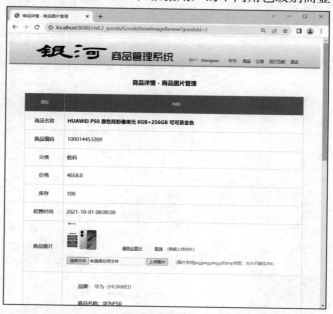

图 8-18　商品详情–商品图片管理页

8.2.12 商品详情–商品图片管理页

商品详情–商品图片管理页与商品详情页的预览界面、实现代码基本相同，区别在于前者在商品图片位置内嵌了商品图片管理页，预览效果如图 8-18 所示。二者实现代码的不同之处在于前者在控制层使用了 Servlet 类 servlet_goods.GoodsShowImageRenew，网页使用了 goods/goodsShowImageRenew.jsp，在 Servlet 类中增加了对用户登录以及访问权限的判断，即用到了权限检查类 util.LoginCheck 中的 verify()方法。这里需要修改 Servlet 类 GoodsShowImageRenew 和创建网页 goodsShowImageRenew.jsp。

8.2.12 商品详情-商品图片管理页

操作 1：修改控制层 Servlet 类 GoodsShowImageRenew

打开类文件 servlet_goods/GoodsShowImageRenew.java，修改代码，主要代码如下。

```
12   @WebServlet("/GoodsShowImageRenew")
13   public class GoodsShowImageRenew extends HttpServlet {
14       private static final long serialVersionUID = 1L;
15
16       protected void doGet(HttpServletRequest request,
     HttpServletResponse response) throws ServletException, IOException {
17
18           request.setCharacterEncoding("UTF-8");
19           response.setContentType("text/html;charset=UTF-8");
20           //java.io.PrintWriter out = response.getWriter();
21           String msg = "";
22           String url = "goods/goodsShowImageRenew.jsp";
23
24           try {
25               if (util.LoginCheck.verify(request) == false) {//权限
26                   url = "login.jsp";
27                   return;
28               }
29
30               GoodsService goodsService = new GoodsService();
31               goodsService.queryByGoodsId(request); //根据 ID 获取商品记录
32
33           } catch (Exception e) {
```
……（后面的代码同 servlet_goods/GoodsListLayout.java）

对比 servlet_goods/GoodsShow.java，以上代码没有有关生成商品图片标签和链接的代码，原因是商品图片是显示在内嵌的商品图片管理页 goodsImageUpload.jsp 中的，这里不需要生成图片标签的相关代码。

操作 2：创建商品详情-商品图片管理页 goodsShowImageRenew.jsp

网页 goodsShowImageRenew.jsp 与 goodsShow.jsp 的实现代码大部分相同，区别主要在于：其一，前者的商品图片位置内嵌了商品图片管理页，Servlet 类 GoodsImageUpload 在执行时生成商品图片标签和管理链接等信息，再转发到网页 goodsImageUpload.jsp 来显示信息；其二，前者不需要<c:if>标签来判断用户角色级别以显示不同的链接，因为此网页是供有管理权限的用户使用的，在此网页关联的 Servlet 类 GoodsShowImageRenew 中已经做过了权限判断。

在 goods 文件夹中打开 goodsShow.jsp，将其另存为 goodsShowImageRenew.jsp，需要修改的代码如下。

```
6    <head>
7        <title>商品详情 - 商品图片管理</title>
8        <link rel="stylesheet" type="text/css" href="css/css.css" />
9    </head>
10   <body>
11       <%@ include file="../header.jsp" %>
12       <h3>商品详情 - 商品图片管理</h3>
……（中间的代码略）
44       <tr>
45           <td>商品图片</td>
46           <td class="left" style="padding:0 5px;">  <!-- 内联框架 -->
47               <iframe src="GoodsImageUpload?goodsId=${ goods.goodsId }
                                                &image=${ goods.image }"
48                   style="height:155px; width:760px; border:0;"></iframe>
49           </td>
50       </tr>
51       <tr>
52           <td>商品简介</td>
53           <td class="left" style="width:650px;">${ goods.detail }</td>
54       </tr>
55       <tr>
56           <td>更新时间</td>
57           <td class="left">${ goods.timeRenew }</td>
58       </tr>
59       <tr>
60           <td colspan="2">
61               <a href="GoodsEdit?goodsId=${ goods.goodsId }">修改
                                                    </a> 
62               <a href="GoodsDeleteDo?goodsId=${ goods.goodsId }"
63                   onclick="return confirm('确定要删除吗？');">
                                                    删除</a>
64           </td>
65       </tr>
66   </table>
67   </c:if>
68
69   <div id="msg" class="msg">${ msg }</div>
70   <br>
71   <a href="GoodsList">返回商品列表</a>
```

第 47～48 行代码应用 iframe 内联框架将商品图片管理页嵌入到商品详情–商品图片管理页中。注意，iframe 的 src 属性中需要有参数 goodsId 和 image，以实现在内嵌的商品图片管理页中显示或管理对应商品的图片。

至此，商品图片管理的类和网页都已完成，在商品详情-商品图片管理页可以添加、更换或删除图片，请读者测试网页。

8.2.13 新添商品的输入页

新添商品的输入页 goodsAdd.jsp 与商品详情页 goodsShow.jsp 的页面结构类似,但不需要显示商品数据,并增加了文本框、隐藏域、提交按钮等表单控件。该页面需要商品分类对象列表 typeList 以显示分类下拉列表控件,内嵌商品图片管理页以上传商品图片,引入富文本编辑器 UEditor 以输入商品的简介内容,增加 JavaScript 代码以实现 AJAX 技术。新添商品的输入页的测试效果如图 8-19 所示。

图 8-19 新添商品的输入页

以 MVC 分层开发模式实现新添商品输入页的功能,涉及的类和网页主要有:bean.Type、dao.Db、dao.TypeDao、service.TypeService、servlet_goods.GoodsAdd 和 goods/goodsAdd.jsp,另外还有商品图片管理功能所涉及的类和网页,以及权限检查类 util.LoginCheck。在以上类和网页中,只需修改类 GoodsAdd 和网页 goodsAdd.jsp。

8.2.13 新添商品的输入页 操作 1

操作 1:修改新添商品输入的 Servlet 类 GoodsAdd

打开 servlet_goods/GoodsAdd.java,修改代码,主要代码如下。

```
13   @WebServlet("/GoodsAdd")
14   public class GoodsAdd extends HttpServlet {
15       private static final long serialVersionUID = 1L;
16
17       protected void doGet(HttpServletRequest request,
     HttpServletResponse response) throws ServletException, IOException {
```

```
18
19              request.setCharacterEncoding("UTF-8");
20              response.setContentType("text/html;charset=UTF-8");
21              //java.io.PrintWriter out = response.getWriter();
22              String msg = "";
23              String url = "goods/goodsAdd.jsp";
24
25              try {
26                  if (util.LoginCheck.verify(request) == false) {//权限
27                      url = "login.jsp";
28                      return;
29                  }
30
31                  TypeService typeService = new TypeService();
32                  typeService.queryAllForGOODS(request);
                                                //生成商品分类列表typeList
33                  //生成通用唯一识别码,作为临时的商品ID,用于保存上传图片
34                  String goodsUUID = java.util.UUID.randomUUID().
                                                                  toString();
35                  Goods goods = new Goods();
36                  goods.setGoodsId(goodsUUID);
37                  goods.setImage("");
38                  request.setAttribute("goods", goods);    //用于给页面的
                                             iframe 的 src 属性以及隐藏域控件赋值
39
40              } catch (Exception e) {
……（后面的代码同 servlet_goods/GoodsListLayout.java）
```

以上代码的业务逻辑是：调用类 TypeService 中的 queryAllForGOODS() 方法生成商品分类列表 typeList，然后，通过调用类 UUID 中的 randomUUID() 方法生成一个通用唯一识别码，作为临时的商品 ID 并赋值给 goods 对象的 goodsId 属性（在商品图片管理页中上传图片时，此临时 goodsId 将作为保存图片时的文件名），最后转发到新添商品的输入页 goodsAdd.jsp。

UUID（Universally Unique Identifier）称为通用唯一识别码，或通用唯一标识。推出 UUID 的目的是让分布式系统中的元素都能有唯一的识别信息，例如为数据库中的每条记录添加唯一标识。UUID 是基于当前时间、计数器和硬件标识（通常为网卡的 MAC 地址）等数据计算生成的。它是由一组 32 位的十六进制数字所构成，理论上有 32 的 16 次方个不同的值，所以 UUID 理论上的总数非常大，若每纳秒产生 100 万个 UUID，要花 100 亿年才会将所有 UUID 用完；如果每秒产生 10 亿个 UUID，100 年产生一次重复的概率是 50%。所以产生重复的 UUID 并造成错误的情况几乎不存在，通常不必考虑 UUID 重复的问题。

UUID 以连字符分隔的五组十六进制的数字来表示，形式为 8-4-4-4-12（"8"表示有 8 位数字，"4"表示有 4 位数字，"12"表示有 12 位数字），总共有 36 个字符（即 32 个十六进制的数字和 4 个连字符），例如：f886e356-8992-4d94-b437-185b22eaf4a0。

8.2.13 新添
商品的输入页
操作 2

操作 2：修改新添商品的输入页 goodsAdd.jsp

打开 goods/goodsAdd.jsp，修改代码，主要代码如下。

第 8 章　JSP MVC 编程

```
4    <!DOCTYPE html PUBLIC "-//W3C//DTD HTML 4.01 Transitional//EN">
5    <html lang="zh">
6     <head>
7       <title>新添商品</title>
8       <link rel="stylesheet" type="text/css" href="css/css.css" />
9       <script type="text/javascript" src="UEditor/third-party/
                                            jquery-1.10.2.min.js"></script>
10    </head>
11    <body>
12       <%@ include file="../header.jsp" %>
13       <h3>新添商品</h3>
14
15       <table style="width:900px; margin:0 auto;"
                                    class="table_border table_padding10">
16          <tr class="tr_header">
17             <td>项目</td>
18             <td>内容    </td>
19          </tr>
20          <tr>
21             <td>商品名称</td>
22             <td class="left">
23                <input type="text" name="goodsName" maxlength="45"
                                              style="width:400px;"> 
24                <span class="msg">*</span>
25             </td>
26          </tr>
27          <tr>
28             <td>商品编码</td>
29             <td class="left">
30                <input type="text" name="goodsNo" maxlength="45">
                                                                 
31                <span class="msg">**</span>
32             </td>
33          </tr>
34          <tr>
35             <td>分类</td>
36             <td class="left">
37                <select name="typeId">
38                   <option value="">&lt;请选择&gt;</option>
39                   <c:forEach var="type" items="${ typeList }">
40                      <option value="${ type.typeId }">
                                       ${ type.typeName }</option>
41                   </c:forEach>
42                </select> 
43                <span class="msg">*</span>
44             </td>
45          </tr>
46          <tr>
47             <td>价格</td>
```

```html
                    <td class="left">
                        <input type="text" name="price" maxlength="10"> 
                        <span class="msg">*</span>
                    </td>
                </tr>
                <tr>
                    <td>库存</td>
                    <td class="left">
                        <input type="text" name="stock" maxlength="5"> 
                        <span class="msg">*</span>
                    </td>
                </tr>
                <tr>
                    <td>起售时间</td>
                    <td class="left">
                        <input type="text" name="timeSale"
                          value="2023-01-01 08:00:00" maxlength="19"> 
                         <span class="msg">*</span>  
                         <span class="note">例如：2022-05-26 08:00:00</span>
                    </td>
                </tr>
                <tr>
                    <td>商品图片</td>
                    <td class="left" style="padding:0 3px;"> <!-- 内联框架。-->
                        <iframe src="GoodsImageUpload?
                        goodsId=${ goods.goodsId }&image=${ goods.image }"
                                style="height:155px; width:760px;
                                                    border:0;"></iframe>
                      <input type="hidden" name="goodsUUID"
                            value="${ goods.goodsId }"> <!-- 临时的 ID -->
                    </td>
                </tr>
                <tr>
                    <td>商品简介</td>
                    <td class="left" style="width:750px;">
                        <script type="text/plain" id="detail"></script>
                                        <!-- 作为容器，加载 UEditor -->
                    </td>
                </tr>
                <tr height="40">
                    <td colspan="2" style="padding-left:30px;
                                                font-size:small;">
                        <input type="submit" value="提交" onclick="ajax()">
                    </td>
                </tr>
            </table>

    <div id="msg" class="msg">${ msg }</div>
    <br>
```

```
 91            <a href="GoodsList">返回商品列表</a>
 92
 93            <%@ include file="../footer.jsp" %>
 94        </body>
 95    <script type="text/javascript">
 96
 97    function ajax() {
 98
 99        var goodsNo   = $("[name='goodsNo']").val();   //根据控件的 name
                                                              属性值获取输入的值
100        var goodsName = $("[name='goodsName']").val();
101        var typeId    = $("[name='typeId']").val();
102        var price     = $("[name='price']").val();
103        var stock     = $("[name='stock']").val();
104        var timeSale  = $("[name='timeSale']").val();
105
106        var goodsUUID = $("[name='goodsUUID']").val(); //获取临时的商品 ID
107        var detail    = ue.getContent(); //获取富文本编辑器 UEditor 中的输入内容
108
109        var url = "GoodsAddDo";                        //目标地址
110        var arg = {    "goodsNo": goodsNo,      "goodsName" : goodsName,
111                       "typeId" : typeId,       "price"     : price,
112                       "stock"  : stock,        "timeSale"  : timeSale,
113                       "detail" : detail,       "goodsUUID" : goodsUUID };
                                            //JSON 格式数据为{key:value, k2:v2}
114
115        $.post(url, arg, function(data) {
116             setMsg(data);
117        });
118    }
119
120    function setMsg(msg) {
121
122        var prefix = "@Redirect:";                     //前缀
123
124        if (msg.indexOf(prefix) == 0) { //如果 msg 的前缀部分是"@Redirect:"
125             var url = msg.substring(prefix.length);//截取前缀后面的路径名
126             window.location.href = url;             //网页转向
127             return;
128        }
129
130        $("#msg").html(msg);                           //显示消息
131    }
132    </script>
133
134    <script type="text/javascript" src="UEditor/ueditor.config.js">
                                    </script>   <!-- 配置文件。可自行修改 -->
135    <script type="text/javascript" src="UEditor/ueditor.all. min.js">
                                    </script>   <!-- 编辑器源码文件 -->
```

```
136    <script type="text/javascript">
137        var ue = UE.getEditor("detail", {  //通过id实例化编辑器,得到的对象为ue
138            autoHeightEnabled: false,      //高度不自动适应
139            initialFrameHeight:300,        //初始化编辑器高度,默认为300
140            //initialFrameWidth:500,       //初始化编辑器宽度,默认为500
141        });
142    </script>
143 </html>
```

第39～41行代码应用JSTL循环标签<c:forEach>在下拉列表中显示商品分类的选项。

第71～72行代码,应用iframe内联框架将商品管理页嵌入到网页中。iframe的src属性中的参数goodsId的值是临时的商品ID（goodsUUID）。上传的图片文件以商品ID为文件名保存在服务器中,而新添商品时还没有商品记录,也就没有商品ID。所以新添商品,在商品管理页中上传图片时,就用临时的商品ID（goodsUUID）作为图片的文件名。

第73行代码的隐藏域控件的值也是临时的商品ID（goodsUUID）。商品记录新添到数据库后,需要将已上传的图片文件的文件名由临时的商品ID重命名为数据表中新记录的商品ID（字段goodsId的值）。隐藏域控件在页面预览时不可见,但其值能在提交表单时提交给服务器,或被JavaScript代码获取后被AJAX提交给服务器。本网页使用AJAX提交隐藏域的值。

第79行代码和第134～142行代码应用了富文本编辑器UEditor来输入商品简介的内容。UEditor最早由百度公司推出,后贡献给了开源组织,它能让用户像使用Word一样进行比较复杂的图文排版。第134行代码和第135行代码分别引入了UEditor所需的JavaScript配置文件和源代码文件。第137～141行代码创建UE对象ue,对id为"detail"的控件（第79行代码）进行初始化并在页面显示富文本编辑器。第107行代码使用ue.getContent()来获取在富文本编辑器中输入的内容。读者在其他页面使用此富文本编辑器时,通常只要更改id属性值和初始化时的高度和宽度属性值,如果有需要还可以修改其配置文件ueditor.config.js。另外,由于在此页面中使用了UEditor,为了与有些浏览器兼容,需在本页代码的第4行的<html>标签中补全文档声明"PUBLIC "-//W3C//DTD HTML 4.01 Transitional//EN""。

值得一提的是,如果要在富文本编辑器中插入图片,可以在浏览器其他的选项卡或窗口中复制所需图片,然后在富文本编辑器中使用快捷键"Ctrl+V"进行粘贴,图片就会显示在编辑器中,之后还可以调整图片的大小、位置等。这样插入图片其实是引用了该图片的网络地址,图片并没有保存到项目的文件夹中。当然,也可以单击富文本编辑器左上角的"HTML"按钮,将编辑器的输入框切换成HTML源代码形式,然后修改或设置图片的地址、大小等,这样就可以将图片地址更改为本网站根目录src/main/webapp子文件夹中的图片地址。如图8-20中的富文本编辑器将显示两张Logo图片,第一张是直接复制加粘贴后的,得到的是图片的绝对路径；第二张是将粘贴之后的网址修改成了"image/logoGoods1.png",得到的图片路径是根目录中的相对路径。

第97～131行JavaScript代码通过使用jQuery对象获取各控件的值,然后使用jQuery的AJAX技术提交给Servlet类GoodsAddDo以完成新添商品记录。

在商品列表页点击"新添商品"链接,或在用户功能页点击"商品新添"链接,将打开商品新添的输入页,测试效果如图8-19所示。

图 8-20　富文本编辑器中的图片路径

8.2.14　新添商品的执行功能

在新添商品的输入页输入商品信息，单击"提交"按钮，将商品信息新添到数据库，商品新添成功后跳转到该商品的详情页，并在网页下方显示新添记录成功的消息，测试效果如图 8-21 所示。

图 8-21　商品新添成功

以 MVC 分层开发模式实现新添商品的执行功能，涉及的类和网页有：bean.Goods、bean.Type、dao.Db、dao.TypeDao.java、dao.GoodsDao、service.GoodsService 和 servlet_goods.GoodsAddDo，另外还有权限检查类 util.LoginCheck。这里需要修改 GoodsDao 类、GoodsService 类和创建 Servlet 类 GoodsAddDo。

8.2.14　新添商品的执行功能 操作 1

操作 1：修改商品数据访问类 GoodsDao

打开 dao/GoodsDao.java，修改代码，代码如下。

```java
200    /**------------------------------- 是否存在商品编码相同的记录 */
201    public boolean existByGoodsNo (HttpServletRequest request, String goodsNo) {
202
203        String msg = "";
204
205        try {
206            sql = "select * from tb_goods where goodsNo = ?";
207            rs = db.select(sql, goodsNo);
208
209            if (rs == null) {
210                msg += "数据库操作发生错误！";
211                return false;
212            }
213
214            if (rs.next() == false) {
215                db.close();
216                return false;
217            }
218            db.close();
219
220            //msg += "已存在相同的商品编码！";
221            return true;
222
223        } catch (Exception e) {
224            msg += "系统发生错误。";
225            e.printStackTrace();
226        } finally {
227            if (request.getAttribute("msg") != null) {
228                msg += request.getAttribute("msg").toString();
229            }
230            request.setAttribute("msg", msg);
231        }
232
233        return false;
234    }
...
272    /**------------------------------- 新添记录 */
273    public String addGoods (HttpServletRequest request, Goods goods) {
274
275        String goodsId = "0";
276        String msg = "";
277
278        try {
279            String goodsNo, goodsName, typeId, typeName, price, stock,
                                                        timeSale, detail;
280
281            goodsNo     = goods.getGoodsNo();
282            goodsName   = goods.getGoodsName();
283            typeId      = goods.getTypeId();
```

```
284             typeName      = goods.getTypeName();
285             price         = goods.getPrice();
286             stock         = goods.getStock();
287             timeSale      = goods.getTimeSale();
288             detail        = goods.getDetail();
289
290     sql = "insert tb_goods (goodsNo, goodsName, typeId, typeName,
                                price, stock, timeSale, detail)" +
291                         " values (?, ?, ?, ?, ?, ?, ?, ?)";
292     goodsId = db.insert(sql, goodsNo, goodsName, typeId, typeName,
                            price, stock, timeSale, detail);
293
294         if (goodsId.equals("0")) {
295             //msg += "商品新添失败! ";
296             return goodsId;
297         }
298
299         //msg = "商品新添成功! ";
300         return goodsId;
301
302     } catch (Exception e) {
303         msg += "系统发生错误。";
304         e.printStackTrace();
305     } finally {
306         if (request.getAttribute("msg") != null) {
307             msg += request.getAttribute("msg").toString();
308         }
309         request.setAttribute("msg", msg);
310     }
311
312     return goodsId;
313 }
```

以上代码中有两个方法，existByGoodsNo()方法判断在表 tb_goods 中是否已经存在所输入商品编码的记录，addGoods()方法将商品数据新添到表 tb_goods 中并返回新记录的 ID。

操作 2：修改商品业务处理类 GoodsService

打开 service/GoodsService.java，修改代码如下所示。

8.2.14 新添商品的执行功能操作 2

```
208 public String addGoods (HttpServletRequest request) {
209
210     String goodsId = "0";
211     String msg = "";
212
213     try {
214         String goodsNo, goodsName, typeId, typeName, price, stock,
                                                    timeSale, detail;
```

```
215
216             goodsNo     = request.getParameter("goodsNo");   //从文本框
                                                                   获取值
217             goodsName   = request.getParameter("goodsName");
218             typeId      = request.getParameter("typeId");
219             price       = request.getParameter("price");
220             stock       = request.getParameter("stock");
221             timeSale    = request.getParameter("timeSale");
222             detail      = request.getParameter("detail");
223
224             if (goodsNo == null || goodsName == null || typeId == null ||
225                 price == null || stock == null || timeSale == null ||
                                                      detail == null) {
226                 msg = "输入不正确！";       //值为 null 的原因：输入框输入的
                                                  商品名称不对，或者直接打开此页面
227                 return goodsId;
228             }
229             goodsNo     = goodsNo.trim();
230             goodsName   = goodsName.trim();
231             typeId      = typeId.trim();
232             price       = price.trim();
233             stock       = stock.trim();
234             timeSale    = timeSale.trim();
235             detail      = detail.trim();
236
237             if (goodsName.equals("")) {
238                 msg += "请输入商品名称。";
239                 return goodsId;
240             }
241
242             if (goodsName.length() > 45) {
243                 msg += "商品名称的字符数不能超过 45。";
244                 return goodsId;
245             }
246
247             if (goodsNo.equals("")) {
248                 msg += "请输入商品编码。";
249                 return goodsId;
250             }
251
252             if (goodsNo.length() > 45) {
253                 msg += "商品编码的字符数不能超过 45。";
254                 return goodsId;
255             }
256
257             if (typeId.equals("")) {
258                 msg += "请选择商品分类。";
259                 return goodsId;
260             }
```

```java
            if (price.equals("")) {
                msg += "请输入商品价格。";
                return goodsId;
            }

            try {
                Float.parseFloat(price);    //尝试将输入的商品价格转换为
                                            //小数，即判断其是否为小数
            } catch (Exception e) {
                msg += "请输入正确的价格！";
                return goodsId;
            }

            if (stock.equals("")) {
                msg += "请输入库存数量。";
                return goodsId;
            }

            try {
                Integer.parseInt(stock);
            } catch (Exception e) {
                msg += "请输入正确的库存数量！";
                return goodsId;
            }

            if (timeSale.equals("")) {
                msg += "请输入起售时间。";
                return goodsId;
            }

            try {
                SimpleDateFormat sdf =
                    new SimpleDateFormat("yyyy-MM-dd HH:mm:ss");
                timeSale = sdf.format(sdf.parse(timeSale));

            } catch (Exception e) {
                msg += "请输入正确的起售时间！";
                return goodsId;
            }

            if (goodsDao.existByGoodsNo(request, goodsNo)) {
                msg += "所输入的商品编码已经存在，请修改后再提交！";
                return goodsId;
            }

            typeName = "待查询";
            dao.TypeDao typeDao = new dao.TypeDao();
            Type type = typeDao.queryByTypeId(request, typeId);
```

```java
308
309                if (type == null) {
310                    msg += "商品分类对应的记录已不存在,请刷新页面后重试!";
311                    return goodsId;
312                }
313                typeName = type.getTypeName();          //获取 typeName
314
315                Goods goods = new Goods();
316
317                //goods.setGoodsId(goodsId);
318                goods.setGoodsNo(goodsNo);
319                goods.setGoodsName(goodsName);
320                goods.setTypeId(typeId);
321                goods.setTypeName(typeName);
322                goods.setPrice(price);
323                goods.setStock(stock);
324                goods.setTimeSale(timeSale);
325                goods.setDetail(detail);
326
327                goodsId = goodsDao.addGoods(request, goods); //新添记录
328
329                if (goodsId.equals("0")) {
330                    msg += "新添记录失败!请重试。";
331                    return goodsId;
332                }
333
334                //------------------------ 用新的 goodsId 为已上传的商品图片重命名,
                                                              更新数据表中字段 image 的值
335                String path = request.getServletContext().getRealPath("\\")
                                       + "\\";           //项目运行时的物理目录
336                String uploadFolder = "fileUpload\\goodsImage\\";
                                                              //文件存放的子目录
337                path += uploadFolder;                     //文件存放的完整目录
338
339                String goodsUUID = request.getParameter("goodsUUID");
                                                              //临时的商品 ID
340
341                if (goodsUUID == null || goodsUUID.equals("")) {
342                    msg += "获取通用唯一识别码发生错误。";
343                    return goodsId;
344                }
345                                              //从 session 对象中获得图片名,含 UUID
346                String imageUUID = (String) request.getSession().
                                      getAttribute("image" + goodsUUID);
347
348                if (imageUUID != null && imageUUID.equals("") == false) {
349                    File fileOld = new File(path, imageUUID); //创建 File 对象
350
351                    if (fileOld.exists() == false || fileOld.isFile() ==
```

```java
                        false) {          //如果文件不存在，或者上传的不是文件
352                    msg += "上传的文件已不存在。";
353                    return goodsId;
354                }
355
356                int index = imageUUID.lastIndexOf(".");  //路径中最后
                                                                    一个"."的位置
357                String nameExt = imageUUID.substring(index + 1);
                                                            //获取文件的扩展名
358
359                String imageNew = goodsId + "." + nameExt;
                                                    //用新记录的goodsId生成的图片名
360                File fileNew = new File(path, imageNew); //创建File对象
361
362                if (fileNew.exists()) {                          //如果存在
363                    if (fileNew.delete() == false) {  //如果删除失败
364                        msg += "删除旧文件失败。";
365                        return goodsId;
366                    }
367                }
368
369                if (fileOld.renameTo(fileNew) == false) {  //如果图片
                                                                    重命名失败
370                    msg += "文件重命名失败。";
371                    return goodsId;
372                }
373
374                int count = goodsDao.editImage(request, imageNew,
                                        goodsId);      //更新记录，其
375                                        //目的是根据goodsId更新image字段
376                if (count == 0) {
377                    msg += "数据表中的商品图片名称更新失败！";
378                    return goodsId;
379                }
380            }
381
382            msg += "新添记录成功。";
383            request.getSession().setAttribute("msg", msg);   //通过
                                                    session传递消息。消息将显示在详情页中
384            return goodsId;                       //返回新添记录的ID
385
386        } catch (Exception e) {
387            msg += "系统发生错误。";
388            e.printStackTrace();
389        } finally {
390            if (request.getAttribute("msg") != null) {
391                msg += request.getAttribute("msg").toString();
392            }
393            request.setAttribute("msg", msg);
394        }
```

```
395
396            return goodsId;
397        }
```

以上代码中的方法 addGoods()用于新添商品信息，其业务流程是：获取所输入的商品信息并进行有效性验证；调用 goodsDao.existByGoodsNo()方法判断商品记录中是否已存在所输入的商品编码；调用 typeDao.queryByTypeId()方法判断所选择的分类名称在分类记录中是否存在，如果存在，则获取返回的分类对象 type 的 typeName 的属性值；根据输入的商品信息创建商品对象 goods，调用 goodsDao.addGoods()方法将 goods 对象的数据新添到数据表 tb_goods，并得到新记录的 goodsId；然后用新的 goodsId 为已上传的商品图片重命名，更新数据表中该商品对应记录的字段 image 的值；如果以上操作全部成功，则将消息 msg 存入 session 对象，成功的消息将在商品详情页中显示；最后返回 goodsId。

8.2.14 新添商品的执行功能 操作3

操作 3：创建新添商品的执行 Servlet 类 GoodsAddDo

在 servlet_goods 包中新建 Servlet 类 GoodsAddDo，其代码与 Servlet 类 GoodsList.java 中的代码比较相似，可复制过来稍加修改，主要代码如下：

```java
12    @WebServlet("/GoodsAddDo")
13    public class GoodsAddDo extends HttpServlet {
14        private static final long serialVersionUID = 1L;
15
16        protected void doGet(HttpServletRequest request,
      HttpServletResponse response) throws ServletException, IOException {
17
18            //由于添加商品所输入的商品信息是以POST方式提交的，将访问doPost()方法。
19            //如果以GET方式访问此Servlet，即访问doGet()方法，那么在request
                        对象中就没有输入的商品信息，
20            //故此处需返回到Servlet类GoodsAdd，以便在商品新添页输入商品信息
21            response.sendRedirect("GoodsAdd");
22        }
23
24        protected void doPost(HttpServletRequest request,
      HttpServletResponse response) throws ServletException, IOException {
25
26            request.setCharacterEncoding("UTF-8");
27            response.setContentType("text/html;charset=UTF-8");
28            java.io.PrintWriter out = response.getWriter();
29            String msg = "";
30            String url = "GoodsShow";
31
32            try {
33                if (util.LoginCheck.verify(request) == false) {//权限
34                    url = "login.jsp";
35                    return;
36                }
37
38                GoodsService goodsService = new GoodsService();
39                String goodsId = goodsService.addGoods(request); //新添
```

```
40
41                    if (goodsId.equals("0")) {           //信息新添失败
42                        url = "";
43                        return;
44                    }
45
46                    //---------------------- 信息新添成功
47                    url = "GoodsShow?goodsId=" + goodsId;    //目标网址
48                    url = "@Redirect:" + url; //增加@Redirect用于通过JavaScript
                                                              代码实现网页跳转（自创协议）
49
50            } catch (Exception e) {
51                msg += "系统发生错误。";
52                e.printStackTrace();
53            } finally {
54                    if (request.getAttribute("msg") != null) {
55                        msg += request.getAttribute("msg").toString();
56                    }
57                    request.setAttribute("msg", msg);
58
59                    //---- 由于页面goodsAdd.jsp中是以AJAX方式提交表单，所以无论
                                                              是输出错误消息，
60                    //---- 还是新添成功需跳转到详情页面，这里都是调用out()方法输出内容，
61                    //---- 再由页面中的JavaScript代码根据接收到的内容决定下一步
                                                              如何处理。
62
63                    if (url.equals("")) {                //如果新添失败
64                        out.print(msg);                  //输出错误消息
65                    } else {                             //如果新添成功
66                        out.print(url);                  //网页将跳转到该商品的详情页
67                    }
68            }
69        }
70  }
```

在以上代码的业务逻辑中，商品新添失败则将消息输出给页面 goodsAdd.jsp 中的 AJAX，由 JavaScript 代码将消息显示在页面中。如果商品新添成功，则将包含网址 URL 的消息输出给 AJAX，由 JavaScript 代码执行页面跳转，跳转到该商品的详情页。商品新添成功的测试效果如图 8-21 所示。

8.2.15 修改商品的输入页

修改商品的输入页 goodsEdit.jsp 的界面与新添商品的输入页 goodsAdd.jsp 的界面基本一样，但前者需要在页面显示商品的信息。修改商品输入页的测试效果如图 8-22 所示。

以 MVC 分层开发模式实现修改商品的输入页，涉及的类和网页有：bean.Goods、bean.Type、dao.Db、dao.GoodsDao、dao.TypeDao、service.GoodsService、service.TypeService、servlet_goods.GoodsEdit 和 goods/goodsEdit.jsp，另外还有商品图片管理功能所涉及的类和网页，以及权限检查类 util.LoginCheck。这里需要创建 Servlet 类 GoodsEdit 和网页 goodsEdit.jsp。

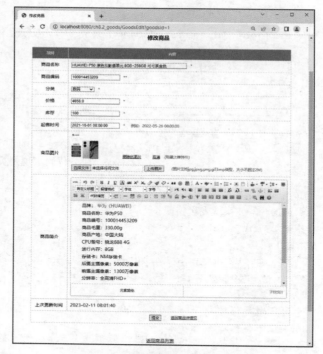

图 8-22 修改商品的输入页

8.2.15 修改商品的输入页 操作 1

操作 1：创建修改商品输入页的 Servlet 类 GoodsEdit

在 servlet_goods 包中新建 Servlet 类 GoodsEdit，其代码与 Servlet 类 servlet_goods.GoodsAdd 中的代码非常相似，可复制过来稍加修改，主要代码如下。

```
13    @WebServlet("/GoodsEdit")
14    public class GoodsEdit extends HttpServlet {
15        private static final long serialVersionUID = 1L;
16
17        protected void doGet(HttpServletRequest request,
    HttpServletResponse response) throws ServletException, IOException {
18
19            request.setCharacterEncoding("UTF-8");
20            response.setContentType("text/html;charset=UTF-8");
21            //java.io.PrintWriter out = response.getWriter();
22            String msg = "";
23            String url = "goods/goodsEdit.jsp";
24
25            try {
26                if (util.LoginCheck.verify(request) == false) {
27                    url = "login.jsp";
28                    return;
```

```
29                }
30
31             GoodsService goodsService = new GoodsService();
32             goodsService.queryByGoodsId(request);   //根据商品 ID 查询记录
33
34             TypeService typeService = new TypeService();
35             typeService.queryAllForGOODS(request);  //生成分类对象列表
36
37         } catch (Exception e) {
...... （后面的代码同 servlet_goods/GoodsAdd.java）
```

以上代码的主要业务逻辑是：根据 goodsId 查询该商品的记录生成对象 goods，同时也生成商品分类对象列表 typeList，这些数据将显示在页面 goodsEdit.jsp 中。

操作 2：创建修改商品的输入页 goodsEdit.jsp

goodsEdit.jsp 相当于是 goodsShow.jsp 和 goodsAdd.jsp 的结合，即将商品数据显示在表单控件中。

将 webapp/goods 文件夹的 goodsAdd.jsp 另存为 goodsEdit.jsp，也可以参考 goodsShow.jsp 中的代码，稍作修改。goodsEdit.jsp 的主要代码如下。

8.2.15 修改商品的输入页操作 2

```
11    <body>
12        <%@ include file="../header.jsp" %>
13        <h3>修改商品</h3>
14
15        <c:if test="${ goods != null }">
16        <table style="width:900px; margin:0 auto;"
                                    class="table_border table_padding10">
17            <tr class="tr_header">
18                <td>项目</td>
19                <td>内容    </td>
20            </tr>
21            <tr>
22                <td>商品名称</td>
23                <td class="left">
24                    <input type="text" name="goodsName"
                            value="${ goods.goodsName }" maxlength="45"
25                                            style="width:400px;"> 
26                    <span class="msg">*</span>
27                </td>
28            </tr>
29            <tr>
30                <td>商品编码</td>
31                <td class="left">
32                    <input type="text" name="goodsNo"
                        value="${ goods.goodsNo }" maxlength="45"> 
33                    <span class="msg">**</span>
34                </td>
35            </tr>
36            <tr>
```

```
37                    <td>分类</td>
38                    <td class="left">
39                        <select name="typeId">
40                            <option value="">&lt;请选择&gt;</option>
41                            <c:forEach var="type" items="${ typeList }">
42                                <c:if test="${ type.typeId != goods.typeId }">
43                                    <option value="${ type.typeId }">
                                        ${ type.typeName }</option>
44                                </c:if>
45                                <c:if test="${ type.typeId == goods.typeId }">
46                                    <option value="${ type.typeId }"
                                        selected="selected">${ type.typeName }</option>
47                                </c:if>
48                            </c:forEach>
49                        </select> 
50                        <span class="msg">*</span>
51                    </td>
52                </tr>
53                <tr>
54                    <td>价格</td>
55                    <td class="left">
56                        <input type="text" name="price"
                            value="${ goods.price }" maxlength="10"> 
57                        <span class="msg">*</span>
58                    </td>
59                </tr>
60                <tr>
61                    <td>库存</td>
62                    <td class="left">
63                        <input type="text" name="stock"
                            value="${ goods.stock }" maxlength="5"> 
64                        <span class="msg">*</span>
65                    </td>
66                </tr>
67                <tr>
68                    <td>起售时间</td>
69                    <td class="left">
70                        <input type="text" name="timeSale"
                            value="${ goods.timeSale }" maxlength="19"> 
71                        <span class="msg">*</span>  
72                        <span class="note">例如：2022-05-26 08:00:00</span>
73                    </td>
74                </tr>
75                <tr>
76                    <td>商品图片</td>
77                    <td class="left" style="padding:0 3px;"> <!-- 内联框架 -->
78                        <iframe src="GoodsImageUpload?goodsId=${ goods.goodsId }
                            &image=${ goods.image }" style="height:155px;
79                            width:760px; border:0;"></iframe>
```

```html
80                    </td>
81                </tr>
82                <tr>
83                    <td>商品简介</td>
84                    <td class="left" style="width:750px;">
85                        <script type="text/plain" id="detail">${ goods.detail }
                            </script> <!--用于加载UEditor -->
86                    </td>
87                </tr>
88                <tr>
89                    <td>上次更新时间</td>
90                    <td class="left">${ goods.timeRenew }</td>
91                </tr>
92                <tr height="40">
93                    <td colspan="2" style="padding-left:100px; font-size:small;">
94                        <input type="submit" value="提交" onclick="ajax()">
95                          
96                        <a href="GoodsShow?goodsId=${ goods.goodsId }">
                                                                返回商品详情页</a>
97                    </td>
98                </tr>
99            </table>
100       </c:if>
101
102       <div id="msg" class="msg">${ msg }</div>
103       <br>
104       <a href="GoodsList">返回商品列表</a>
105
106       <%@ include file="../footer.jsp" %>
107   </body>
108 <script type="text/javascript">
109
110 function ajax() {
111
112       var goodsNo       = $("[name='goodsNo']").val();  //根据控件的name
                                                            属性值获取输入的值
113       var goodsName = $("[name='goodsName']").val();
114       var typeId     = $("[name='typeId']").val();
115       var price      = $("[name='price']").val();
116       var stock      = $("[name='stock']").val();
117       var timeSale   = $("[name='timeSale']").val();
118
119       var detail     = ue.getContent(); //获取富文本编辑器UEditor中的输入内容
120
121       var url = "GoodsEditDo?goodsId=${ goods.goodsId }";   //目标地址
122       var arg = {   "goodsNo": goodsNo,   "goodsName" : goodsName,
123                     "typeId" : typeId,    "price"     : price,
124                     "stock"  : stock,     "timeSale"  : timeSale,
125                     "detail" : detail };      //JSON格式的数据
```

```
126          
127          $.post(url, arg, function(data) {
128              setMsg(data);
129          });
130      }
```
……（后面的代码同 goodsAdd.jsp）

相对于 goodsAdd.jsp 的代码，在以上代码中，输入控件都设置了默认值 value。

第 15 行代码和第 100 行代码添加了 JSTL 条件判断标签<c:if></c:if>，当 goods 对象不为 null，即商品记录存在时才显示输入表单控件，否则获取 goods 对象的属性时将会报错。

第 42~47 行代码添加了在下拉列表中选中某选项的代码。

第 80 行代码无隐藏域控件。

第 118 行代码没有获取隐藏域控件的值的代码。

第 121 行代码 URL 的值有变化。

第 125 行代码没有 goodsUUID 键值对。

应注意的是，如第 85 行代码所示，富文本编辑器中要显示的内容应放在<script></script>标签中间。

商品编辑输入页的测试效果如图 8-22 所示。

8.2.16 修改商品的执行功能

修改商品的执行功能的业务流程与新添商品的执行功能的业务流程基本相同，只是前者需在 goodsServce.update()方法中判断此商品记录是否存在，且要求输入的商品编码与其他已有的商品编码不相同，goodsDao.update()方法中的 SQL 语句是 update 语句。商品修改成功后跳转的网页与新添成功后的网页一样，都是该商品的详情页，如图 8-21 所示，只是网页下方的提示的是商品信息修改成功的消息。

以 MVC 分层开发模式实现商品修改的执行功能，涉及的类和网页有：bean.Goods、bean.Type、dao.Db、dao.GoodsDao、dao.TypeDao、service.GoodsService 和 servlet_goods.GoodsEditDo，另外还有权限检查类 util.LoginCheck。这里需要修改类 GoodsDao 和 GoodsService，以及创建 Servlet 类 GoodsEditDo。

操作 1：修改商品数据访问类 GoodsDao

执行修改商品时调用的 goodsDao.existByGoodsNoExptId()方法（检查是否存在商品编码相同而 ID 不同的记录），与执行新添商品时调用的 goodsDao.existByGoodsNo()方法（检查是否存在相同商品编码）的业务逻辑基本相同。

打开 dao/GoodsDao.java，修改代码，部分代码如下：

```
236      /**------------------------------ 是否存在商品编码相同而 ID 不同的记录 */
237      public boolean existByGoodsNoExptId (HttpServletRequest request,
                                              String goodsNo, String goodsId) {
238          
239          String msg = "";
240          
241          try {
242              sql = "select * from tb_goods where goodsNo = ? and goodsId <> ?";
```

```
243                 rs = db.select(sql, goodsNo, goodsId);
244
245             if (rs == null) {
246                 msg += "数据库操作发生错误！";
247                 return false;
248             }
249
250             if (rs.next() == false) {
251                 db.close();
252                 return false;
253             }
254             db.close();
255
256             //msg += "已存在相同的商品编码！";
257             return true;
258
259         } catch (Exception e) {
            ……（后面的代码同方法 goodsDao.existByGoodsNo()）
```

existByGoodsNoExptId()方法的业务逻辑是检查是否存在商品编码相同而与 ID 不同的商品记录，是为了确保修改后的商品编码与已有的其他商品的编码都不相同。

继续修改 GoodsDao.java 的代码，部分代码如下。

```
315     /**------------------------------ 更新记录 */
316     public int editGoods (HttpServletRequest request, Goods goods) {
317
318         int count = 0;
319         String msg = "";
320
321         try {
322             String goodsId, goodsNo, goodsName, typeId, typeName, price,
                                            stock, timeSale, detail;
323
324             goodsId     = goods.getGoodsId();
325             goodsNo     = goods.getGoodsNo();
326             goodsName   = goods.getGoodsName();
327             typeId      = goods.getTypeId();
328             typeName    = goods.getTypeName();
329             price       = goods.getPrice();
330             stock       = goods.getStock();
331             timeSale    = goods.getTimeSale();
332             detail      = goods.getDetail();
333
334             sql = "update tb_goods set goodsNo = ?, goodsName = ?, typeId = ?,
                            typeName = ?, price = ?, stock = ?,
335                 timeSale = ?, detail = ?, timeRenew = (now())
                                                where goodsId = ?";
336             count = db.update(sql, goodsNo, goodsName, typeId, typeName,
                            price, stock, timeSale, detail, goodsId);
337
```

```
338                 if (count == 0) {
339                     //msg = "商品信息修改失败！";
340                     return count;
341                 }
342
343                 //msg = "商品信息修改成功！";
344                 return count;
345
346             } catch (Exception e) {
347                 msg += "系统发生错误。";
348                 e.printStackTrace();
349             } finally {
350                 if (request.getAttribute("msg") != null) {
351                     msg += request.getAttribute("msg").toString();
352                 }
353                 request.setAttribute("msg", msg);
354             }
355
356             return count;
357         }
```

8.2.16 修改商品的执行功能 操作2

editGoods()方法将修改后的商品数据更新到表 tb_goods，并将更新记录的条数 count 返回。

操作 2：修改商品业务处理类 GoodsService

执行修改商品信息的 goodsService.editGoods()方法，与执行新添商品信息的 goodsService.addGoods()方法的业务逻辑基本相同。

打开 dao/GoodsService.java，修改代码，部分代码如下。

```
399     public boolean editGoods (HttpServletRequest request) {
400
401         String msg = "";
402
403         try {
404             String goodsId = request.getParameter("goodsId");
405             try {
406                 Integer.parseInt(goodsId);
407             } catch (Exception e) {
408                 msg += "参数 goodsId 错误！";
409                 return false;
410             }
411
412             String goodsNo, goodsName, typeId, typeName, price, stock,
413                                                         timeSale, detail;
414             goodsNo      = request.getParameter("goodsNo");
                                                         //从文本框获取值
……（这部分获取输入值并对值进行校验的代码与方法 goodsService.addGoods()
     中的代码相同，此处省略）
```

```java
498            if (goodsDao.queryByGoodsId(request, goodsId) == null) {
499                msg += "goodsId 号对应的记录已不存在，请刷新页面后重试！";
500                return false;
501            }
502
503            if (goodsDao.existByGoodsNoExptId(request, goodsNo, goodsId)) {
504                msg += "所输入的商品编码已经存在，请修改后再提交！";
505                return false;
506            }
507
508            typeName = "待查询";
509            dao.TypeDao typeDao = new dao.TypeDao();
510            Type type = typeDao.queryByTypeId(request, typeId);
511
512            if (type == null) {
513                msg += "商品分类对应的记录已不存在，请刷新页面后重试！";
514                return false;
515            }
516            typeName = type.getTypeName();        //获取 typeName
517
518            Goods goods = new Goods();
519
520            goods.setGoodsId(goodsId);
521            goods.setGoodsNo(goodsNo);
522            goods.setGoodsName(goodsName);
523            goods.setTypeId(typeId);
524            goods.setTypeName(typeName);
525            goods.setPrice(price);
526            goods.setStock(stock);
527            goods.setTimeSale(timeSale);
528            goods.setDetail(detail);
529
530            int count = goodsDao.editGoods(request, goods); //更新记录
531
532            if (count == 0) {
533                msg += "商品信息修改失败！请重试。";
534                return false;
535            }
536
537            msg += "商品信息修改成功！";
538            request.getSession().setAttribute("msg", msg); //通过
                                       session 对象传递消息。消息将显示在详情页中
539            return true;
540
541        } catch (Exception e) {
……（后面的代码同方法 goodsService.addGoods()）
```

更新商品信息的 goodsService.editGoods()方法的业务逻辑是：获取商品 ID 并进行校验，

获取表单输入值并进行校验，检查当前商品记录是否还存在，检查输入的商品编码是否与已存在其他商品记录的商品编码相同，检查所选择的分类记录是否存在，然后创建商品对象 goods 并给其属性赋值，然后调用 goodsDao.editGoods()方法执行记录更新，根据返回值 count 是否为 0 将是否修改成功的布尔值返回。如果修改成功，将消息 msg 存入 session 对象中，此消息将在商品详情页的下方显示出来。

8.2.16 修改商品的执行功能 操作3

操作 3：创建商品修改执行的 Servlet 类 GoodsEditDo

在 servlet_goods 包中创建 Servlet 类 GoodsEditDo.java，其绝大部分代码与 GoodsAddDo.java 中的代码相同。GoodsEditDo.java 的主要代码如下。

```java
12  @WebServlet("/GoodsEditDo")
13  public class GoodsEditDo extends HttpServlet {
14      private static final long serialVersionUID = 1L;
15
16      protected void doGet(HttpServletRequest request,
    HttpServletResponse response) throws ServletException, IOException {
17
18          //由于修改商品时输入的商品信息是以 POST 方式提交的，将访问 doPost()方法。
19          //如果以 GET 方式访问此 Servlet 类,即访问 doGet()方法,那么在 request
                                                   对象中应没有输入的商品信息，
20          //故此处需返回到 Servlet 类 GoodsEdit，以便在商品修改页修改商品信息。
21          response.sendRedirect("GoodsEdit?goodsId="
                                  + request.getParameter("goodsId"));
22      }
23
24      protected void doPost(HttpServletRequest request,
    HttpServletResponse response) throws ServletException, IOException {
25
26          request.setCharacterEncoding("UTF-8");
27          response.setContentType("text/html;charset=UTF-8");
28          java.io.PrintWriter out = response.getWriter();
29          String msg = "";
30          String url = "GoodsShow";
31
32          try {
33              if (util.LoginCheck.verify(request) == false) {
34                  url = "login.jsp";
35                  return;
36              }
37
38              GoodsService goodsService = new GoodsService();
39              boolean result = goodsService.editGoods(request);
40
41              if (result == false) {                          //信息修改失败
42                  url = "";
43                  return;
44              }
45
```

```
46                    //---------------------- 信息修改成功
47                    String goodsId = request.getParameter("goodsId");
48                    url = "GoodsShow?goodsId=" + goodsId;    //目标网址
49                    url = "@Redirect:" + url;
50
51            } catch (Exception e) {
......（后面的代码同 servlet_goods/GoodsAddDo.java）
```

以上代码与新添商品执行类 GoodsAddDo 相似，不过，第 39 行代码的 goodsService.editGoods()方法返回的类型是布尔类型。第 47 行代码从 request 对象中获取 goodsId，修改成功后，与商品新添成功一样，页面将跳转到商品详情页。请读者测试商品修改功能。

8.2.17 删除商品

批量删除商品记录的功能在商品列表页中已经实现。这里所要实现的商品删除功能是指在商品详情页 goodsShow.jsp 中点击"删除"链接，从数据库删除该商品记录，然后跳转到商品列表 GoodsList，并在页面的下方显示"删除记录成功。"的消息，测试效果如图 8-23 所示。

8.2.17 删除商品

图 8-23 商品删除成功

以 MVC 分层开发模式实现删除商品的功能，涉及的类和网页有：bean.Goods、dao.Db、dao.GoodsDao、service.GoodsService、servlet_goods.GoodsDeleteDo，另外还有权限检查类 util.LoginCheck。这里需要修改类 GoodsDao 和 GoodsService，以及创建 Servlet 类 GoodsDeleteDo。

操作 1：修改商品数据访问类 GoodsDao

打开 dao/GoodsDao.java，修改代码，部分代码如下。

```
390    /**-------------------------------- 删除 ID 对应的记录 */
391    public boolean deleteByGoodsId (HttpServletRequest request, String
                                      goodsId) {
392
393        String msg = "";
394
395        try {
396            sql = "delete from tb_goods where goodsId = ?";
397            int count = db.delete(sql, goodsId);
398
399            if (count == 0) {
```

```
400                //msg += "商品删除失败！";
401                return false;
402            }
403
404            //msg = "商品删除成功！";
405            return true;
406
407        } catch (Exception e) {
       ……（后面的代码同方法 goodsDao.deleteByGoodsIdLot()）
```

以上代码中的 deleteByGoodsId()方法实现了根据 goodsId 调用 Db 类中的 delete()方法删除商品记录，并将删除是否成功的布尔值返回。

操作 2：修改商品业务处理类 GoodsService

执行删除单个商品的 goodsService.deleteByGoodsId()方法，与执行商品批量删除的 goodsService.deleteByGoodsIdLot()方法的业务逻辑基本相同，只是前者不需要循环语句来收集多个要删除的 goodsId，而且前者将消息存到 session 对象中以在网页重定向到商品列表页之后在页面显示出来。

打开 dao/GoodsService.java，修改代码，部分代码如下。

```
555    public boolean deleteByGoodsId (HttpServletRequest request) {
556
557        String msg = "";
558
559        try {
560            String goodsId = request.getParameter("goodsId");
561                                                       //取得地址栏参数 goodsId
562            try {
563                Integer.parseInt(goodsId);
564            } catch (Exception e) {
565                msg += "参数 goodsId 错误！";
566                return false;
567            }
568
569            Goods goods = goodsDao.queryByGoodsId(request, goodsId);
570
571            if (goods == null) {
572                msg += "goodsId 号对应的记录已不存在，请刷新页面后重试！";
573                return false;
574            }
575
576            boolean result = goodsDao.deleteByGoodsId(request, goodsId);
577                                                       //删除这条记录
578            if (result == false) {
579                msg += "删除记录失败！请重试。";
580                return false;
581            }
582
```

```java
583                msg += "删除记录成功。";
584
585                String path = request.getServletContext().getRealPath("\\")
                                        + "\\";       //项目运行时的物理目录
586                String uploadFolder = "fileUpload\\goodsImage\\";
                                                             //存放文件的子目录
587                path += uploadFolder;
588
589                String image = goods.getImage();
590
591                if (image == null || image.trim().equals("")) {
                                                             //如果 image 无效
592                    return true;
593                }
594
595                File file = new File(path, image);        //创建 File 对象
596
597                if (file.exists()) {              //如果已存在同名文件
598                    if (file.delete() == false) {  //如果删除失败
599                        msg += "将文件" + image + "删除时失败。";
600                        return false;
601                    }
602                }
603
604                return true;
605
606            } catch (Exception e) {
607                msg += "系统发生错误。";
608                e.printStackTrace();
609            } finally {
610                if (request.getAttribute("msg") != null) {
611                    msg += request.getAttribute("msg").toString();
612                }
613                request.setAttribute("msg", msg);
614
615                request.getSession().setAttribute("msg", msg);  //通过
                                        session 对象传递消息。消息将显示在列表页中
616            }
617
618            return false;
619        }
```

以上代码中的 deleteByGoodsId()方法的业务逻辑是：获取商品 ID 并进行校验，调用 goodsDao.queryByGoodsId()方法检查当前商品记录是否还存在，调用 goodsDao.deleteByGoodsId()方法删除该商品记录，并将是否删除成功的布尔值返回，同时将消息 msg 存入 session 对象。

操作 3：创建商品删除的 Servlet 类 GoodsDeleteDo

在 servlet_goods 包中创建 Servlet 类 GoodsDeleteDo.java，其绝大部分代码与其他的 Servlet 类中的代码相同，主要代码如下：

```java
12  @WebServlet("/GoodsDeleteDo")
13  public class GoodsDeleteDo extends HttpServlet {
14      private static final long serialVersionUID = 1L;
15
16      protected void doGet(HttpServletRequest request,
    HttpServletResponse response) throws ServletException, IOException {
17
18          request.setCharacterEncoding("UTF-8");
19          response.setContentType("text/html;charset=UTF-8");
20          //java.io.PrintWriter out = response.getWriter();
21          String msg = "";
22          String url = "GoodsList";
23
24          try {
25              if (util.LoginCheck.verify(request) == false) {
26                  url = "login.jsp";
27                  return;
28              }
29
30              GoodsService goodsService = new GoodsService();
31              goodsService.deleteByGoodsId(request);          //删除此记录
32
33          } catch (Exception e) {
34              msg += "系统发生错误。";
35              e.printStackTrace();
36          } finally {
37              if (request.getAttribute("msg") != null) {
38                  msg += request.getAttribute("msg").toString();
39              }
40              request.setAttribute("msg", msg);
41
42              response.sendRedirect(url);          //重定向,地址栏URL会更新
43          }
44      }
45
46      protected void doPost(HttpServletRequest request,
    HttpServletResponse response) throws ServletException, IOException {
47          doGet(request, response);
48      }
49  }
```

在以上代码中，执行 goodsService.deleteByGoodsId(request)方法时，将会将此商品删除，然后以重定向的方式跳转到商品列表页，并显示删除成功的消息，测试效果如图 8-23 所示。

至此，用户登录、商品管理的功能全部开发完成。对比 MVC 分层开发模式，案例 ch7.2_student（学生管理系统）采用 Java 代码与 HTML 标签混合的 JSP 页面开发，代码集中、业务逻辑相对简单，对于开发小型的应用比较合适；但对于中、大型应用程序来说，采用 MVC 编程模式分层开发，程序分层清晰，维护和升级比较容易。总之，这两种开发模式，各有优缺点，应根据具体需要来采用。

在软件开发企业中，目前开发网站采用的主流技术之一是采用 Spring 系列框架，如

Spring Boot、Spring MVC，其所应用的就是 MVC 分层开发模式，再加上应用 Maven 来管理项目、应用 MyBatis 框架开发与 MySQL 数据库相衔接的模块等。采用这些技术开发既有利于开发团队分工协作、同步开发以提高开发效率，也便于集成其他组件、框架，能让开发的网站升级方便、功能强大、运行速度快。

8.3 练习案例 商品分类管理、用户管理

请读者根据商品管理中的学习内容和学习进度，采用 MVC 分层开发模式，逐步完成商品分类管理和用户管理相关代码的开发，部分预览效果如图 8-24～图 8-27 所示。有以下几点读者需留意。

图 8-24　分类列表　　　　　　图 8-25　修改分类

图 8-26　用户列表　　　　　　图 8-27　修改用户

（1）商品分类列表、用户列表、分类详情、用户详情的业务逻辑，与商品列表、商品详情的业务逻辑几乎相同。

（2）新添、修改、删除商品分类以及新添、修改、删除用户的业务逻辑，与商品新添、修改、删除商品的业务逻辑基本一致。只是在新添、修改商品分类和用户的输入页中无须采用富文本编辑器；删除分类时，如果有商品记录使用了该分类，则不允许删除（goodsDao.existByTypeId()方法能判断是否存在拥有该 typeId 的商品记录）。不能修改用户名，若用户密码留空则不修改密码。

（3）在用户管理中，非管理员用户只能查看、修改自己的用户信息，管理员用户能查看、修改所有用户的信息，但管理员用户不能修改自己的角色，也不能删除自己。

8.4 小结与练习

1. 本章小结

本章介绍了采用 MVC 编程模式创建具有增、删、改、查数据功能的基于 JSP 的 Web 应用系统，此章内容是 JSP 开发（不采用 Spring 等框架时）的精华所在。MVC 编程模式开发应用系统与传统的代码集中式编程相比，虽然模块分层会更多，但代码逻辑更清晰，维护升级更简便，重用性更高，也更适合于开发中大型 Web 系统。

本章通过案例 ch8.2_goods（商品管理系统）介绍了采用 MVC 编程模式开发基于 JSP 的 Web 应用系统的方法，其中还用到了 MD5 加密、验证码图片、JSTL 标签库、AJAX、文件上传组件和富文本编辑器 UEditor 技术等。

2. 填空题

（1）在采用 MVC 编程模式创建商品列表时，模型对应的文件有_____、_____、_____、_____、_____、_____，视图对应的文件有_____，控制器对应的文件有_____。（不用写包名或文件夹名，不考虑商品图片管理和权限检查，下同。）

（2）在采用 MVC 编程模式实现查看商品详情时，模型对应的文件有_____、_____、_____、_____，视图对应的文件有_____，控制器对应的文件有_____。

（3）在采用 MVC 编程模式实现新添商品输入时，模型对应的文件有_____、_____、_____、_____，视图对应的文件有_____，控制器对应的文件有_____。

（4）在采用 MVC 编程模式实现新添商品执行时，模型对应的文件有_____、_____、_____、_____、_____，控制器对应的文件有_____。

（5）在采用 MVC 编程模式实现修改商品输入时，模型对应的文件有_____、_____、_____、_____，视图对应的文件有_____，控制器对应的文件有_____。

（6）在采用 MVC 编程模式实现修改商品执行时，模型对应的文件有_____、_____、_____、_____、_____，控制器对应的文件有_____。

（7）在商品修改成功后，在 goodsEdit.jsp 的代码中，因为 AJAX 从 Servlet 类_____获取的消息中含有字符串_____，所以通过语句_____跳转到商品详情页 goodsShow.jsp。

（8）在采用 MVC 编程模式实现从商品详情页删除单个商品时，模型对应的文件有_____、_____、_____、_____，控制器对应的文件有_____。